雷州半岛树木志

Woody Flora of Leizhou Peninsula

韩维栋 陈 杰 等著

华南理工大学出版社
SOUTH CHINA UNIVERSITY OF TECHNOLOGY PRESS

·广州·

图书在版编目（CIP）数据

雷州半岛树木志/韩维栋，陈杰等著. —广州：华南理工大学出版社，2014.5
ISBN 978 - 7 - 5623 - 4234 - 2

Ⅰ.①雷…　Ⅱ.①韩…②陈…　Ⅲ.①雷州半岛 – 树木 – 植物志
Ⅳ.①S717.265

中国版本图书馆 CIP 数据核字（2014）第 089398 号

雷州半岛树木志

韩维栋　陈　杰　等著

出 版 人：**韩中伟**
出版发行：华南理工大学出版社
　　　　　（广州五山华南理工大学 17 号楼，邮编 510640）
　　　　　http：//www.scutpress.com.cn　　　E-mail：scutc13@ scut.edu.cn
　　　　　营销部电话：020 – 87113487　87111048（传真）
责任编辑：吴兆强
印 刷 者：广东省农垦总局印刷厂
开　　本：787mm×1092mm　1/16　印张：14.75　字数：332 千
版　　次：2014 年 5 月第 1 版　2014 年 5 月第 1 次印刷
印　　数：1～1000 册
定　　价：35.00 元

前　言

　　木本植物区系是支撑区域生态安全的极其重要的资源，是林学基础研究和植物学研究的重要内容。关注森林，开展区域木本植物区系及其驱动力研究有着极其重要的科学与现实意义。包括木本植物种类在内的物种被认为是最直接、最易观察和最适合研究生物多样性的生命层次。同时，木本植物区系支持其他关联生物类群的多样性，尤其是在提供野生动物栖息生境、食物与繁殖条件等方面发挥着极其重要的作用。因此，研究人类活动对森林物种多样性的影响、森林生产力与物种多样性之间的关系对于管理并开发森林资源意义重大。

　　雷州半岛在中国森林区划中属北热带森林带的琼雷森林区；在城市园林绿化树种区划中属热带绿化区的广东南端及海南岛分区；地带性典型植被为热带季雨林，植物区系以边缘热带成分为主，属印度马来西亚植物区系的热带北缘类型。雷州半岛（湛江市）属于植物区系研究中应重点开展的区域，也属于国家自然科学基金委员会于 2002 年启动的"经典生物学分类倾斜项目"研究领域。它是我国热带区域的一部分和台风频发区域。但是，雷州半岛这种顶级原始森林类型随着橡胶、甘蔗等热带作物的大面积种植已经消失在 20 世纪 50—80 年代，现仅存约 200 公顷的地带性次生林并呈零星分布。

　　本书作者在实地调查的基础上，记录雷州半岛木本植物区系 135 科549 属 1053 种 2 亚种 37 变种，其中野生种类 103 科 317 属 543 种 2 亚种19 变种，栽培 94 科 286 属 510 种 18 变种（见下页表）；分析研究了区系特征及其驱动力，提出进一步加强对其区域树种资源保护的建议，为当地树种管理和生态保护提供依据，也可为林学、园林、森林保护、生物和植物保护等相关专业师生提供学习参考。本书参照中国植物志及广东省植物志进行种类鉴定。裸子植物系统按中国植物志第七卷（郑万钧系统）排列；被子植物系统按哈软松系统排列。

　　本书的出版得到国家自然科学面上项目"雷州半岛木本植物区系变迁及其驱动力研究（编号 31170511）"及其广东海洋大学配套经费（编号 C12185）的全额资助。同时，本书参考了《中国植物志》（中文版和英文修订版相关卷册）、《广东植物志》（1～10 卷）、《广东植物名录》

《广东植物多样性编目》《中国树木志》和《乐昌植物志》等全国和地方植物志，在此表示衷心的感谢。参加撰稿或树种补充的还有叶华谷、曹洪麟、谢耀坚、吴志华（桃金娘科）、胡晓敏（木兰科）、王裕霞（竹亚科）、高秀梅、吴钿、吴刘萍、陈燕、张国武、刘付东标、林广旋等专家，黄剑坚、王保前、王秀丽、莫定鸣等研究生和潘键楷、刘沛奇、林宏业、黄敏聪、徐峻、张可信、邓春咏、廖盛杰、王妙英、陈婉颖、罗小燕、袁蕴芝、曾小清、熊昕兰、孙高明等本科生参加了野外标本采集工作；本地区植物区系研究人员、当地政府和相关企事业单位提供了宝贵资料，在此一并表示感谢。本书不当与遗漏之处，敬请读者指正，以供再版时修订。

雷州半岛木本植物区系统计

分类群		来源	科	属	种	亚种	变种
裸子植物		野生植物	3	3	4	0	0
		外来植物	9	26	41	0	3
		小计	9	26	45	0	3
被子植物	双子叶植物	野生植物	95	302	516	2	17
		外来植物	81	230	416	0	15
		小计	121	487	932	2	32
	单子叶植物	野生植物	95	302	516	2	17
		外来植物	81	230	416	0	15
		小计	121	487	932	2	32
	野生植物小计		99	314	539	2	19
	外来植物小计		85	260	469	0	15
	小计		126	523	469	0	15
各分类群合计			135	549	1053	2	37

　　借此书向致力于树种资源保护和可持续利用工作的同仁们表示崇高敬意。

韩维栋
2014 年 3 月 13 日

目　录

第一章　雷州半岛自然地理概况

1.1　地理位置

雷州半岛（109°30′～110°55′E，20°12′～21°35′N）位于中国大陆的最南端，它与其所归属的中国行政区划名称——湛江市的管辖区域相一致，陆地长约140km，宽40～70km，三面临海，北连大陆，东临南中国海，西接北部湾，南隔宽18～33km、长80km的琼州海峡与海南岛相望，面积12 470km²，为我国第三大半岛（图1－1）。

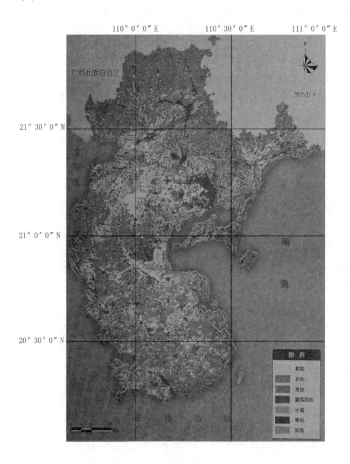

图1－1　雷州半岛植被分布图

1.2 地质地貌与土壤

雷州半岛地理范围包括典型的半岛部分及其北部的廉江市丘陵地区，地势比较平坦，由北向南呈北高—中低—南高的龟背地形，最高山岭为海拔 382m 的双峰嶂，其次是其附近的鸡笠嶂（349m）、根竹嶂（262m），形成廉江市北部丘陵；半岛中北部以螺岗岭为最高，海拔 232.8m；半岛南部以石峁岭为最高，海拔 259 m。丘陵占两成，冲积平原和台地占八成。

在距今 5.67 亿～6 亿年的早古生代寒武纪早期，雷州半岛曾有广阔的浅海。距今 1.8 亿～2.25 亿年的中生代三叠纪，地壳经历了强烈印支运动，沧海变换为陆地，雷州半岛全部露出水面。到距今 0.7 亿～1.80 亿年的中生代侏罗纪早期至白垩纪晚期，强烈的燕山运动，形成一系列北西向和东西向的断裂构造，使经过褶皱的古生代地层切割成若干断块；在半岛中南部表现为地壳大幅度下降，一系列北东向和北西向的深大断裂出现，并产生了湛江凹陷、螺岗岭凹陷、纪家凹陷、乌石凹陷、锦和凹陷、迈陈凹陷、东海凹陷、雷北凸起、雷南斜坡大致轮廓。在新生代，由于受到中生代晚期地壳运动影响，地壳的升降运动和断裂活动仍不断发生，使半岛的中南部陆地面积进一步拓宽，下第三纪至上第三纪湖泊相——海陆交互相——滨海相——浅海相沉积。到第三纪末期，由于受到喜马拉雅运动的影响，加剧了雷琼断裂的沉降和海水入侵，使雷州半岛和海南岛分离，形成琼州海峡。之后，第四纪地壳运动造成地壳的进一步升降和断裂活动，以至形成地下深处火山熔岩流、熔岩和火山碎屑物大量溢出地面，经冷凝后构成规模大小不等的盾状、丘状熔岩山。

雷州半岛岩石种类有玄武岩（为大面积火山岩）、花岗岩（约 30km^2）、混合岩（约 3km^2）。

根据成因和形态类型，雷州半岛地貌分为 4 个成因类型 12 个形态单元：①火山地形。雷州半岛多火山，玄武岩台地面积为 3136km^2，火山 76 座，台地 66km^2，为第四纪晚更新世火山喷发活动遗迹。依其分布、形态可分为雷北火山群、雷南火山群和火山岩岛屿。②剥蚀侵蚀地形，相对高差 20～80m。由于切割强烈，滑坡、冲沟特别发育，地形崎岖不平。③侵蚀堆积地形，地面标高 10～50m，地形平坦。④海成地形，一般标高小于 10m，包括海蚀阶地、海积平原、海风成砂堤砂地、海漫滩。

陆地为花岗岩或砂页岩酸性砖土壤或赤红壤、水稻土，沿海为滨海盐土、砂土和红树林酸性硫酸土等。

1.3 年气候特征

北热带海洋性特色明显，季风明显；夏季长，夏无酷热，春秋相连：从 4 月上旬至 11 月上旬为夏季，11 月中旬至 4 月上旬为秋季和春季；热量资源丰富，历年年均气温 22.8～23.5℃，年累积温度 8309.2～8518.8℃；雨量尚丰，雨季长，但地域与季节上降雨差异显著，变率大，雨量分布东北部多西南部少，全年平均降雨量 1396.3～1759.4mm，雨季（4～9 月）长达 6 个月；光照充足，年日照总时数 1816.8～2073.5h；低压、热带风暴、台风登陆影响频繁。

1.4 土地利用与森林植被

雷州半岛共已开发利用耕地、林地、水域等约 101.27 万 hm^2，其中耕地 33.13 万 hm^2，林地 31.67 万 hm^2，园地 8.87 万 hm^2，牧地 10.53 万 hm^2，水域 17.07 万 hm^2（其中滩涂 9.2 万 hm^2）。陆地水面（水库、山塘、池塘、江河、河涌和旧河床水面）7.93 万 hm^2。

雷州半岛现有森林覆盖率达 27%。主要森林类型有：村落次生季雨林约 50 hm^2；沿海红树林约 9 000 hm^2；常绿阔叶林约 1500 hm^2、各种桉树（*Eucalyptus* spp.）人工用材林约 200 000hm^2；木麻黄（*Casuarina equisetifolia* Linn.）人工防护林约 11 400hm^2；人工松林（*Pinus* spp.）约 10 000hm^2；龙眼（*Dimocarpus longan* Lour.）、荔枝（*Litchi chinensis* Sonn.）、黄皮（*Clausena lansium*（Lour.）Skeels）、木波罗（*Artocarpus heterophyllus* Lam.）、芒果（*Mangifera indica* Linn.）、阳桃（*Averrhoa carambola* Linn.）等热带果树林约 2 500 hm^2；竹林约 2 160 hm^2，其他林地为园林树种人工林和疏林荒地等。

第二章 野生木本植物区系特征

2.1 区系组成

作者在收集现有资料的基础上，于 2011 年 9 月—2013 年 8 月期间对雷州半岛各地生态林地，包括保护区林地、风景林地、风水林地、次生林地、村落荒地有树木分布点等进行全面踏查；对乡土野生木本植物进行标本采集和生境记录、标本处理与鉴定，科属种的鉴定与分类界定参照《中国植物志》和《广东植物志》，获得雷州半岛野生木本植物区系名录，再参照吴征镒《世界种子植物科的分布区类型系统》和《中国种子植物属的分布区类型》科属的地理分布区类型及其种类组成，统计分析其科、属和种的区系成分构成。结果表明：

雷州半岛野生木本植物区系由 102 科 317 属 564 种（包括种下单位，下同）组成，包括裸子植物 3 科 3 属 4 种和被子植物 99 科 315 属 539 种。

乔木树种有 55 科 118 属 191 种，灌木（含亚灌木）种类有 69 科 174 属 292 种，木质藤本有 31 科 56 属 81 种。

雷州半岛野生木本植物区系含 6 个树种以上的科有 28 科，共占总科数的 27.45%。它们是番荔枝科（Annonaceae 7：13，属数：种数，下同）、樟科（Lauraceae 7：25）、防己科（Menispermaceae 6：6）、白花菜科（Capparidaceae 2：6）、山茶科（Theaceae 5：9）、桃金娘科（Myrtaceae 5：11）、野牡丹科（Melastemacae 3：6）、红树科（Rhizophoraceae 5：6）、梧桐科（Sterculiaceae 7：8）、锦葵科（Malvaceae 6：14）、大戟科（Euphorbiaceae 25：48）、蔷薇科（Rosaceae 5：8）、苏木科（Caesalpiniaceae 3：6）、蝶形花科（Papilionaceae 17：35）、桑科（Moraceae 8：25）、鼠李科（Rhamnaceae 4：7）、葡萄科（Vitaceae 3：6）、芸香科（Rutaceae 9：18）、无患子科（Sapindaceae 8：8）、紫金牛科（Myrsinaceae 5：16）、山矾科（Symplocaceae 1：9）、夹竹桃科（Apocynaceae 7：9）、萝藦科（Asclepiadaceae 7：9）、茜草科（Rubiaceae 21：31）、忍冬科（Caprifoliaceae 3：6）、茄科（Solanaceae 1：8）、爵床科（Acanthaceae 5：7）、马鞭草科（Verbenaceae 6：18）。

该区系含 6 个树种以上的属共有 13 属，占总属数的 4.10%。它们是山胡椒属（*Lindera*）7 种、木姜子属（*Litsea*）9 种、蒲桃属（*Syzygium*）7 种、黄花稔属（*Sida*）7 种、算盘子属（*Glochidion*）6 种、榕属（*Ficus*）17 种、茄属（*Solanum*）

8 种、野桐属（*Mallotus*）6 种、花椒属（*Zanthoxylum*）6 种、紫金牛属（*Ardisia*）8 种、山矾属（*Symplocos*）9 种、大青属（*Clerodendrum*）6 种、簕竹属（*Bambusa*）11 种。

　　该区系中，构成当地主要森林群落的优势或常见木本植物种类有：紫玉盘（*Uvaria microcarpa*）、假鹰爪（*Desmos chinensis*）、樟（*Cinnamomum camphora*）、阴香（*Cinnamomum burmannii*）、潺槁树（*Litsea glutinosa*）、莿柊（*Scolopia chinensis*）、桃金娘（*Rhodomyrtus tomentosa*）、乌墨（*Syzygium cumini*）、白车木（*Syzygium levinei*）、红车木（*Syzygium hancei*）、红海榄（*Rhizophora stylosa*）、木榄（*Bruguiera gymnorrhiza*）、秋茄（*Kandelia candel*）、黄牛木（*Cratoxylum cochinchinense*）、岭南山竹子（*Garcinia oblongifolia*）、山杜英（*Elaeocarpus sylvestris*）、破布叶（*Microcos paniculata*）、假苹婆（*Sterculia lanceolata*）、黄槿（*Hibiscus tiliaceus*）、土蜜树（*Bridelia tomentosa*）、方叶五月茶（*Antidesma ghaesembilla*）、五月茶（*Antidesma bunius*）、银柴（*Aporusa dioica*）、黑面神（*Breynia fruticosa*）、秋枫（*Bischofia javanica*）、粗糠柴（*Mallotus philippensis*）、白楸（*Mallotus paniculatus*）、白背叶（*Mallotus apelta*）、石岩枫（*Mallotus repandus*）、羽脉山麻杆（*Alchornea rugosa*）、山乌桕（*Sapium discolor*）、海漆（*Excoecaria agallocha*）、石斑木（*Raphiolepis indica*）、海红豆（*Adenanthera pavonina var. microsperma*）、水黄皮（*Pongamia pinnata*）、米槠（*Castanopsis carlesii*）、朴树（*Celits sinensis* Pers）、樟叶朴（*Celtis cinnanonea*）、鹊肾树（*Streblus asper*）、对叶榕（*Ficus hispida*）、榕树（*Ficus microcarpa*）、斜叶榕（*Ficus gibbosa*）、山油柑（*Acronychia pedunculata*）、山小桔（*Glycosmis parviflora*）、苦楝（*Melia azedarach*）、荔枝（*Litchi chinensis*）、盐肤木（*Rhus chinensis*）、海杧果（*Cerbera manghas*）、倒吊笔（*Wrightia pubescens*）、九节（*Psychotria rubra*）、海榄雌（*Avicennia marina*）、苦郎树（*Clerodendrum inerme*）等。

　　调查发现广东新分布树种 11 种，分别是硬骨藤（*Pycnarrhena poilanei*）、台琼海桐（*Pittosporum pentandrum*）、铁线子（*Manilkara hexandra*）、光叶柿（*Diospyros diversilimba*）、玉蕊（*Barringtonia racemosa*）、琼刺榄（*Xantolis longispinnsa*）、顶花杜茎山（*Maesa balansae*）、海南山麻杆（*Alchornea rugosa var. pubescens*）、刺茉莉（*Azima sarmentosa*）、单叶拿身草（*Desmodium zonatum*）、过山崖爬藤（*Tetrastigma pseudocruciatum*）等。

　　以雷州半岛为模式标本产地记录种有长山暗罗（*Polyalthia zhui*）、海康钩粉草（*Pseuderanthemum haikangense*）等。

　　粗叶木蒲桃（*Syzygium lasianthifolium*）为广东省特产树种，仅见于廉江谢鞋山有分布。

2.2　区系特征

2.2.1　科的分布区类型

参照吴征镒《世界种子植物科的分布区类型系统》划分方法，雷州半岛木本植物 107 科分布区类型及其变型，见表 2-1。

表 2-1　雷州半岛野生木本植物科的分布区类型

科的分布区类型及其变型	科数	所占总科数的比例%
（1）广布（世界广布，Widespread = Cosmopolitan）	（19）	
（2）泛热带（热带广布，Pantropic）	55	66.27
（3）东亚（热带、亚热带）及热带南美间断（Trop. & Subtr. E. Asia & (S.) Trop. Amer. disjuncted）	10	12.05
（4）旧世界热带（Old World Tropics = OW Trop.）	5	6.02
（5）热带亚洲至热带大洋洲（Trop. Asia to Trop. Australasia Oceania）	2	2.41
（6）热带亚洲至热带非洲（Trop. Asia to Trop. Africa）	2	2.41
（7）热带亚洲（Trop. Asia, Indochina, with Thailand or including Malaysia）	2	2.41
（8）北温带广布（N. Temp）	7	8.43
合计	83	100

雷州半岛野生木本植物科的分布区类型中（见表 2-1），热带成分 76 科，占总科数的 90.80%，温带为 7 科，占总科数的 8.43%，科水平之区系热带成分明显占绝大部分。

广布科有 19 科，分别是毛茛科（Ranunculaceae）、蓼科（Polygonaceae）、藜科（Cheopodiaceae）、苋科（Amaranthaceae）、瑞香科（Thymelaeaceae）、鼠刺科（Escalloniaceae）、蔷薇科（Rosaceae）、蝶形花科（Papilionaceae）、榆科（Ulmaceae）、桑科（Moraceae）、鼠李科（Rhamnaceae）、木犀科（Oleaceae）、茜草科（Rubiaceae）、菊科（Compositae）、白花丹科（Plumbaginaceae）、紫草科（Boraginaceae）、茄科（Solanaceae）、旋花科（Convolvulaceae）、禾本科（Gramineae）。

热带成分包括泛热带分布 55 科，占 66.27%（没有包括广布科在内计算，下同），主要有番荔枝科（Annonaceae）、樟科（Lauraceae）、山茶科（Theaceae）、野牡丹科（Melastomataceae）、红树科（Rhizophoraceae）、梧桐科（Sterculiaceae）、

锦葵科（Malvaceae）、大戟科（Euphorbiaceae）、含羞草科（Mimosaceae）、芸香科（Rutaceae）、无患子科（Sapindaceae）、紫金牛科（Myrsinaceae）等。

热带亚洲—大洋洲和热带美洲分布 2 科：五桠果科（Dilleniaceae）、山矾科（Symplocaceae）。

热带亚洲—热带非洲—热带美洲分布 3 科：买麻藤科（Gnetaceae）、椴树科（Tiliaceae）、苏木科（Caesalpiniaceae）。

以南半球为主的泛亚热带分布 4 科：罗汉松科（Podocarpaceae）、山龙眼科（Proteaceae）、桃金娘科（Myrtaceae）、桑寄生科（Loranthaceae）。

东亚（热带、亚热带）及热带南美间断分布 11 科，占 12.64%，有木通科（Lardizabalaceae）、仙人掌科（Cactaceae）、水东哥科（Saurauiaceae）、杜英科（Elaeocarpaceae）、冬青科（Aquifoliaceae）、翅子藤科（Hippocrateaceae）、五加科（Araliaceae）、安息香科（Styracaceae）、苦槛蓝科（Myoporaceae）、马鞭草科（Verbenaceae）、玉蕊科（Lecythidaceae）。

旧世界热带分布 5 科，占 6.02%，有海桐花科（Pittosporaceae）、八角枫科（Alangiaceae）、杠柳科（Periplocaceae）、须叶藤科（Flagellariaceae）、露兜树科（Pandanaceae）。

热带亚洲至热带大洋洲分布 2 科，占 2.41%，有交让木科（Daphniphyllaceae）、马钱科（Loganiaceae）。

热带亚洲至热带非洲分布 2 科，占 2.41%，有刺茉莉科（Salvadoraceae）、杜鹃花科（Ericaceae）。

热带亚洲分布 2 科，占 2.41%，其中东马来分布 1 科：肉子科（Sarcospermataceae）；全分布区东达新几内亚 1 科：清风藤科（Sabiaceae）；全分布区东南达西太平洋诸岛弧，包括新喀里多尼亚和斐济分布 1 科：唇形科（Lamiaceae）。

温带分布科类型有北温带广布 7 科，占 8.43%，其中有北温带广布 3 科：松科（Pinaceae）、金丝桃科（Hypericaceae）、忍冬科（Caprifoliaceae）；北温带和南温带间断分布 4 科：绣球科（Hydrangeaceae）、壳斗科（Fagaceae）、胡颓子科（Elaeagnaceae）、山茱萸科（Cornaceae）。

2.2.2 属的分布区类型

参照吴征镒《中国种子植物属的分布区类型》划分方法，雷州半岛木本植物中的种子植物 317 属分为 13 个属分布区类型（包括 13 个变型），见表 2 - 2。

表2-2 雷州半岛野生木本植物属的分布区类型和变型

序号	分布区类型及其变型	属数	种数合计	所占总属或种数的比例%
1	世界分布 Cosmopolitan	(7)	18	不计比例
2	泛热带分布及其变型 Pantropic distribution and its variant	96	224	30.97/41.18
3	热带亚洲和热带美洲间断分布 Trop. Asia & Trop. Amer. disjuncted	12	26	3.87/4.78
4	旧世界热带分布及其变型 Old World Tropics distribution and its variant	50	88	16.13/16.18
5	热带亚洲至热带大洋洲分布及其变型 Trop. Asia & Trop. Australasia distribution and its variant	29	42	9.35/7.72
6	热带亚洲至热带非洲分布及其变型 Trop. Asia to Trop. Africa distribution and its variant	27	36	8.71/6.62
7	热带亚洲分布及其变型 Trop. Asia distribution and its variant	61	78	19.68/14.33
8	北温带分布及其变型 North Temperate distribution and its variant	12	21	3.87/3.86
9	东亚和北美洲间断分布及其变型 E. Asia & N. Amer. disjuncted distribution and its variant	11	17	3.55/3.12
10	旧世界温带分布 Old World Temperate	2	2	0.65/0.37
11	地中海区、西亚至中亚分布及其变型 Mediterranea, W. Asia to C. Asia distribution and its variant	2	2	0.65/0.37
12	东亚分布及其变型 E. Asia distribution and its variant	7	9	2.26/1.65
13	中国特有分布 Endemic to China	1	1	0.32/0.18
	合计	310	546	100/100

属的分布区类型中,世界分布7属,有铁线莲属(*Clematis*)、蓼属(*Polygonum*)、碱蓬属(*Suaeda*)、悬钩子属(*Rubus*)、苍耳属(*Xanthium*)、白花丹属(*Plumbago*)、茄属(*Solanum*)。

热带成分为275属,占总属数的88.71%,温带成分25属,占总属数的8.06%,地中海区、西亚至中亚分布2属,占总属数的0.65%,东亚分布7属,占总属数的 2.26%，中国特有属 1 属，占总属数的 0.32%；由此可知属水平上的区系热带成分占据主导优势。

热带成分中主要包括泛热带分布及其变型 96 属，占 30.97%。主要有槌果藤属（*Capparis*）、黄花稔属（*Sida*）、算盘子属（*Glochidion*）、榕属（*Ficus*）、紫金牛属（*Ardisia*）、山矾属（*Symplocos*）、大青属（*Clerodendrum*）等。

热带亚洲和热带美洲间断分布 12 属，占 3.87%。有楠属（*Phoebe*）、木姜子属（*Litsea*）、番木瓜属（*Carica*）、仙人掌属（*Opuntia*）、柃属（*Eurya*）、水东哥属（*Saurauia*）、山芝麻属（*Helicteres*）、蛇婆子属（*Waltheria*）、赛葵属（*Malvastrum*）、雀梅藤属（*Sageretia*）、无患子属（*Sapindus*）、泡花树属（*Meliosma*）、萝芙木属（*Rauvolfia*）等。

旧世界热带分布及其变型 50 属，占 16.13%。主要有暗罗属（*Polyalthia*）、蒲桃属（*Syzygium*）、野桐属（*Mallotus*）等。其中热带亚洲、非洲和大洋洲间断有 5 属：瓜馥木属（*Fissistigma*）、青牛胆属（*Tinospora*）、匙羹藤属（*Gymnema*）、茜树属（*Aidia*）、乌口树属（*Tarenna*）等。

热带亚洲至热带大洋洲分布 29 属，占 9.35%。主要有假鹰爪属（*Desmos*）、樟属（*Cinnamomum*）、风吹楠属（*Horsfieldia*）、荛花属（*Wikstroemia*）、山龙眼属（*Helicia*）、桃金娘属（*Rhodomyrtus*）、水翁属（*Cleistocalyx*）、岗松属（*Baeckea*）、野牡丹属（*Melastoma*）、黑面神属（*Breynia*）、海红豆属（*Adenanthera*）、水黄皮属（*Pongamia*）、牛筋藤属（*Malaisia*）、莨芝属（*Cudrania*）、崖爬藤属（*Tetrastigma*）、山油柑属（*Acronychia*）、小芸木属（*Micromelum*）、酒饼簕属（*Atalantia*）、滨木患属（*Arytera*）、海杧果属（*Cerbera*）、水锦树属（*Wendlandia*）、苦槛蓝属（*Myoporum*）、鱼尾葵属（*Caryota*）等。

热带亚洲至热带非洲分布及其变型 27 属，占 8.71%。有刺篱木属（*Flacourtia*）、土蜜树属（*Bridelia*）、藤黄属（*Garcinia*）、肖槿属（*Thespesia*）、蓖麻属（*Ricinus*）、小盘木属（*Microdesmis*）、白树属（*Suregada*）、海漆属（*Excoecaria*）、藤槐属（*Bowringia*）、钝果寄生属（*Taxillus*）、离瓣寄生属（*Helixanthera*）、厚皮树属（*Lannea*）、羊角拗属（*Strophanthus*）、狗骨柴属（*Diplospora*）、龙船花属（*Ixora*）、老鼠簕属（*Acanthus*）等。

热带亚洲分布及其变型 61 属，占 19.68%。主要有润楠属（*Machilus*）、山胡椒属（*Lindera*）、猴耳环属（*Archidendron*）、葛属（*Pueraria*）等。还包括：爪哇、喜马拉雅间断或星散分布到华南、西南 2 属：木荷属（*Schima*）、重阳木属（*Bischpfia*）；热带印度至华南分布 2 属：排钱树属（*Phyllodium*）、幌伞枫属（*Heteropanax*）；越南（或中南半岛）至华南（或西南）分布 4 属：杜仲藤属（*Parabarium*）、马兰藤属（*Dischidan*）、浓子茉莉属（*Fagerlindia*）、岭罗麦属（*Tarennoidea*）等。

北温带分布属类型主要有北温带分布及其变型 12 属，占 3.87%。主要有松属（*Pinus*）、蔷薇属（*Rosa*）、桑属（*Morus*）、胡颓子属（*Elaeagnus*）、吴茱萸属（*Evodia*）、盐肤木属（*Rhus*）、梾木属（Swida）、荚蒾属 *Viburnum*）、忍冬属（*Lonicera*）、

蒿属（*Artemisia*）等；其中北温带和南温带（全温带）间断分布有杨梅属（*Myrica*）和接骨木属（*Sambucus*）2 属。

东亚和北美洲间断分布 11 属，占 3.55%。有棉属（*Gossypium*）、鼠刺属（*Itea*）、山蚂蝗属（*Desmodium*）、锥属（*Castanopsis*）、柯属（*Lithocarpus*）、柘属（*Maclura*）、蛇葡萄属（*Ampelopsis*）、漆树属（*Toxicodendron*）、楤木属（*Aralia*）、胡蔓藤属（*Gelsemium*）、木犀属（*Osmanthus*）、络石属（*Trachelosperum*）、梓属（*Catalpa*）等。

旧世界温带分布中地中海区、西亚和东亚间断 2 属马甲子属（*Paliurus*）和女贞属（*Ligustrum*），占 0.65%。

地中海区、西亚至中亚分布 2 属，占 0.65%。即地中海区至温带热带亚洲，大洋洲和南美洲间断分布 2 属：黄连木属（*Pistacia*）和木樨榄属（*Olea*）。

东亚分布及其变型 7 属，占 2.26%。有油桐属（*Vernicia*）、石斑木属（*Raphiolepis*）、木通属（*Akebia*）、五加属（*Acanthopanax*）；中国–喜马拉雅分布 2 属：冠盖藤属（*Pileostegia*）和南酸枣属（*Choerospondias*）；中国–日本分布有勾儿茶属（*Berchemia*）1 属。

中国特有分布属仅有大血藤属（*Sargentodoxa*）1 属，占 0.32%。

2.2.3 种的分布区类型

雷州半岛野生木本植物种的区系成分类型依据种子植物属水平的分布归类统计，本区系的 564 种野生木本种子植物隶属 13 个属分布区类型（见表 2–2）。

热带分布属下共计有 494 种，占不计广布种的种总数的 90.48%，体现出该区系种水平上的热带性质。

热带成分主要包括泛热带分布及其变型属下共有 224 种，占 41.18%。常见的种有：假苹婆（*Sterculia lanceolata*）、肖梵天花（*Urena lobata*）、对叶榕（*Ficus hispida*）、榕树（*Ficus microcarpa*）、九节（*Psychotria rubra*）、大青（*Clerodendrum cyrtophyllum*）；属于热带亚洲、大洋洲（至新西兰）和南美洲（或墨西哥）间断分布属的百日青（*Podocarpus nerifolius*）少见；热带亚洲、非洲和南美洲间断分布有 16 种。

热带亚洲和热带美洲间断分布属下共有 26 种，占 3.87%。常见的种有：乌心楠（*Phoebe tavoyana*）、潺槁树（*Litsea glutinosa*）、豺皮樟（*Litsea rotundifolia var. oblongifolia*）、假柿木姜子（*Litsea monopetala*）、细齿柃（*Eurya nitida*）、水东哥（*Saurauia tristyla*）、山芝麻（*Helicteres angustifolia*）、赛葵（*Malvastrum coromandelianum*）、雀梅藤（*Sageretia thea*）、萝芙木（*Rauvolfia verticillata*）等。

旧世界热带分布及其变型属下共有 88 种，占 16.18%。其中热带亚洲、非洲和大洋洲间断有 8 种。常见的种有：紫玉盘（*Uvaria microcarpa*）、暗罗（*Polyalthia suberosa*）、广东莿柊（*Scolopia saeva*）、方叶五月茶（*Antidesma ghaesembilla*）、白背叶（*Mallotus apelta*）、酸藤子（*Embelia laeta*）、中华青牛胆（*Tinospora sinensis*）、匙

奚藤（*Gymnema sylvestre*）、香楠（*Aidia canthioides*）、假桂乌口树（*Tarenna attenuata*）等。

热带亚洲至热带大洋洲分布属下共有42种，占7.72%。常见的种有：假鹰爪（*Desmos chinensis*）、樟（*Cinnamomum camphora*）、桃金娘（*Rhodomyrtus tomentosa*）、野牡丹（*Melastoma septemnervium*）、黑面神（*Breynia fruticosa*）等。

热带亚洲至热带非洲分布及其变型属下共有36种，占6.62%。常见的种有：岭南山竹子（*Garcinia oblongifolia*）、土蜜树（*Bridelia tomentosa*）、南山藤（*Dregea volubilis*）、弓果藤（*Toxocarpus wightianus*）、娃儿藤（*Tylophora ovata*）等。

热带亚洲分布属下共有78种，占14.33%。常见的种有：皂帽花（*Dasymaschalon trichophorum*）、破布叶（*Microcos paniculata*）、鹊肾树（*Streblus asper*）、木荷（*Schima superba*）、秋枫（*Bischofia javanica*）、毛排钱树（*Phyllodium elegans*）、幌伞枫（*Heteropanax fragrans*）、红杜仲藤（*Parabarium chunianum*）、浓子茉莉（*Fagerlindia scandens*）、岭罗麦（*Tarennoidea wallichii*）等。爪哇、喜马拉雅和华南、西南星散分布3种，为木荷、三瓣锦香草和秋枫；热带印度至华南分布有3种，为排钱树、毛排钱树和幌伞枫；越南（或中南半岛）至华南（或西南）分布有3种，为马兰藤（*Dischidanthus urceolatus*）、浓子茉莉（*Fagerlindia scandens*）和岭罗麦（*Tarennoidea wallichii*）。

北温带分布及其变型属下共有21种，占3.86%。常见的种有：盐肤木（*Rhus chinensis*）和接骨木（*Sambucus williamsii*）等。其中北温带和南温带（全温带）间断分布有2种，为杨梅（*Myrica rubra*）和接骨木（*Sambucus williamsii*）。

东亚和北美洲间断分布属下共有18种，占3.15%。常见的种有：假地豆（*Desmodium heterocarpon*）、米槠（*Castanopsis carlesii*）、构棘（*Maclura cochinchinensis*）、野漆树（*Toxicodendron succedaneum*）、黄毛楤木（*Aralia decaisneana*）、络石（*Trachelospermum jasminoides*）、梓（*Catalpa ovata*）等。

旧世界温带分布中地中海区、西亚和东亚间断2种，为马甲子和山指甲，占0.37%。

地中海区、西亚至中亚分布属下有滨木樨榄（*Olea brachiata*）和黄连木（*Pistacia chinensis*）2种，占0.37%。

东亚分布及其变型属下共有9种，占1.65%。分别为五叶木通（*Stauntonia leucantha*）、木油桐（*Vernicia montana*）、油桐（*Vernicia fordii*）、石斑木（*Raphiolepis indica*）、白簕花（*Acanthopanax trifoliatus*）、星毛冠盖藤（*Pileostegia tomentella*）、南酸枣（*Choerospondias axillaris*）、铁包金（*Berchemia lineata*）、光枝勾儿茶（*Berchemia polyphylla var. leioclada*）。

中国特有分布属下仅1种，为大血藤（*Sargentodoxa cuneata*），占0.18%。

值得重视的是，雷州半岛特有种仅有粗叶木蒲桃1种，仅见于廉江谢鞋山，也是广东省特产树种。

国家级珍稀濒危物种数量代表区域植物物种的丰富性和珍贵性，雷州半岛野生的珍稀濒危树种有 6 种：樟树、海红豆、见血封喉（*Antiaris toxicaria*）、土沉香（*Aquilaria sinensis*）、龙眼（*Dimocarpus longan*）和荔枝，其中荔枝分布于廉江谢鞋山形成成片的野生荔枝林，林中植物种多样性丰富。

2.3 区系变迁驱动力分析

2.3.1 地质地貌驱动力分析

雷州半岛及海南岛北部的玄武岩台地到了第三纪中期火山喷发才形成，地质历史较中国大陆其他地区短，之后的雷州半岛地质活动史表明，其木本植物区系为华夏木本植物区系的一部分，其起源远迟于新华夏古代内陆木本植物区系，它与周边木本植物区系也有密切联系，与马来西亚植物区系近缘，为中国热带植物区系组成部分。从其地质地貌与土壤演化推测雷州半岛有多次木本植物区系重建过程发生，表现为现存木本植物区系中物种组成简单，古老树种少，特有种匮乏，珍稀濒危树种少的特征。

河流及潮汐流不仅为雷州半岛木本植物区系提供了丰富多样的生境，而且提供了水资源环境和繁殖体水媒传播的动力。一些滨海树木种类也沿河口分布达内陆台地，如竹节树、黄槿和秋枫等。河流及潮汐流以及生境差异小的地形地貌也使雷州半岛各地木本植物区系出现均一化的特点，如各红树林区的木本植物区系组成基本相同，同时，表现在极大地增加了各森林群落优势树种的种群数量。

2.3.2 气候驱动力影响

首先，受北热带等气候特征影响，因其与邻近马来西亚等南亚木本植物区系联系紧密，热带成分占绝大多数，热带性科、属、种分别占 79.27%、89.00% 和 90.04%；其次，受干湿交替及多台风危害，尤其台风在夏季果实成熟期的传播影响对增加外来种和本地树种的生存具有积极作用。因此，雷州半岛木本植物区系组成上也多适应这种气候条件，演化为由适应强光照、耐干旱、早春开花、果实传播便利等抗逆性强生态功能特性的种类组成，如秋枫、土坛树（*Alangium salviifolium*）、见血封喉、短穗鱼尾葵等。

2.3.3 植被变迁与人类活动驱动力影响

由于近代人类活动的结果，雷州半岛原始植物区系全部遭到破坏而消失，区系成分表现出比广东任何其他地区都要单纯，已不容易找到更多的特有种，也很难看到中生代的孑遗植物。

雷州半岛在远古时代，有茂密的森林和丰富的自然植被，2 万～3 万年前均为茂密的森林覆盖。由于雷州半岛地处中国边陲，开发的时间较晚，开发的规模较小，因而天然植被的变化也比较缓慢。据有关资料记载，在 13 世纪末叶，即在北宋末期，曾受到来自两方面的较大的冲击：一是极端低温影响，有钦州一带"冬常有雪，万木僵死"，影响至本地；二是南宋末期，靖康之乱、元兵南进，闽浙等地北方居民大批南移，致使本地人口剧增，垦殖加剧。这两次冲击，虽使天然植被遭到破坏，但事后恢复较快[13]。在 18 世纪中叶以后，特别是 19 世纪到 20 世纪前半叶，大多数天然植被逐步受到破坏。至 20 世纪 50 年代初期，天然植被分布的大体情况是：廉江北部丘陵地带，徐闻县北部、中部、东部和海康县东南部台地，主要为野生荔枝、乌榄、黄桐、山杜英、鸭脚木、木奶果、岭南山竹子、白木香、榕树、红椎、马尾松、楹树、樟、红楠、山黄麻、车轮木等组成的大片林海，为热带常绿季雨林，有华南虎等大型动物栖息；徐闻县锦和、下洋、前山一带，分布有热带稀树灌丛，有山芝麻、鸡骨香、坡柳、岗松、蛇婆子、大沙叶、大青、打铁树、黄牛木、黑面神、桃金娘、了哥王等树种。半岛北部浅海沉积区和南部、中部热带季雨林区以外的地区，为热带草原；在滨海盐渍沼泽土的沿海地区，则有连片的由露兜、刺篱木、仙人掌等组成的热带海滨砂生灌丛，以及红树林和沙生草地。

20 世纪后期，特别是大炼钢铁、大规模垦殖后，雷州半岛历史残存下来的为数不多的天然林木迅速消失。徐闻县 20 世纪 50 年代初期有次生阔叶林 6.93 万 hm²，其中乔木林占 3.33 万 hm²，到 1956 年仅存 1 万 hm²，至 20 世纪 80 年代只有 7 hm² 左右。雷州市原有次生阔叶林 1 万 hm²，其中以西南部嘉山岭至北和镇一带 0.13 万 hm² 樟树林最为著名，至 80 年代仅存龙门镇足荣村凭乡规民约保存的"风水林" 73.33 万 hm²，亦在继续破坏衰退。遂溪县岭北原有分散的樟树林约 133.33 hm²，亦所剩无几。廉江县北部丘陵区原有天然阔叶林 0.28 万 hm²，20 世纪 80 年代仅存 666.67 hm²，且大部分林相极差。湛江市郊民安、东简、硇洲和南三等地原有次生阔叶林 363.67 hm²，大部分已砍光不成林，仅存少量风水树。曾经在各乡村村落保留有 1～10 hm² 风水林的现象，现在也所剩不足百处。分布在沿海的红树林，20 世纪 50 年代尚有 1.34 万 hm²，也受到严重的破坏，通过多年恢复营造，现存仅不足 1 万 hm²。

在天然植被日益减少的同时，从 20 世纪 50 年代中期起，逐年开展植树造林活动，尤以 1985 年后为显著，天然植被逐渐被人工植被所代替。在各地普遍开展植树造林活动的同时，雷州半岛森林植被也不断遭到破坏，其中破坏最为严重的时期有三个：一是 1958 年全民大炼钢铁，大批林木被砍伐作炼钢炼铁燃料；二是 1968 年"文化大革命"期间，无政府主义泛滥，千家万户齐出动，砍山林，伐路树；三是 1978 年农村体制改革初期，由于山林权不明，许多农户乘机乱砍滥伐，尤其是速生丰产林的大面积种植，风水林也难以保存，变成树种单一的外来树种林地。

1985 年后，绿化纳入开发性农业重要部分，至 1989 年，雷州半岛基本消灭荒山，1990 年拥有林木 33.33 万 hm²，其中有 13.3 万 hm² 桉树林，5.33 万 hm² 松树林，长达 950 km 的沿海防护林，还有 4.67 万 hm² 木本水果。雷州半岛人工植被分布大体情况是：北部廉江、吴川为大面积的湿地松、加勒比松；东部沿海是木麻黄防护林带；中部从螺岗岭以南至海康，大面积的桉树林覆盖雷州腹地；海康至徐闻是橡胶、剑麻、果园、甘蔗林、防护林带相间。此长彼伏，雷州半岛陆地天然次生林变化如下：1956 年为 8.2 万 hm²，占森林面积的 83.17%（另加上 1.4 万 hm² 红树林，加上后为 85.17%）；至 1975 年，锐减为 3.4 万 hm²，占森林总面积的 12%；至 1982 年，为 2.67 万 hm²，占森林总面积的 11%；至 1993 年，陆地天然林锐减为 1.11 万 hm²，占森林总面积的 5.54%；至 1998 年，为 1.7 万 hm²，占森林总面积的 8.49%；至 2003 年，增加为 2.51 万 hm²，占森林总面积的 12.3%；至 2008 年，锐减为 1.64 万 hm²，占森林总面积的 6.72%；至 2012 年，锐减为 1.20 万 hm²，占森林总面积的 4.68%。

人们对不同树种的喜好程度，也促进了部分乡土树种的保护，最典型的为园林树种，如榕树属、樟属、黄槿属树种。但是大多数树种，由于认识不到其经济价值，得不到人为保护而消失。城镇化进展迅速推进了城市园林绿地扩张，但是外来树种仍是园林绿地的主角，乡土树种的园林应用没有引起重视；同时，外来物种的不断入侵致使乡土树种难以正常更新和生长，并伴随外来树种，如刺桐（*Erythrina orientalis*）带来的植物疫病的发生率大为增加，对乡土树种和区域高级相联生物多样性产生进一步的破坏。

雷州半岛适于热带农作物和速生林木的生长，伴随当地农产品及林木加工业的兴起，越来越多的乡土植物栖息地被用作耕地和人工林地，植被越来越单一，失去了原先的植物物种多样性；同时，雷州半岛三面环海，对水产养殖业提供了方便，沿海附近出现了大量的养殖地，导致沿海大量防护林的缺失；城镇化进程加剧了人为过度地对野生药用植物资源和园林树种采伐与偷挖，各种珍贵的野生古树资源破坏严重，风水林质量下降；人为捕猎野生动物，也使得植物的传播渐渐单一化。历史上原有的林地早已让位于人工种植和养殖、水库、建筑、道路、外来入侵种草地等，其野生木本植物区系栖息地极其有限，组成趋于简单。因此，人们的开发和频繁活动是雷州半岛的原始森林消失殆尽的真正原因。

2.4　木本植物资源保护现状与建议

2.4.1　保护现状

雷州半岛零星分布的小面积天然次生林（多为风水林保护地）保存了其中部分原始森林中的树种种质资源，即其木本植物区系主要信赖生态林而保存，但是森林消失与破碎化是木本植物区系组成减少的重要原因。通过对雷州半岛各地植被进行调查，并采集标本进行鉴定发现已有不少植物在野生生境中消失，如竹柏（*Nageia nagi*）、小叶罗汉松（*Podocarpus wangii*）、粗榧（*Cephalotaxus sinensis*）、木兰科植物等。裸子植物除了马尾松、百日青、小叶买麻藤和罗浮买麻藤外已见不到其他种类在雷州半岛野生环境中有分布。

由于生境条件和人为等因子影响，各地还是保存有不同建群种组成的次生林群落，如以红树林、樟树林、野生荔枝林、米槠林等村落风水林为主的各种生态林。但是，以村落风水林模式所保存的乡土木本植物区系也随着保护地的不断消失而面临逐步灭绝的威胁；同时，区域生态环境脆弱性十分显著，如自然灾害频繁、人工林树种组成与结构单一、沿海防护林生态景观破碎化程度高等，也加剧了上述威胁的程度。

目前，雷州半岛共设有19个县级以上各类自然保护区，其中1个国家级红树林保护区、1个国家级海洋公园、1个湖光岩世界地质公园和1个有树种保护目标的县级自然保护区，其中红树林的木本植物区系因为有"广东湛江红树林国家级自然保护区管理局"而在近年来得到较好的保护，但在一些珍稀树种多样性保育上尚无具体的研究与管护措施加以落实，如银叶树种群和角果木种群的保护问题仍然没有引起重视；广东特呈岛国家级海洋公园的规划建设同样较好地保护了特呈岛古老红树林和岛上的风水林植物多样性，有望开发与保护并重加强乡土树种的保护工作；湛江湖光岩世界地质公园较好地保护了典型的火山遗址及其生态系统，其中保护较好的区域被列为市级自然保护区；唯一为包括乡土树种在内的野生植物保护而设立的县级保护区位于廉江市谢鞋山自然保护区，现开发为生态旅游区，如一些乡村生态公园，其野生荔枝林及其丰富的植物多样性保护有待加强。另外，当地政府还列出一些生态保护较好的林地为自然保护小区，主要有麻章区湖光镇古樟树保护区、廉江市红椎林保护区、雷州市九龙山保护区、徐闻县龙泉树木保护区等，同时还有一些火山沟谷木本植物也较丰富，这些地方的木本植物由于具有人难到达的地貌特征以及当地生态观较好的民俗民风等得到良好保护，典型的树种有见血封喉。

2.4.2　建议

首先，进一步增加保护区的规划建设，将有较丰富树种多样性的生境区域保护好，如雷州半岛有许多河流发源地，具有较高的森林保护价值，应该加强保护，选划为自然保护区，并体现在区域大的发展规划中；但是，保护地有了，植被恢复了，不等于树种多样就丰富了，因此在保护林地的同时要重视落实树种多样性的保护，严格要求各森林自然保护区重点保护范围内不从事林下经济开发，以保护林下树种生境。

其次，开展乡土树种迁地保护，研究雷州半岛乡土野生树种培育技术，建立其种质资源库，当地各大公园、大学校园，尤其是湛江南国热带花园、湛江三岭山国家森林公园，要规划出乡土树种园，承担主要乡土树种迁地保护职责。鼓励各县区创建以乡土植物保护为目标的植物园。

第三，加强乡土树种利用研究，优先选择乡土速生树种进行造林与生态恢复。对防护林的树种选择，可以更好地利用当地的乡土树种，如黄槿；园林树种和经济林树种方面也应该把更多的乡土树种应用上去，重视其林下经济植物栽培技术研究，湛江市人民政府每年应立重点科研专项开展乡土树种利用研究。

第四，加强生态林的政府补贴和风水林保护的民风教育，引导村落风水林开展保护性开发利用，如生态旅游，将树种保护与文化相结合，让人们感受大自然的美好；开展多样式的宣教活动，大力宣传树种多样性的功能效益及其重要意义，来提高全民对保护物种多样性的意识。

主要参考文献

［1］叶华谷，邢福武．广东植物名录［M］．广州：广东世界图书出版公司，2005.

［2］叶华谷，彭少麟．广东植物多样性编目［M］．广州：广东世界图书出版公司，2006.

［3］中国科学院华南植物研究所（华南植物园）．广东植物志：1～10卷［M］．广州：广东科学技术出版社，1987—2009.

［4］中国科学院中国植物志编委会．中国植物志［M］（相关卷册，http：//frps. eflora. cn/；http：//www. floraofchina. org/）．北京：科学技术出版社，1959—2004.

［5］Flora of China 编委会．中国植物志（英文修订版）［M］（相关卷册，http：//www. floraofchina. org/）．北京/密苏里：科学技术出版社，密苏里植物园出版社，1989—2013.

［6］吴征镒．中国植被［M］．北京：科学出版社，1980.

［7］皓雪．雷州半岛原始森林消失之谜——湛江农垦开垦雷州半岛史话［J］．生态文化，2010（4）：23－24.

［8］姚清尹，陈华堂，陆国琦，等．琼雷地区地貌类型研究［J］．热带地理，1981，1：13－20.

［9］孙世洲．关于中国国家自然地图集中的中国植被区划图［J］．植物生态学报，1998，22（6）523－537.

［10］湛江市地方志编委会．湛江市志．湛江：湛江市地方志编委会出版，2003：1－250.

［11］广东省地方史志编纂委员会．广东省志：林业志［M］．广州：广东人民出版社，1998：1－796.

［12］H. Zhu，M. C. Roos. Characteristics and Affinity of Tropical Flora in Southern China. Forestry Studies in China，2002，4（1）：18－24.

［13］钟理，杨春燕，左相兵，等．中国植物区系研究进展［J］．草业与畜牧，2010（9）：6－9.

［14］吴征镒．世界种子植物科的分布区类型系统［J］．云南植物研究，2003，25（3）：245－257.

［15］吴征镒．中国种子植物属的分布区类型专辑［J］．云南植物研究，1991（增刊IV）：1－139.

［16］乐昌植物志

［17］韩维栋，陈杰．广东省野生树种地理分布新纪录［J］．福建林业科技，2013，40（2）：112－114.

［18］张宏达．广东植物区系的特点［J］．中山大学学报，1962（1）：34.

［19］Hou Xueliang，Li Shijin. A New Species of Polyalthia（Annonaceae）from China. NOVON 14：

171 – 175. 2004.

[20] 王发国，周劲松，易绮斐，等．广东湛江火山沟植物与保育［J］．广西植物，2006（4）：424 – 428.

[21] 武丽琼．湛江市园林植物资源及其在城市绿化中的应用［J］．广东农业科学，2006（10）：6 – 8.

[22] 韩维栋，高秀梅，黄月琼，等．廉江次生季雨林群落与多样性［J］．林业科技，2001（60）：1 – 4.

[24] Fábio Suzart de Albuquerque and Marta Rueda. Forest loss and fragmentation effects on woody plant species richness in Great Britain［J］．Forest Ecology and Management. 2010，260（4）：472 – 479.

[25] 韩维栋，高秀梅．雷州半岛红树林生态系统及其保护策略［M］．广州：华南理工大学出版社，2009.

[26] 林广旋，卢伟志．湛江高桥红树林及周边地区植物资源调查［J］．广东林业科技，2011，27（5），38 – 43.

[27] 韩维栋，高秀梅，陈益强．特呈岛陆地成年乔木资源［J］．广东海洋大学学报，2007（4）：34 – 40.

[28] 高秀梅，韩维栋，黄剑坚．湛江市珍稀天然樟树群落调查与分析［J］．广东林业科技，2009，25（3）：35 – 38.

[29] 韩维栋，吴钿，郭克疾．雷州市九龙山风景区植物区系与植被［J］．广东林业科技，2010，26（1）：66 – 70.

[30] 梁静，谷卫华．湛江市园林植物应用现状调查与分析［J］．天津农业科学，2005，11（3）：56 – 58.

[31] 吴刘萍，武丽琼．植物区系分析在湛江城市园林植物规划中的应用［J］．福建林业科技，2006，33（2）：84 – 86.

第三章 裸子植物

裸子植物（Gymnosperm）在植物界中的地位，介于蕨类植物和被子植物之间。它是保留着颈卵器，具有维管束，能产生种子但种子外没有果皮包被的一类高等植物。

雷州半岛（湛江市）木本裸子植物共9科26属45种3变种，其中野生3科3属4种，栽培9科26属41种3变种。科的排列参照郑万钧系统。

G1 苏铁科 Cycadaceae（外来引种栽培3属6种）

1. 苏铁属 Cycas Linn.（外来引种栽培4种）

（1）苏铁 Cycas revoluta thunb.

常绿乔木，树干棕榈状，高可达10 m。

喜暖热湿润的环境，不耐寒冷，生长甚慢，寿命约200年。

雷州半岛各地广泛栽培；现世界各地广泛栽培。

庭园绿化观赏的优良树种。茎内含的淀粉，可供食用；种子药用，有收敛止咳、化气止痛、调经止血、止痢等功效。

（2）台湾苏铁 Cycas taiwaniana Carruth.

常绿乔木，树干圆柱形，高达3.5m，径20～35cm，有残存的叶柄。

喜暖热湿润的环境，不耐寒冷。

雷州半岛有栽培，华南地区常见栽培。产于乳源、翁源、博罗（罗浮山）、高要、阳春、阳西等地；生于山地疏林。分布于海南、广西、云南、江西、福建、台湾等地。

国家一级保护植物。庭园绿化观赏的优良树种。

（3）华南铁树 Cycas rumphii Mip.

常绿乔木，树干圆柱形，高4～8m，稀达15m。

喜暖热湿润的环境，不耐寒冷。

雷州半岛有栽培。现世界各热带地区常见栽培。产于印度尼西亚、澳大利亚北部、越南、缅甸、印度及非洲的马达加斯加等地。

（4）篦齿苏铁 Cycas pectinata Griff.

常绿乔木，树干圆柱形，高达3m。

喜暖热湿润的环境，不耐寒冷。

雷州半岛有栽培。现世界各热带地区常见栽培。产于印度、尼泊尔、缅甸、泰国、柬埔寨、老挝、越南等地。

2. 澳洲铁属 Macrozamia Miq. （外来引种栽培 1 种）

（1） 澳大利亚凤尾苏铁 Macrozamia communis L. A. S. Johnson.

常绿乔木，树干圆柱形。

喜高温高湿气候，不耐寒。

湛江南亚所等地有栽培。现世界各热带地区偶见栽培。

3. 泽米铁属 Zamia Linn. （外来引种栽培 1 种）

（1） 鳞秕泽米铁 Zamia purpuracea L.

常绿小灌木。

喜温暖湿润气候，适生于排水良好的钙质土壤。

湛江市区等地有栽培。原产于墨西哥东部海岸，现世界各地广泛栽培。

G3 南洋杉科 Araucariaceae（**外来引种栽培 1 属 4 种**）

1. 南洋杉属 Araucaria Juss. （外来引种栽培 4 种）

（1） 狭叶南洋杉 Araucaria angustifolia（Bertol.）Kuntze

常绿乔木，高达 40m；雌雄异株。

喜光，喜温暖湿润气候，喜生于山地土壤。

湛江市区等地有栽培。产于南美，主产于巴西。

优良观赏和用材树种，木纹平直优雅，材质细密，呈蜜黄色，强度、硬度与美国黄松相似，但加工性能更好。

（2） 大叶南洋杉 Araucaria bidwillii HooK.

常绿乔木，高达 30m；树皮厚，暗灰褐色，成薄条片脱落。

喜光，喜温暖湿润气候，喜生于肥沃避风排水良好的土壤。

雷州半岛各地有栽培。原产于澳洲沿海地区，华南等地广泛栽培。

优良观赏和用材树种。

（3） 南洋杉 Araucaria cunninghamii Sweet

常绿乔木，高达 30m；成龄株的末级小枝的叶呈四棱状钻形。

喜光，喜温暖湿润气候，不耐寒，喜生于肥沃避风排水良好的土壤。

雷州半岛各地广泛栽培；原产于澳洲，我国华南等地广泛栽培。

庭园绿化观赏的优良树种。木材可供建筑、器具、家具等用。

（4） 异叶南洋杉（诺福克南洋杉） Araucaria heterophylla（Salisb.）Franco

常绿乔木，高达 30m；成龄株的末级小枝的叶扁平呈鳞片状。

喜生于山谷空气湿润、土质肥沃之地，不耐寒。

雷州半岛各地有栽培。原产于大洋洲诺福克岛，华南等地广泛栽培。

庭园绿化观赏的优良树种。木材可供建筑、器具、家具等用。

G4. 松科 Pinaceae（3 属 9 种 1 变种：野生 1 属 1 种，外来引种栽培 3 属 8 种 1 变种）

1. 油杉属 Keteleeria Carr.（外来引种栽培 2 种 1 变种）

（1）江南油杉 Keteleeria cyclolepis Flous

常绿乔木，高可达 20m。一年生枝有较密的毛。

喜光，好温暖，稍耐寒，适生于温暖多雨的酸性红壤或黄壤地。

湛江市区等地有栽培。我国特有树种，原产于我国云南、贵州、广西、广东、湖南、江西和浙江等地。

优良观赏和用材树种。

（2）油杉 Keteleeria fortunei（A. Murray）Carrière

常绿乔木，高达 30m；一年生枝有毛或无毛。

喜温暖湿润气候，于酸性土红壤或黄壤地生长良好。

湛江等地有栽培。原产于我国浙江南部、福建、广东、广西南部沿海山地。

优良观赏和用材树种。

（3）短鳞油杉 Keteleeria fortunei（A. Murray）Carrière var. oblonga（W. C. Cheng et L. K. Fu）L. K. Fu et Nan Li

常绿乔木；一年生枝有密毛。

喜温暖湿润气候，于酸性土红壤或黄壤地生长良好。

湛江等地有栽培。原产于我国广西西部田阳。

优良观赏和用材树种。

2. 雪松属 Cedrus Trew.（外来引种栽培 1 种）

（1）雪松 Cedrus deodara（Roxb.）G. Don

常绿乔木。

喜光，喜温和凉润气候，抗寒性较强，耐干旱贫瘠，但不耐水涝。

湛江市区等地有栽培。原产于阿富汗至印度。

优良观赏和用材树种。

3. 松属 Pinus Linn.（野生 1 种，外来引种栽培 5 种）

（1）马尾松 Pinus massoniana Lamb.

常绿乔木；针叶 2 针一束，稀 3 针一束，双维管束，边生树脂道。

宜生于华南华东海拔 2000m 以下的山地丘陵，常作为造林先锋树种。

雷州半岛各地有栽培。原产于我国江南、华南及西南等地。

优良观赏和用材、荒山荒地的造林树种；可提取树脂。

（2）湿地松 Pinus elliottii Engelm.

常绿乔木；针叶 2～3 针一束并存，双维管束，内生树脂道。

雷州半岛各地有栽培、造林；原产于美国东南部暖带潮湿的低海拔地区；现我国长江以南各地广为引种造林。

优良观赏和用材树种；可提取树脂。

（3）火炬松 Pinus taeda Linn.

常绿乔木；针叶 3 针一束，稀 2 针一束，双维管束，中生树脂。

喜强光，喜温暖湿润气候，适于中性、酸性土壤，速生。

雷州半岛各地有栽培、造林；原产于北美，我国长江流域以南有栽培。

优良观赏和用材树种；可提取树脂。

（4）南亚松 Pinus latteri Mason

常绿乔木；针叶 2 针一束，双维管束，中生树脂道 2 条。

喜强光，喜温暖湿润气候，适生于酸性土壤，耐瘠薄。

雷州半岛各地有栽培、造林。产于广东湛江、海南、广西南部；马来半岛、中南半岛及菲律宾也有分布。

优良观赏和用材、荒山荒地的造林树种；可提取树脂。

（5）加勒比松 Pinus caribaea Morelet

常绿乔木；针叶通常 3 针一束，双维管束，内生树脂道。

喜强光，喜高温高湿气候，适生于酸性沙质土壤中。

雷州半岛各地有栽培、造林；原产于中美，现热带地区常见栽培。

园林绿化与用材树种；可提取树脂。

（6）海南五针松 Pinus fenzeliana Hand. – Mazz.

常绿乔木；针叶通常 5 针一束，稀 2 针一束，幼时多为 4～5 针一束，单维管束，树脂道 1 条中生、2 条边生。

喜生于气候温湿、雨量多、土壤深厚的酸性土壤。

湛江市区等地有栽培。为我国特有树种，原产于我国华南地区。

优良盆景与绿化树种；可作建筑等用材，也可提取树脂。

G5. 杉科 Taxodiaceae（外来引种栽培 6 属 7 种）

1. 柳杉属 Cryptomeria D. Don（外来引种栽培 1 种）

（1）柳杉 Cryptomeria fortumei Hooib. ex Otto et Dietr.

常绿乔木。

幼苗稍耐阴，喜光、温暖湿润气候、排水良好的酸性土壤。

雷州半岛各地有栽培。产于我国浙江、福建、江西等地。

优良观赏和用材、荒山荒地的造林树种。

2. 杉木属 Cunninghamia R. Br.（外来引种栽培 1 种）

（1）杉木 Cunninghamia lanceolata (Lamb.) Hook.

常绿乔木，速生材用树种。

幼苗需遮阴，大树喜光，喜温暖湿润气候。

湛江等地有栽培。产于淮河、秦岭以南至两广等地。

优良用材和大面积造林树种。

3. 水松属 Glyptostrobus Endl. （外来引种栽培 1 种）

（1）水松 Glyptostrobus pensilis（Staunt.）Koch

半落叶乔木，湿生植物。

喜光，喜温暖湿润气候，极耐水湿，不耐低温和盐碱。

湛江市区有栽培。主要分布于华南，现我国中部等地区广泛栽培。

优良观赏和用材树种。

4. 水杉属 Metasequoia Miki ex Hu & Cheng （外来引种栽培 1 种）

（1）水杉 Metasequoia glyptostroboides Hu & Cheng

落叶乔木，湿生植物。

喜光、水湿和温暖湿润气候环境，耐低温。不耐涝，不耐旱。

湛江市区、徐闻等地有栽培。产于湖北利川、重庆石柱、湖南龙山等地。

国家一级保护植物；优良观赏和用材树种。

5. 台湾杉属 Taiwania Hayata （外来引种栽培 1 种）

（1）秃杉 Taiwania cryptomerioides Hayata

乔木，高达 60m，胸径 3m，枝平展，树冠广圆形。

多生于气候温暖或温凉、夏秋多雨潮湿、冬干的红壤土地带。

湛江市区等地有栽培。原产于我国西南地区。

国家一级保护植物；优良观赏和用材树种。

6. 落羽杉属 Taxodium Rich. （外来引种栽培 2 种）

（1）落羽杉 Taxodium distichum（Linn.）Rich.

落叶乔木，湿生植物。

喜光，喜温暖湿润气候，极耐水湿，也能生于排水不良的沼泽地。

湛江市区等地有栽培。原产于北美东南部。

优良观赏和用材树种。

（2）池杉 Taxodium ascendens Brongn.

落叶乔木，湿生植物。

喜光，喜温暖湿润气候，极耐水湿，生于沼泽地区及水湿地。

湛江市区等地有栽培。原产于北美东南部。

优良观赏和用材树种。

G6. 柏科 Cupressacae （外来引种栽培 5 属 7 种）

1. 翠柏属 Calocedrus Kurz （外来引种栽培 1 种）

（1）翠柏 Calocedurus macrolepis Kurz

常绿直立灌木。

喜光，喜温暖湿润气候；耐湿，耐寒性差。

湛江市区等地有栽培。产于我国云南、贵州、广西及海南岛等地。

优良观赏树种。

2. 扁柏属 Chamaecyparis Spach（外来引种栽培 2 种）

（1）日本扁柏 Chamacyparis obtuse（Sieb. & Zucc.）Endl.

常绿乔木。

喜光，较耐阴，喜温暖湿润气候；耐低温。

湛江等地有栽培。原产于日本，现我国长江流域常见栽培。

优良观赏和用材树种。

（2）日本花柏 Chamacyparis pisifera（Sieb. & Zucc.）Endl.

常绿乔木。

喜光，略耐阴，喜温凉湿润气候；耐低温，不耐干旱。

湛江等地有栽培。原产于日本，现我国各地有栽培。

优良观赏和用材树种。

3. 侧柏属 Platycladus Spach（外来引种栽培 1 种）

（1）侧柏 Platycladus orientalis（L.）Franco

常绿乔木。

喜光，有一定的耐阴力，适于温暖湿润气候，较耐寒。

湛江市区等地有栽培，另常见有栽培品种千头侧柏（CV. Sieboldii）。产于我国华北、西北以南至西南地区。

优良观赏和用材树种。

4. 圆柏属 Sabina Mill.（外来引种栽培 1 种）

（1）圆柏 Sabina chinensis（L.）Ant.

生长习性：常绿灌木。

喜光，有一定耐阴能力，喜温凉气候。

雷州半岛各地均有栽培，另常见有栽培品种龙柏（CV. Kaizuca）。分布于我国华北至两广北部及西南各省区；朝鲜、日本也有分布。

优良观赏与用材树种。

5. 刺柏属 Juniperus Linn.（外来引种栽培 2 种）

（1）刺柏 Juniperus formosana Hayata

常绿小乔木。

喜光，喜冷凉气候，耐寒性强，耐旱；对土壤要求不高。

湛江市区等地有栽培。产于我国东三省等地，现我国各地广泛栽培。

优良观赏树种。

（2）铺地柏 Juniperus procumbens（Siebold ex Endl.）Miq.

常绿铺地小灌木。

喜光，稍耐阴，适生于滨海湿润气候。

湛江市区等地有栽培。产于我国华北、华东、西南地区及日本。

优良观赏树种。

G7. 罗汉松科 Podocarpaceae（4 属 7 种 1 变种：野生 1 属 1 种，引种栽培 4 属 6 种 1 变种）

1. 鸡毛松属 Dacrycarpus（Endl.）de Laub.（外来引种栽培 1 种）

（1）鸡毛松 Dacrycarpus imbricatus Bl.

乔木；树干通直；树皮灰褐色；小枝密生，纤细。

喜光亦耐阴，喜温暖湿润气候；耐瘠薄。

湛江等地有栽培。产于我国海南、广西金秀、云南东南部和南部及越南、菲律宾、印度尼西亚。

优良观赏与用材树种。

2. 陆均松属 Dacrydium Sol. ex G. Forst.（外来引种栽培 1 种）

（1）陆均松 Dacrydium pierrei Hickel.

乔木；树干通直；大枝轮生，多分枝；小枝下垂，绿色。

喜光亦耐阴，喜温暖湿润气候；适生于酸性山地黄壤或黄红壤地带。

湛江等地有栽培。产于我国海南及越南、柬埔寨和泰国。

优良观赏与用材树种。

3. 竹柏属 Nageia Gaertn（外来引种栽培 2 种）

（1）竹柏 Nageia nagi（Thunb.）Kuntze

常绿乔木。

较耐阴，为半阳性树种；喜排水良好且湿润的砂质土壤，不耐寒。

雷州半岛广泛栽培。产于长江流域以南至华南、西南地区，生于海拔 1000m 以下，日本也有分布。

优良观赏与用材树种。

（2）长叶竹柏 Nageia fleuryi（Hickel）de Laub.

常绿乔木。

耐阴树种，喜温暖湿润，肥沃疏松深厚的砂质酸性土壤，要求排水良好。

雷州半岛广泛栽培；产于我国云南、两广、海南和台湾等地及越南、柬埔寨，现热带地区广泛栽培。

4. 罗汉松属 Podocarpus L'Hér. ex Pers.（野生 1 种；外来引种栽培 2 种 1 变种）

（1）百日青 Podocarpus nerifolius D. Don

常绿乔木，耐阴树种。

生于海边次生林及海拔 200m 左右地带。

雷州半岛廉江高桥和寮镇根竹嶂等地有分布。原产于我国长江以南地区，东南亚亦有分布。

优良观赏与用材树种。

（2）罗汉松 Podocarpus macrophyllus（Thunb.）D. Don

常绿乔木。

阴性树种，喜温热潮湿多雨气候。

雷州半岛广泛栽培。产于我国南岭山地及以南地区；日本也有分布。

（3）短叶罗汉松 Podocarpus macrophyllus var. maki（Sieb.）Endl.

常绿小乔木或灌木状。

半阴性，喜温暖湿润气候，不耐寒。

湛江等地有栽培。原产于日本，现我国长江以南各地有栽培。

（4）小叶罗汉松 Podocarpus wangii C. C. Chang

常绿乔木。

半阴性，喜温暖湿润气候，不耐寒。

雷州半岛广泛栽培。产于我国云南、两广、海南等地；菲律宾、印度尼西亚，现热带地区常见栽培。

G8. 三尖杉科 Cephalotaxaceae（外来引种栽培1属1种）

1. 三尖杉属 Cephalotaxus Sieb. & Zucc. ex Endl（外来引种栽培1种）

（1）粗榧 Cephalotaxus sinensis（Rehd. & Wils.）Li

常绿灌木或小乔木。

喜光，喜温暖湿润气候，耐寒。

湛江等地有栽培。产于四川、湖北、贵州、广西、广东及福建等地。

G9. 红豆杉科 Taxaceae（外来引种栽培2属1种1变种）

1. 穗花杉属 Amentotaxus Pilger（外来引种栽培1种）

（1）穗花杉 Amentotaxus argotaenia（Hance）Pilger

常绿灌木或小乔木。

极耐阴，适生于阴湿茂密林中，不耐干燥瘠薄。

湛江等地有栽培。分布于秦岭以南，南至华南北部，东至华东，西至四川、贵州。

2. 红豆杉属 Taxus Linn.（外来引种栽培1变种）

（1）南方红豆杉 Taxus chinensis（Pilger）Rehd. var. mairei（Lemee et Levl.）Cheng et L. K. Fu

常绿乔木。

喜阴、耐旱、抗寒；适宜南北各地生长。

雷州半岛均有栽培。产于甘肃南部至华南等地，现广为栽培。

国家一级保护树种；树皮可提抗癌药物。

G11. 买麻藤科 Gnetaceae（1属3种：野生1属2种；外来引种栽培1属1种）

1. 买麻藤属 Gnetaceae Linn.（野生2种；外来引种栽培1种）

（1）小叶买麻藤 Gnetum parvifolium （Warb.）C. Y. Cheng ex Chun

缠绕藤本，喜温暖湿润气候，不耐寒，适应性强。

生于海拔较低的干燥平地或湿润谷地的森林中，缠绕在树上。

廉江、遂溪、雷州和徐闻等地有栽培。原产于福建、两广及湖南等省。

（2）罗浮买麻藤 Gnetum lofuense C. Y. Cheng

缠绕大藤本。

喜温暖湿润气候，不耐寒，适应性强。

廉江等地。产于我国云南、两广等地。

（3）买麻藤 Gnetum montanum Markgr

生长习性：缠绕大藤本。

喜温暖湿润气候，不耐寒，适应性强。

湛江等地有栽培。产于我国云南南部、两广等地。

第四章　被子植物

　　被子植物（Angiosperm）也称显花植物，是植物界进化最高级、种类最多、分布最广的类群，现存已知的被子植物约 20 万种，种类和个体数量都占据优势，形成当今地球表面的优势植被。被子植物具有真正的花，形成果实。被子植物分布于各个气候带，适应于各种各样的生境条件。被子植物分为双子叶植物和单子叶植物。双子叶植物的胚具 2 片子叶（极少 1、3 或 4）；主根发达，多为直根系；茎内维管束作环状排列，具形成层；叶具网状脉；花部通常 5 或 4 基数，极少 3 基数；花粉具 3 个萌发孔。单子叶植物的胚内仅含 1 片子叶（或有时胚不分化）；主根不发达，由多数不定根形成须根系；茎内维管束散生，无形成层，通常不能加粗；叶常具平行脉或弧形脉；花部常 3 基数，极少 4 基数，绝无 5 基数；花粉具单个萌发孔。

　　雷州半岛（湛江市）木本被子植物共 126 科 523 属 1008 种 2 亚种 34 变种，其中野生 99 科 314 属 539 种 2 亚种 19 变种，外来引种栽培 85 科 260 属 469 种 15 变种。双子叶木本植物共 121 科 487 属 932 种 2 亚种 32 变种，其中野生 95 科 302 属 516 种 2 亚种 17 变种，外来引种栽培 81 科 230 属 416 种 15 变种；单子叶木本植物共 5 科 36 属 76 种 2 变种，其中野生 4 科 12 属 23 种 2 变种，外来引种栽培 4 科 30 属 53 种。科的排列参照哈软松系统。

4.1　双子叶植物

A1. 木兰科 Magnoliaceae（外来引种栽培 12 属 74 种 1 变种）

　　1. 长蕊木兰属 Alcimandra Dandy（外来引种栽培 1 种）

　　（1）长蕊木兰 Alcimandra cathcartii（J. D. Hook. & Thoms.）Dandy

　　常绿乔木。

　　喜光，喜温凉湿润以至潮湿气候；耐寒。

　　徐闻等地有栽培。产于云南、西藏；印度也有分布。

　　国家一级保护濒危树种。优良观赏树种。

　　2. 厚朴属 Houpoëa N. H. Xia & C. Y. Wu（外来引种栽培 2 种）

　　（1）凹叶厚朴 Houpoëa officinalis（Rehder & E. H. Wilson）N. H. Xia & C. Y. Wu

落叶乔木。

中性偏阴，喜凉爽湿润气候及肥沃、排水良好的酸性土壤。

徐闻等地有栽培。产于长江流域以南地区。

（2）长喙厚朴 Houpoëa rostrata（W. W. Smith）N. H. Xia & C. Y. Wu

落叶乔木，渐危种。

喜光，喜温凉湿润气候，耐寒。

徐闻等地有栽培。产于云南、西藏。

3. 长喙木兰属 Lirianthe Spach（外来引种栽培 5 种）

（1）绢毛木兰 Lirianthe albosericea（Chun & C. H. Tsoong）N. H. Xia & C. Y. Wu

常绿小乔木。

喜光，喜高温高湿气候。

徐闻等地有栽培。产于我国海南。

（2）香港木兰（长叶木兰）Lirianthe championii（Bentham）N. H. Xia & C. Y. Wu

常绿小乔木。

喜光，喜温暖湿润气候及肥沃、排水良好的酸性土壤。

徐闻等地有栽培。产于贵州南部、海南及广西，越南北部也有分布。

（3）夜香木兰 Lirianthe coco（Loureiro）N. H. Xia & C. Y. Wu

常绿灌木或小乔木。

耐阴，喜温暖湿润气候及肥沃酸性土壤，不耐寒。

湛江、徐闻等地有栽培。原产于我国南部，现广植于亚洲东南部。

（4）山玉兰 Lirianthe delavayi（Franch.）N. H. Xia & C. Y. Wu

常绿乔木。

喜光，稍耐阴，喜温暖湿润气候；适生于排水良好的肥沃土壤。

徐闻等地有栽培。产于我国西南部地区。

（5）大叶木兰 Lirianthe henryi（Dunn）N. H. Xia & C. Y. Wu

常绿乔木。

喜光，较耐寒；喜温凉湿润气候。

徐闻等地有栽培。产于我国云南西南部地区。

4. 鹅掌楸属 Liriodendron Linn.（外来引种栽培 1 种）

（1）鹅掌楸 Liriodendron chinense（Hemsl.）Sarg

落叶乔木。

喜光，喜温暖湿润气候及深厚肥沃的酸性土壤，略耐寒。

徐闻等地有栽培，另有栽培品种杂交鹅掌楸（Liriodendron chinense × L. tulipifera）。产于我国长江以南各省区，海南不产。

国家二级重点保护树种。

5. 木兰属 Magnolia Linn.（外来引种栽培 1 种）

（1）荷花玉兰 Magnolia grandiflora L.

常绿乔木。

生长中等至慢，寿命长；喜光，亦耐阴，喜温湿气候，有一定耐寒性；抗烟尘，对 Cl_2、SO_2、HCl 有较强的抗性。

湛江、徐闻等地有栽培。原产于美国东南部；现世界各地广为栽培。

6. 木莲属 Manglietia Bl.（外来引种栽培 25 种 1 变种）

（1）木莲 Manglietia fordiana Oliv.

常绿乔木。

耐阴，喜温暖湿润气候及肥沃酸性土壤。

湛江、徐闻等地有栽培。分布于长江流域以南各省，海南不产，现我国各地常见栽培。

（2）桂南木莲 Manglietia conifera Dandy

常绿乔木。

抗寒、抗旱、耐贫瘠、对土壤要求不高。

湛江、徐闻等地有栽培。产于云南、贵州、湖南、两广等地。

（3）大果木莲 Manglietia grandis Hu & Cheng

乔木。

喜光，喜湿热多雨气候。

湛江、徐闻等地有栽培。产于广西、云南。

（4）灰木莲 Manglietia glauca Biume

乔木。

喜阴，喜温暖湿润气候；适生于排水良好的肥沃土壤。

湛江、徐闻等地有栽培。

（5）海南木莲 Manglietia hainanensis Dandy

常绿乔木。

喜光，喜高温高湿气候。

湛江、徐闻等地有栽培。产于海南，我国华南地区有栽培。

（6）香木莲 Manglietia aromatica Dandy

常绿乔木，濒危种。

喜光，喜温暖湿润气候；适生于石灰岩山地。

徐闻等地有栽培。产于云南、广西，华南偶见栽培。

（7）广西木莲 Manglietia conifera var. tenuipes（Dandy）X. M. Hu & Q. H. Zeng

常绿乔木。

喜光，喜温暖湿润气候；对土壤要求不高。

徐闻等地有栽培。产于广西。

（8）粗梗木莲 Manglietia crassipes Law

乔木或灌木。

喜光，喜温暖湿润气候。

徐闻等地有栽培。产于广西大瑶山。

（9）川滇木莲 Manglietia duclouxii Finet & Gagnep

乔木。

喜光，喜温暖湿润气候；适生于肥沃酸性土壤。

徐闻神州木兰园等地有栽培，产于四川、云南及越南。

（10）滇桂木莲 Manglietia forrestii W. W. Smith ex Dandy

乔木。

喜光，喜温暖湿润气候；喜肥、喜湿、忌水涝。

徐闻神州木兰园等地有栽培，产于云南西部及南部、广西西南部。

（11）苍背木莲 Manglietia glaucifolia Law & Y. F. Wu

乔木。

喜光，喜温暖湿润气候。

徐闻神州木兰园等地有栽培，产于贵州黔东南。

（12）广南木莲 Manglietia guangnannic Li & Zhou ined

乔木。

喜光，喜温暖湿润气候；适生于肥沃湿润、土层深厚土壤。

徐闻神州木兰园等地有栽培，产于我国云南。

（13）红河木莲 Manglietia hongheensis Y，MShui & W. H. Chen

乔木。

喜光，喜温暖湿润气候。

徐闻神州木兰园等地有栽培，产于我国云南。

（14）毛果木莲 Manglietia ventii Tiep

常绿乔木，易危种。

喜光，喜温暖湿润气候。

徐闻神州木兰园等地有栽培，产于我国云南。

（15）中缅木莲 Manglietia hookeri Cubitt & W. W Smith

常绿乔木。

喜光，喜温暖湿润气候。

徐闻神州木兰园等地有栽培，产于我国云南及缅甸。

（16）红花木莲 Manglietia insignis （Wall） Bl

常绿乔木，渐危种。

喜光，喜温凉湿润气候。

徐闻等地有栽培。产于我国西藏、云南、广西、贵州和湖南等地；喜马拉雅中部地区至越南也有分布。

（17）长梗木莲 Manglietia longipdunculata Zeng & Law

常绿乔木，珍稀濒危树种。

喜光，喜温凉湿润气候。

徐闻等地有栽培。产于惠州南昆山。

（18）亮叶木莲 Manglietia lucida B. L Chen & S. C. Yang

常绿大乔木，国家一级保护植物。

喜光，喜温凉湿润气候；喜肥、喜湿、不耐涝。

徐闻等地有栽培。产于云南。

（19）马关木莲 Manglietia maguanica Chang & B. L. Chen

常绿乔木。

喜光，喜温凉湿润气候；忌干旱和水涝。

徐闻等地有栽培。产于云南东南部。

（20）大叶木莲 Manglietia megahylla Hu & Cheng

常绿大乔木，濒危种。

喜半阴，喜温凉湿润气候。

徐闻等地有栽培。产于云南东南部及广西西南部。

（21）毛桃木莲 Manglietia moto Dandy

乔木。

稍耐阴，喜温暖湿润气候。

徐闻等地有栽培。产于广东及湖南。

（22）倒卵叶木莲 Manglietia obovalifolia C. Y. CWu & Law

乔木。

稍耐阴，喜温凉湿润气候。

徐闻等地有栽培。产于云南东南部、贵州南部。

（23）厚叶木莲 Manglietia pachyphylla Chang

乔木。

喜光，喜温暖湿润气候。

徐闻等地有栽培。产于广东中南部。

（24）巴东木莲 Manglietia patungnsis Hu

常绿乔木，珍稀濒危植物。

喜光亦耐阴，喜温暖湿润气候。

徐闻等地有栽培。产于湖南、湖北及四川等地。

（25）四川木莲 Manglietia szechuanica Hu

乔木。

喜光亦耐阴，喜温暖、湿润、多雾、多雨。

徐闻等地有栽培。产于我国四川南部及中部。

（26）乳源木莲 Manglietia yuyuanensis Law

乔木。

喜温暖湿润环境，偏阴性。

徐闻等地有栽培。产于我国华东、湖南南部及广东乳源等地。

7. 华盖木属 Manglietiastrum Law（外来引种栽培 1 种）

（1）华盖木 Manglietiastrum sinicum Law

常绿大乔木，国家一级重点保护树种。

喜光，喜温暖多湿气候。

徐闻等地有栽培。产于云南（西畴法斗）。

8. 含笑属 Michelia Linn.（外来引种栽培 21 种）

（1）白兰 Michelia alba DC.

常绿乔木。

喜光，喜温暖多雨及肥沃疏松的酸性土壤，不耐寒和干旱，忌积水。

雷州半岛均有栽培。原产于印尼爪哇；现热带地区广为栽培。

（2）合果木 Michelia baillonii（Pierre）Finet & Gagnep.

常绿乔木。

喜光，喜温暖多湿山地气候。

徐闻等地有栽培。产于云南南部。

（3）乐昌含笑 Michelia chapensis Dandy

常绿乔木。

喜光，喜温暖湿润气候；耐寒，喜深厚肥沃的砂质土壤。

湛江、徐闻等地有栽培。产于我国两广、江西、湖南等地及越南北部。

（4）黄兰 Michelia champaca Linn.

常绿乔木。

喜光，喜暖热湿润，不耐寒，喜酸性土，不耐碱土，不耐干旱。

湛江、雷州、徐闻等地有栽培。原产于喜马拉雅山及我国云南南部，华南地区广为栽培。

（5）灰岩含笑 Michelia fulva Chang & B. L. Chen

小乔木。

喜光，喜温凉湿润气候。

徐闻等地有栽培。产于云南（广南、麻栗坡、西畴）、广西（龙州）。

（6）苦梓含笑 Michelia balansae（A. DC.）Dandy

小乔木。

喜光，喜温凉湿润气候。

徐闻等地有栽培。产于广东、海南、广西南部、云南东南部；越南也有分布。

（7）福建含笑 Michelia fujianensis Q. F. Zheng

常绿乔木。

喜光，喜温凉湿润气候，稍耐寒。

徐闻等地有栽培。产于江西东部和福建。

（8）平伐含笑 Michelia cavaleriei Finet & Gagnep

常绿乔木。

喜光，喜温凉湿润气候，稍耐寒。

徐闻等地有栽培。产于重庆、贵州、广西、云南等地。

（9）含笑 Michelia figo（Lour.）Spreng.

常绿灌木。

耐阴，不耐烈日暴晒，性喜温湿，不甚耐寒。

雷州半岛广泛栽培；产于我国华南地区，长江流域以南各地有栽培。

（10）多花含笑 Michelia floribunda Finet. ex Gagnep.

常绿乔木。

喜温暖阴湿环境，要求土层深厚、排水良好。

徐闻等地有栽培。产于云南、四川西南部及贵州等地；东南亚也有分布。

（11）金叶含笑 Michelia foveolata Merr. ex Dandy

常绿乔木。

喜亚热带气候，稍耐寒；喜土层较厚山地黄壤土。

湛江、徐闻等地有栽培。产于我国两广、两湖、江西、贵州云南等地及越南北部。

（12）棕毛含笑 Michelia fulva Chang & B. L. Chen

小乔木。

喜光，喜温暖湿润气候。

产于云南（广南、麻栗坡、西畴）、广西（龙州）。

（13）广东含笑 Michelia guangdongensis Y. H. Yan & F. W. Xing

常绿灌木。

喜半阴生境，喜温暖湿润气候。

徐闻等地有栽培。产于广东英德。

（14）火力楠 Michelia macclurei Dandy

常绿乔木。

喜光，喜温暖湿润气候。

湛江、徐闻等地有栽培。产于我国两广及越南北部。

（15）深山含笑 Michelia maudiae Dunn

常绿乔木。

喜光，喜温暖湿润气候；稍耐寒，喜深厚肥沃的砂质土壤。

湛江、徐闻等地有栽培。产于华东、广西、贵州。

（16）黄心含笑 Michelia martini（H. Léveillé）Finet & Gagnepain ex H. Léveillé

常绿乔木。

喜温暖阴湿环境；较耐寒。

徐闻等地有栽培。产于河南南部、湖北西部、四川中部和南部、贵州、云南东北部。

　　（17）马关含笑 Michelia opipara Chang & B. L. Chen

常绿乔木。

喜光，喜温暖湿润环境；较耐寒。

徐闻等地有栽培。产于我国云南（马关）。

　　（18）阔瓣含笑 Michelia platypetala Hand – Mazz

常绿乔木。

喜光，喜温暖湿润环境；较耐寒。

徐闻等地有栽培。产于我国江南各省。

　　（19）石碌含笑 Michelia shiluensis Chun & Y. F. Wu

常绿乔木。

喜光，喜高温高湿气候。

徐闻等地有栽培。产于海南（昌江、东方、保亭）。

　　（20）峨眉含笑 Michelia wilsonii Finet & Gagnep

常绿乔木，国家二级濒危品种。

喜阴，喜温暖湿润气候。

徐闻等地有栽培。产于贵州遵义及四川中部和西部。

　　（21）云南含笑 Michelia yunnanensis Franch. cx Finet & Gagnep

常绿灌木。

喜光，耐半阴，喜温暖多湿气候。

徐闻等地有栽培。产于云南中部及南部。

9. 天女花属 Oyama（Nakai）N. H. Xia & C. Y. Wu（外来引种栽培 1 种）

　　（1）天女木兰 Oyama sieboldii（K. Koch）N. H. Xia & C. Y. Wu

落叶小乔木，濒危植物。

耐阴，喜凉爽湿润气候；适生于深厚、肥沃的土壤。

徐闻等地有栽培。产于辽宁、华东、广西等地；朝鲜、日本也有分布。

10. 拟单性木兰属 Parakmeria Hu & Cheng（外来引种栽培 5 种）

　　（1）恒春拟单性木兰 Parakmeria kachirachirai（Kaneh. & Yamam）Law

常绿乔木。

喜光，喜高温多湿气候。

徐闻等地有栽培。产于台湾（大武山及南仁山）。

　　（2）乐东拟单性木兰 Parakmeria lotungensis（Chun & C. Tsoong）Law

常绿乔木。

喜光，喜温暖湿润气候；喜土层深厚、肥沃、排水良好的土壤。

徐闻等地有栽培。产于华东、华南、贵州等地。

　　（3）光叶拟单性木兰 Parakmeria nitita（W. W. Smith）Law

常绿乔木。

喜光，喜温凉湿润气候；耐寒。

徐闻等地有栽培。产于西藏东南部、云南西北部。

（4）峨眉拟单性木兰 Parakmeria omeiensis Cheng

常绿乔木，国家三类保护濒危植物。

喜光，喜温凉湿润气候。

徐闻等地有栽培。产于四川峨眉山。

（5）云南拟单性木兰 Parakmeria yunnanensis Hu

常绿乔木，濒危植物。

喜光，喜温暖湿润气候。

徐闻等地有栽培。产于云南（屏边、金平、西畴、麻栗坡）、广西。

11. 盖裂木属 Talauma Juss.（外来引种栽培1种）

（1）盖裂木 Talauma hodgsonii D. J. Hook. & Thoms.

乔木。

喜光，喜温凉湿润气候。

徐闻等地有栽培。产于西藏南部；印度东北部、不丹、尼泊尔、泰国北部、缅甸北部也有分布。

12. 玉兰属 Yulania Spach（外来引种栽培10种）

（1）天目木兰 Yulania amoena（W. C. Cheng）D. L. Fu

落叶乔木，渐危种。

耐阴，喜温暖湿润气候。

徐闻等地有栽培。产于我国江苏、安徽、浙江、江西（铅山）等地。

（2）玉兰 Yulania denudata（Desr.）D. L. Fu

落叶乔木。

喜光，较耐寒；喜排水良好的肥沃砂质土壤。

徐闻等地有栽培。产于我国长江流域。

（3）望春玉兰 Yulania biondii（Pampanini）D. L. Fu

落叶乔木。

喜光，喜温暖湿润气候。

徐闻等地有栽培。产于我国长江流域。

（4）滇藏木兰 Yulania campbellii（J. D. Hooker & Thomson）D. L. Fu

落叶大乔木。

喜光，喜温暖湿润气候，稍耐寒。

徐闻等地有栽培。产于云南、西藏；缅甸至尼泊尔也有分布。

（5）黄山木兰 Yulania cylindrica（E. H. Wilson）D. L. Fu

落叶小乔木。

喜光，喜温凉湿润气候，耐寒。

徐闻等地有栽培。主产于华东地区。

（6）紫玉兰 Yulania liliiflora（Desr.）D. L. Fu（*Magnolia liliifera* Desr.）

落叶灌木。

喜光，不耐阴；较耐寒。

徐闻等地有栽培。产于我国中部。

（7）凹叶木兰 Yulania sargentiana（Rehder & E. H. Wilson）D. L. Fu

落叶乔木。

喜光，喜温暖湿润气候。

徐闻等地有栽培。产于四川中部、南部和云南东北部、北部地区。

（8）二乔木兰 Yulania soulangeana（Soul.－Bod.）D. L. Fu

落叶小乔木，为玉兰与紫玉兰的杂交种。

喜光，喜温暖湿润气候；耐寒、耐旱。

徐闻等地有栽培。现杭州、广州、昆明等地有栽培。

（9）武当木兰 Yulania sprengeri（Pampanini）D. L. Fu

落叶乔木。

喜光，喜凉爽气候。

徐闻等地有栽培。产于陕西、甘肃、河南、湖北、湖南、四川等地。

（10）宝华玉兰 Yulania zenii（W. C. Cheng）D. L. Fu

落叶乔木。

喜光，喜凉爽气候；喜排水良好的砂质酸性土壤。

徐闻等地有栽培。产于江苏句容宝华山。

A3. 五味子科 Schisandraceae（外来引种栽培 1 属 3 种）

1. 南五味子属 Kadsura Kaempf. Ex Juss.

（1）黑老虎 Kadsura coccinea（Lem.）A. C. Smith

常绿攀援木质藤本。

喜光，喜温暖湿润气候。

湛江等地有栽培。产于华南、西南地区；越南也有分布。

根药用，能行气活血。果成熟后味甜，可食。

（2）南五味子 Kadsura longipedunculata Finet & Gagnep.

常绿攀援木质藤本。

喜光，喜温暖湿润气候。

湛江等地有栽培。产于我国黄河流域以南。

根、茎、叶、种子均可入药；茎皮可作绳索。

（3）异形南五味子（海风藤）Kadsura heteroclita（Roxb.）Craib

常绿木质大藤本。

喜光，喜温暖湿润气候；常攀援于树上或岩石上。

湛江等地有栽培。产于我国浙江、福建、台湾、广东等地；东南亚、印度、孟加拉国和斯里兰卡也有分布。

藤及根称鸡血藤，药用，治风湿骨痛、跌打损伤。

A8. 番荔枝科 Annonaceae（11 属 26 种：野生 7 属 13 种；外来引种栽培 5 属 13 种）

1. 鹰爪花属 Aetabotrys. R. Br. ex Ker（外来引种栽培 3 种）

（1）鹰爪花 Aetabotrys hexapetalus（Linn. f.）Bhandari

攀援灌木。

喜弱光，喜高温高湿，不耐寒；抗性强，少有病虫害，萌芽力强。

湛江市区等地有栽培。广布于亚洲热带地区。

优良园林树种。鲜花含芳香油。根药用，可治疟疾。

（2）毛叶鹰爪花 Aetabotrys pilosus Merr. & Chun

攀援灌木。

喜弱光，喜高温高湿，不耐寒。

湛江市区等地有栽培。产于我国海南。

优良园林树种。鲜花含芳香油；茎皮纤维坚韧，可编制绳索。

（3）香港鹰爪花 Aetabotrys hongkongensis Hance

攀援灌木。

喜弱光，喜温暖湿润气候。

湛江市区等地有栽培，未见野生；产于我国湖南、两广、江西、云南、贵州、海南、福建等地；越南也有分布。

优良园林树种。鲜花含芳香油；茎皮纤维坚韧，可编制绳索。

2. 番荔枝属 Annona Linn.（外来引种栽培 7 种）

（1）番荔枝 Annona squamosa Linn.

落叶小乔木。

喜光、土层深厚而排水良好的土壤，不耐寒，喜温暖湿润气候。

湛江市区等地有栽培。原产于美洲热带，现全球热带有栽培。

著名园林与热带果树树种。树皮纤维可造纸。根可药用，治急性赤痢、精神抑郁、脊髓骨病；果实可治恶疮肿痛，补脾。

（2）圆滑番荔枝 Annona glabra Linn

常绿大灌木或小乔木。

喜光、土层深厚而排水良好的土壤，不耐寒，喜高温高湿气候。

湛江市区等地有栽培。原产于美洲热带，现全球热带有栽培。

优良园林与热带果树树种。

（3）牛心番荔枝 Annona reticulata Linn.

乔木。

喜光，喜高温多湿气候和排水良好的土壤。

湛江市区等地有栽培。原产于美洲热带地区，我国华南地区有栽培。

优良园林与热带果树树种。

（4）毛叶番荔枝 Annona cherimolia Mill.

乔木。

喜光，喜高温多湿气候和排水良好的土壤。

湛江南亚所等地有栽培。原产于美洲热带，我国华南地区有栽培。

（5）山刺番荔枝 Annona glabra L.

常绿乔木。

喜光，喜高温多湿气候和排水良好的土壤。

湛江南亚所等地有栽培。原产于西印度群岛及热带美洲。

优良园林与热带果树树种。

（6）刺番荔枝 Annona muricata L.

落叶乔木。

喜光，喜高温多湿气候和排水良好的土壤。

湛江南亚所等地有栽培。原产于西美洲热带，我国华南地区有栽培。

优良园林与热带果树树种。

（7）比丽巴番荔枝 Annona palustris L.

乔木或灌木。

喜光，喜高温多湿气候和排水良好的土壤。

湛江南亚所等地有栽培。原产于西印度群岛及热带美洲。

优良园林与热带果树树种。

3. 依兰属 Cananga（DC.）J. D. Hook. & Thoms.（外来引种栽培 1 种）

（1）依兰 Cananga odorata（Lamk.）J. D. Hook. & Thoms.（外来引种栽培 1 种）

常绿大乔木。

喜光，喜温暖湿润气候。

湛江市区等地有栽培。原产于缅甸、印度尼西亚、菲律宾、澳大利亚东北部等地，世界热带、南亚热带地区均有栽培。

花具浓郁香气，可提制香精油，称依兰油，是一种用途极广的日用化工原料。

4. 皂帽花属 Dasymaschalon（J. D. Hook. & Thoms.）Dalle Torre & Harms（野生 1 种）

（1）皂帽花 Dasymaschalon trichophorum Merr.

直立灌木。

喜光，亦耐阴，耐干旱贫瘠。

生于丘陵山地疏林中或低海拔的灌木丛中。

廉江、雷州等地有栽培。产于我国两广及海南等地。

优良园林树种。

5. 假鹰爪属 Desmos Lour.（野生 1 种）

（1）假鹰爪 Desmos chinensis Lour.

攀援灌木，喜光、亦耐阴，对土壤要求不高。

生于丘陵山坡、林缘灌木丛中或低海拔旷地、荒野及山谷等地。

雷州半岛各地。产于两广、云南、贵州及海南等地。

优良园林树种。根、叶可药用。其叶制酒饼，有"酒饼叶"之称。

6. 瓜馥木属 Fissistigma Griff.（野生 2 种）

（1）瓜馥木 Fissistigma oldhamii（Hemsl.）Merr.

攀援灌木，适应性强。

生于低海拔山谷水旁灌木丛中。

廉江、雷州等地有栽培。产于浙江、江西、福建、台湾、湖南、两广、云南等地；越南也有分布。

优良园林树种。茎皮纤维可编麻绳、麻袋和造纸；花可提制瓜馥木花油或浸膏，是调制化妆品、皂用香精的原料；种子油供工业用油和调制化妆品。根可药用，治跌打损伤和关节炎。果成熟时味甜可吃。

（2）香港瓜馥木 Fissistigma uonicum（Dunn）Merr.

攀援灌木，适应性强。

生于丘陵山地林中。

廉江、雷州等地有栽培。产于两广、海南、湖南及福建等地。

优良园林树种。叶可制酒饼药。果味甜，可食。

7. 野独活属 Miliusa Lesch. ex DC.（野生 1 种）

（1）野独活 Miliusa chunii W. T. Wang

常绿灌木，喜阴湿气候。

生于山地密林中或山谷灌木林中。

雷州半岛各地有栽培。产于两广、海南及云南等地；越南也有分布。

优良园林树种。

8. 银钩花属 Mitrephora（Bl.）J. D. Hook. & Thorms.（野生 1 种）

（1）山蕉 Mitrephora maingayi Hook. f. & Thoms

乔木。

生于海拔 500～1 000m 山地密林中。

雷州等地有栽培。产于海南、广西、贵州和云南等地；东南亚国家也有分布。

优良园林树种。

9. 暗罗属 Polyalthia Bl.（野生 5 种，外来引种栽培 1 种）

（1）细基丸 Polyalthia cerasoides（Roxb.）Benth. & Hook. f. ex Bedd.

乔木，喜光，喜温暖湿润气候。

生于丘陵山地或低海拔的山地疏林中。

雷州半岛各地有栽培。产于海南、广东及云南等地；东南亚亦有分布。

优良园林树种。

（2）暗罗 Polyalthia suberosa（Roxb.）Thw.

小乔木，喜光，喜温暖湿润气候，对土壤要求不高。

生于丘陵山地或低海拔的山地疏林中。

雷州半岛各地有栽培。产于两广及海南；东南亚等地也有分布。

优良园林树种。

（3）斜脉暗罗 Polyalthia plagioneura Diels

乔木，喜光，喜温暖湿润气候。

生于海拔 500～1000m 山地密林中或疏林中。

廉江有栽培。产于我国两广地区。

优良园林树种。

（4）长山暗罗 Polyalthia zhui X. L. Hou&S. J. Li

灌木，喜光，喜温暖湿润气候。

生于海拔 200m 以下山地密林中或疏林中，耐阴，喜壤土。

廉江和寮镇、雷州鹰峰岭等地有栽培。产于广东南部及海南。

优良园林树种。

（5）陵水暗罗 Polyalthia nemoralis A. DC.

灌木或小乔木。

生于低海拔至中海拔山地林中荫湿处。

湛江、雷州、徐闻等地有栽培。产于广东南部至海南岛；越南也有分布。

优良园林树种。

（6）印度塔树 Polyalthia longifolia（Sonn.）Thwaites

常绿乔木。树冠呈圆柱形；小枝下垂。

喜光，喜高温高湿气候；耐干旱、耐热、耐贫瘠。

湛江市区等地有栽培。原产于印度，现热带地区常见栽培。

优良园林树种。

10. 嘉陵花属 Popowia Endl.（外来引种栽培 1 种）

（1）嘉陵花 Popowia pisocarpa（Bl.）Endl.

灌木或小乔木。

喜光，喜温暖湿润气候。

湛江市区等地有栽培，未见野生。产于广东南部、海南；菲律宾、马来西亚、越南、缅甸也有分布。

花芳香，可提制芳香油。

11. 紫玉盘属 Uvaria Linn.（野生 2 种）

（1）山椒子 Uvaria grandiflora Roxb.

攀援状灌木。

喜光，也耐阴，对环境适应性强；对土壤选择不严。

生于低海拔灌木丛中或丘陵山地疏林中。

徐闻、雷州、廉江等地有栽培。产于广东、海南；东南亚等地也有分布。

优良园林树种和野生果树。

（2）紫玉盘 Uvaria microphylla Roxb.

攀援状灌木。

喜光，也耐阴，对环境适应性强。

生于低海拔灌木丛中或丘陵山地疏林中。

雷州半岛各地有栽培。产于两广、海南及台湾；越南和老挝亦有分布。

茎皮纤维坚韧，可编织绳索或麻袋。根可药用，治风湿、跌打损伤。

A11. 樟科 Lauraceae（9 属 30 种 1 变种：野生 7 属 24 种 1 变种；外来引种栽培 3 属 6 种）

1. 黄肉楠属 Actinodaphne Nees（野生 1 种）

（1）毛黄肉楠 Actinodaphne pilosa（Lour.）Merr.

常绿乔木或灌木。

常生于低海拔的旷野丛林或混交林中。

雷州半岛各地有栽培。产于两广及海南，越南和老挝亦有分布。

2. 琼楠属 Beilschmiedia Nees（野生 1 种，外来引种栽培 1 种）

（1）滇琼楠 Beilschmiedia yunnanensis Hu

常绿乔木。

生于低海拔山地林中。

廉江等地有栽培。产于广东、广西西南至东南部、云南南部。

优良用材树种。

（2）琼楠 Beilschmiedia intermedia Allen

乔木。

喜光，喜高温高湿气候。

湛江市区等地有栽培。产于两广、海南。

优良用材树种。

3. 樟属 Cinnamomum Trew.（野生 3 种，外来引种栽培 3 种）

（1）阴香 Cinnamomum burmannii（C. G. & Th. Nees）Bl.

常绿乔木，常作为绿化树种。

生于疏林、密林或灌丛中，或溪边路旁等处。

雷州半岛各地有栽培。产于两广、海南、云南及福建，东南亚等地也有分布。

园林观赏和重要的材用和特种经济树种。

（2）肉桂 Cinnamomum cassia Presl.

常绿小乔木。

喜温暖、阳光充足、无霜雪、多雾、湿润沙质土壤环境。

湛江市区等地有栽培。产于华南，现热带及亚热带地区有大量栽培。

园林观赏和特种经济树种。树皮（桂皮）为中华美食之重要调料。

（3）樟 Cinnamomum camphora（Linn.）Presl

常绿乔木。枝、叶及木材均有樟脑气味。

常生于山坡或沟谷中，各地常有栽培。

雷州半岛各地均有栽培。产于南方及西南各省区；越南、朝鲜、日本也有分布。国家二级保护树种。园林观赏和重要的材用和特种经济树种。

（4）天竺桂 Cinnamomum japonicum Sieb.

常绿乔木。

喜光，喜温暖湿润气候，在排水良好的微酸性土壤生长最好。

湛江市区等地有栽培。产于我国东南部。

园林观赏和特种经济树种。

（5）兰屿肉桂 Cinnamomum kotoense Kanehira & Sasaki

常绿小乔木，园林观赏树种。

喜温暖湿润、阳光充足的环境，喜光又耐阴，喜暖热。

雷州半岛各地均有栽培。原产于台湾兰屿地区，现各地广泛栽培。

园林观赏树种。

（6）黄樟 Cinnamomum parthenoxylon（Jack）Meisner

常绿乔木，常作为绿化树种。

生于疏林、密林或灌丛中，或溪边路旁等处。

廉江、雷州等地有栽培。产于长江以南各地；巴基斯坦、印度经马来西亚至印度尼西亚也有分布。

园林观赏和用材树种。

4. 厚壳桂属 Cryptocarya R. Br.（外来引种栽培2种）

（1）厚壳桂 Cryptocarya chinensis（Hance）Hemsl.

常绿乔木。

喜阴，喜高温高湿气候。

湛江市区等地有栽培。主产于马来西亚以及我国四川、两广、福建及台湾；分布于热带、亚热带地区，远达澳大利亚及中美洲的智利。

园林观赏和用材树种。

（2）硬壳桂 Cryptocarya chingii Cheng

小乔木。

喜光，喜温暖湿润气候。

湛江市区等地有栽培。产于我国两广、福建、江西及浙江等地；越南北部也有。

园林观赏和用材树种。

5. 山胡椒属 Lindera Thunb.（野生7种）

（1）乌药 Lindera aggregata（Sims）Kosterm.

常绿灌木或小乔木。

生于低海拔向阳坡地、山谷或疏林灌丛中。

廉江、遂溪等地有栽培。产于长江以南各省；越南、菲律宾也有分布。

园林观赏和特种经济树种。

（2）狭叶山胡椒 Lindera angustifolia Cheng

落叶灌木或小乔木。

生于山坡灌丛或疏林中。

廉江、遂溪等地有栽培。产于黄河流域以南各省区。

园林观赏和特种经济树种。

（3）香叶树 Lindera communis Hemsl.

常绿乔木。

常混生于常绿阔叶林中。

廉江、遂溪等地有栽培。产于黄河流域以南各省区，中南半岛亦有分布。

园林观赏和特种经济树种。

（4）山胡椒 Lindera glauca（Sieb. & Zucc.）Bl.

落叶灌木或小乔木。

生于低海拔山坡、林缘、路旁。

廉江、遂溪等地有栽培。产于黄河流域以南各地。

园林观赏和特种经济树种。

（5）广东山胡椒 Lindera kwangtungensis（Liou）Allen

常绿乔木。

生于低海拔山坡林中。

廉江、遂溪、雷州、徐闻等地有栽培。产于两广、福建、江西、贵州等地。

园林观赏和特种经济树种。

（6）黑壳楠 Lindera megaphylla Hemsl.

常绿乔木。

生于山坡、谷地湿润常绿阔叶林或灌丛中。

廉江、遂溪、雷州、徐闻等地有栽培。产于陕西、甘肃以东和以南各省区。

园林观赏和用材树种。

（7）山僵 Lindera reflexa Hemsl.

落叶灌木或小乔木。

生于低海拔的山谷、山坡林下或灌丛中。

廉江、遂溪等地有栽培。产长江以南各省区。

园林观赏和特种经济树种。

6. 木姜子属 Litsea Lam.（野生 7 种 1 变种）

（1）山鸡椒 Litsea cubeba（Lour.）Pers.

落叶灌木或小乔木。

生于向阳的山地、灌丛、疏林或林中路旁、水边。

廉江等地有栽培。产于长江以南等地，东南亚各国也有分布。

（2）潺槁树 Litsea glutinosa （Lour.）C. B. Rob.

常绿乔木或灌木。

生于山地林缘、溪旁、疏林或灌丛中。

雷州半岛各地有栽培。产于两广、海南、福建及云南南部；越南、菲律宾及印度也有分布。

优良园林观赏和特种经济树种。

（3）假柿木姜子 Litsea monopetala （Roxb.）Pers.

常绿乔木。

生于阳坡灌丛或疏林中，多见于低海拔的丘陵地区。

雷州半岛各地有栽培。产于两广、贵州西南部、云南南部，东南亚各国都有分布。

优良园林观赏与用材树种。

（4）竹叶木姜子 Litsea pseudoelongata H. Liou

常绿小乔木。

生于低海拔灌木丛中。

雷州半岛各地有栽培。产于广东南部、广西；遂溪、雷州也有分布。

优良园林观赏与用材树种。

（5）圆叶豺皮樟 Litsea rotundifolia Hemsl.

常绿灌木。

廉江、遂溪等地有栽培。生于低海拔山地下部的灌木林中或疏林中。

雷州半岛各地有栽培。产于两广及海南。

优良园林观赏树种。

（6）豺皮樟 Litsea rotundifolia Hemsl. var. oblongifolia （Nees）Allen

常绿灌木。

生于丘陵地下部的灌木林中或疏林中或山地路旁。

廉江、遂溪、雷州、徐闻等地有栽培。产于华南地区，越南亦有分布。

优良园林观赏树种。

（7）黄椿木姜子 Litsea variabilis Hemsl.

常绿灌木或小乔木。

生于低海拔阔叶林中。

廉江、遂溪、雷州、徐闻等地有栽培。产于广东、广西南部；越南、老挝也有分布。

园林观赏和特种经济树种。

（8）轮叶木姜子 Litsea verticillata Hance

常绿灌木或小乔木。

生于山谷、溪旁、灌丛中或杂木林中。

廉江、遂溪、雷州、徐闻等地有栽培。产于两广、海南、云南南部；越南、柬埔寨也有分布。

7. 润楠属 Machilus Nees（野生 3 种）

（1）华润楠 Machilus chinensis（Champ. ex Benth.）Hemsl.

常绿乔木。

生于山坡阔叶混交疏林或矮林中。

廉江、遂溪、雷州、徐闻等地有栽培。产于两广及海南；越南也有分布。

优良园林观赏与用材树种。

（2）红楠 Machilus thunbergii Sieb. & Zucc.

常绿乔木，耐盐性和抗海潮风力强。

生于山地阔叶混交林中，见于海拔 600m 以下。

廉江、遂溪、雷州、徐闻等地有栽培。产于长江流域及以南各地，日本朝鲜也有分布。

优良用材树种。

（3）绒毛润楠 Machilus velutina Champ. ex Benth.

常绿乔木。

常生于山坡或沟谷疏林中。

廉江、遂溪、雷州、徐闻等地有栽培。产于我国华南地区；中南半岛也有分布。

8. 鳄梨属 Persea Mill.（外来引种栽培 1 种）

（1）油梨 Persea americana Mill.

常绿乔木。

喜光，喜温暖湿润气候，喜土层深厚、排水良好的土壤。

湛江、徐闻等地有栽培。原产于美洲热带；我国华南地区有栽培。

著名热带果树。

9. 楠属 Phoebe Nees（野生 1 种）

（1）乌心楠 Phoebe tavoyana（Meissn.）Hook. F.

常绿乔木。

生于混交林及灌丛中。

廉江、遂溪、雷州、徐闻等地有栽培。产于华南，印度及东南亚等地。

优良园林观赏与用材树种。

A13. 莲叶桐科 Hernandiaceae（野生 1 属 1 种）

1. 青藤属 Illigera Bl.

（1）红花青藤 Illigera rhodantha Hance

木质藤本。

生于低海拔山谷密林或疏林灌丛中。

廉江、遂溪、雷州、徐闻等地有栽培。产于两广、海南及云南。

优良园林观赏与藤用树种。

A14. 肉豆蔻科 Myristicaceae（1属2种：野生1属1种；外来引种栽培1属1种）

1. 风吹楠属 Horsfieldia Willd.

（1）风吹楠 Horsfieldia glabra（Bl.）Warb.

常绿乔木。

生于海拔140m左右的疏林或山坡、沟谷的密林中。

廉江、遂溪、徐闻等地有栽培。产于云南、两广及海南；从越南、缅甸至印度东北部和安达曼群岛有分布。

优良园林观赏与用材树种。

（2）海南风吹楠 Horsfieldia hainanensis Merr.

常绿乔木。

喜光，喜高温高湿气候，喜土层深厚、排水良好的土壤。

湛江市区等地有栽培。产于我国海南和广西南部。

优良园林观赏与用材树种。

A15. 毛茛科 Ranunculaceae（2属6种：野生1属2种，外来引种栽培2属4种）

1. 铁线莲属 Clematis Linn.（野生2种，外来引种栽培3种）

（1）小木通 Clematis amandii Franch.

常绿木质藤本。

喜光，喜温暖湿润气候。

湛江市区等地有栽培。分布于西藏东部、云南、贵州、四川、甘肃和陕西南部、湖北、湖南、广东、广西、福建西南部。

（2）威灵仙 Clematis chinensis Osbeck

木质藤本。

生于山坡、山谷灌丛中或沟边、路旁草丛中。

雷州半岛各地有栽培。产于长江流域及以南地区。

观赏与药用植物。

（3）厚叶铁线莲 Clematis crassifolia Benth.

木质藤本。

喜光，喜温暖湿润气候。

湛江市区等地有栽培。产于我国两广、湖南、福建、台湾及日本九州。

观赏与药用植物。

（4）丝铁线莲 Clematis filamentosa Dunn

木质藤本。

常生于溪边、山谷的密林及灌丛中、近水边或较潮湿的地区。

雷州半岛各地有栽培。产于云南东部、广西、广东及海南。

观赏与药用植物。

（5）毛柱铁线莲 Clematis meyeniana Walp.

木质藤本。

喜光，喜温暖湿润气候。

湛江市区等地有栽培。产于长江以南各地；东南亚、日本亦有分布。

观赏与药用植物。

2. 芍药属 Paeonia Linn. （外来引种栽培1种）

（1）牡丹 Paeonia suffruticosa Andr.

落叶灌木。

喜温暖、凉爽、干燥、阳光充足的环境。喜阳光，也耐半阴，耐寒。

湛江市区等地有栽培。现世界各地广为栽培。

著名观赏与药用植物。

A19. 小檗科 Berberidaceae （外来引种栽培3属3种）

1. 小檗属 Berberis Linn. （外来引种栽培1种）

（1）刺黄连 Berberis virgetorum Schneid.

常绿灌木。

喜光亦耐阴，喜疏松、肥沃土壤，耐瘠薄，适应性强。

湛江市区等地有栽培。产于我国云南、贵州、广西等地。

观赏与药用植物。

2. 十大功劳属 Mahonia Nutt. （外来引种栽培1种）

（1）小叶十大功劳 Mahonia fortunei Mouill.

常绿灌木。

耐阴亦喜光，喜温暖湿润气候；喜生于石灰岩壤土。

湛江市区等地有栽培。产于广西，现热带及亚热带地区有大量栽培。

著名观赏与药用植物。

3. 南天竹属 Nandina Thunb. （外来引种栽培1种）

（1）南天竹 Nandia comestica Thunb.

常绿丛生灌木。

喜半阴，喜温暖气候及湿润而排水良好之土壤，耐寒性不强，对水分要求不高；生长较慢。

湛江市区等地有栽培。原产于我国和日本，现国内外庭园广泛栽培。

观赏与药用植物。

A21. 木通科 Lardizabalaceae（**野生 2 属 2 种**）

1. 野木瓜属 Stauntonia DC.（野生 1 种）

（1）五叶木通 Stauntonia leucantha Diels ex Y. C. Wu

木质藤本。

生于山地密林中。

徐闻等地有栽培。产于华南、华东地区。

观赏与药用植物。

2. 大血藤属 Sargentodoxa Rehd. & Wils.（野生 1 种）

（1）大血藤 Sargentodoxa cuneata（Oliv. ）Rehd. et Wils.

落叶木质藤本。

常见于山坡灌丛、疏林和林缘等，海拔常为数百米。

徐闻等地有栽培。产于我国长江以南各地；中南半岛北部有分布。

观赏与药用植物。

A23. 防己科 Menispermaceae（**野生 6 属 6 种**）

1. 秤钩风属 Diploclisia Miers（野生 1 种）

（1）苍白秤钩风 Diploclisia glaucescens（Bl. ）Diels

木质大藤本。

生于林中、林缘中。

雷州半岛各地有栽培。产于两广、海南及云南；广布于亚洲各热带地区，南至伊里安岛。

2. 夜花藤属 Hypserpa Miers（野生 1 种）

（1）夜花藤 Hypserpa nitida Miers

木质藤本。

喜光，喜温暖湿润气候。

廉江等地有栽培。产于云南南部、广西和广东中部以南、海南及福建南部；斯里兰卡、中南半岛、马来半岛、印度尼西亚和菲律宾均有分布。

观赏和药用植物。

3. 细圆藤属 Pericampylus Miers（野生 1 种）

（1）细圆藤 Pericampylus glaucus（Lam. ）Merr.

木质藤本。

生于林中、林缘和灌丛中。

雷州半岛各地有栽培。产于我国长江流域以南各地；广布于亚州东南部。

观赏和药用植物。

4. 密花藤属 Pycnarrhena Miers ex J. D. Hook. & Thoms.（野生 1 种）

（1）硬骨藤 Pycnarrhena poilanei（Gagnep. ）Forman

木质藤本或攀援灌木。

常生于较低海拔的密林中。

廉江有栽培（新记录）。产于云南南部和东南部、海南南部；越南北部也有分布。

5. 千金藤属 Stephania Lour.（野生1种）

（1）粪箕笃 Stephania longa Lour.

草质藤本。

生于灌丛或林缘。

雷州半岛各地有栽培。产于云南南部及华南地区。

6. 青牛胆属 Tinospora Miers ex J. D. Hook. & Thoms.（野生1种）

（1）中华青牛胆 Tinospora sinensis（Lour.）Merr.

木质大藤本。

常生于疏林中，攀援于其他树上。

雷州半岛各地有栽培。产于两广、海南及云南；斯里兰卡、印度等地亦有分布。

观赏和药用植物。

A24. 马兜铃科 Aristolochiaceae（野生1属1种）

1. 马兜铃属 Aristolochia Linn.

（1）戟叶马兜铃 Aristolochia foveolata Merr.

亚灌木状藤本。

常生于山区路旁或灌丛中。

雷州半岛各地有栽培。产于我国华南；菲律宾也有分布。

观赏和药用植物。

A28. 胡椒科 Piperaceae（野生1属4种）

1. 胡椒属 Piper Linn.

（1）蒌叶 Piper betle Linn.

攀援藤本。

生于疏阴杂木林中。

雷州半岛各地有栽培。产于云南、两广等地；尼泊尔、印度、斯里兰卡、越南及马来西亚也有分布。

观赏、食用和药用植物。

（2）山蒟 Piper hancei Maxim.

攀援藤本。

生于密林或疏林中，攀援于树上。

雷州半岛各地有栽培。产于我国华南地区。

观赏、食用和药用植物。

（3）风藤 Piper kadsura （Choisy） Ohwi

攀援藤本。

生于疏阴杂木林中。

雷州半岛各地有栽培。产于华南地区。

（4）荜拔 Piper longum Linn.

攀援藤本。

生于疏阴杂木林中。

雷州半岛各地有栽培。产于华南地区。

观赏和药用植物。

A30. 金粟兰科 Chloranthaceae （野生 1 属 1 种）

1. 草珊瑚属 Sarcandra Gardn.

（1）草珊瑚 Sarcandra glabra （Thunb.） Nakai

常绿半灌木。

生于山坡、沟谷林下阴湿处。

雷州半岛有栽培。产于我国长江流域以南各地。

观赏和药用植物。

A36. 白花菜科 Capparidaceae （野生 2 属 6 种）

1. 槌果藤属 Capparis Linn. （野生 5 种）

（1）尖叶槌果藤 Capparis acutifolia Sweet

攀援灌木。

生于低海拔热带常绿密林中。

雷州半岛各地有栽培。产于我国华南地区；越南中部沿海也有分布。

（2）纤枝槌果藤 Capparis membranifolia Kurz

直立或攀援灌木。

生于低海拔热带常绿密林中。

雷州半岛各地有栽培。产于两广、海南、贵州南部及云南东南部，东南业也有分布。

（3）小刺槌果藤 Capparis micracantha DC.

灌木或小乔木。

生于密林或灌丛中。

徐闻、遂溪、雷州等地有栽培。产于两广、海南及云南；东南亚也有分布。

（4）曲枝槌果藤 Capparis sepiaria Linn.

多枝攀援灌木。

生于低海拔至中海拔的海岸附近、旷野道旁、干燥缓坡及砂土地带的灌丛或疏林中。

徐闻、遂溪、雷州等地有栽培。产于广东雷州半岛、海南及广西南部沿海地区；印度、斯里兰卡经热带东南亚直达澳大利亚也有分布。

（5）槌果藤 Capparis zeylanica Linn.

多枝攀援灌木。

生于低海拔的海岸附近平原疏林中。

雷州半岛各地有栽培。产于广东、广西、海南；斯里兰卡、印度经中南半岛至印度尼西亚及菲律宾都有分布。

观赏和药用植物。

2. 鱼木属 Crateva Linn. （野生1种）

（1）赤果鱼木 Crateva trifoliata （Roxb.） Sun

乔木。

生于沙地，石灰岩疏林或竹林中，也见于海滨。

雷州半岛各地有栽培。产于两广、海南及云南等地；印度至中南半岛有分布。

观赏和药用植物。

A57. 蓼科 Polygonaceae **（野生3属3种）**

1. 珊瑚藤属 Antigonon Endl （野生1种）

（1）珊瑚藤 Antigonon leptopus Hook. & Arn.

多年生攀援藤本。

生于次生林或荒地，喜光和湿润环境。

雷州半岛各地有栽培。现广植于各热带地区。

观赏和药用植物。

2. 丁香蓼属 Ludwigia L. （野生1种）

（1）毛草龙 Ludwigia octovalvis （Jacq.） Ravern

亚灌木。

生于田边、湖塘边、沟谷旁及开旷湿润处。

雷州半岛各地有栽培。产于华南及西南各地；世界热带与亚热带广泛分布。

全株药用，治感冒发热等。

3. 蓼属 Polygonum Linn. （野生1种）

（1）火炭母 Polygonum chinese Linn.

多年生亚灌木。

生于山谷湿地、山坡草地。

雷州半岛各地有栽培。产于陕西南部、甘肃南部、华东、华中、华南和西南；日本、菲律宾、马来西亚、印度、喜马拉雅山也有分布。

观赏和药用植物。

A61. 藜科 Cheopodiaceae（野生 1 属 1 种）

1. 碱蓬属 Suaeda Forsk. ex Scop.

（1）南方碱蓬 Suaeda maritima（Linn.）Dum.

多年生亚灌木。

生于海滩沙地、红树林边缘等处，常成片群生。

雷州半岛各地有栽培。产于华南、福建、台湾及江苏等地；大洋洲及日本南部也有分布。

A63. 苋科 Amaranthaceae（野生 1 属 1 种）

1. 青葙属 Celosia Linn.

（1）青葙 Celosia argenten Linn.

亚灌木。

生于海滩沙地、村边旷地和荒地等处。

雷州半岛各地有栽培。分布于亚洲及非洲热带各地。

观赏和药用植物。

A67. 牻牛儿苗科 Geraniaceae（外来引种栽培 1 属 1 种）

1. 天竺葵属 Pelargonium L'Her.

（1）天竺葵 Pelargonium hortorum L. H. Bailey

亚灌木。

喜温暖、湿润和阳光充足环境；耐寒性差，怕水湿和高温。

雷州半岛有栽培。原产于非洲南部，世界各地广为栽培。

观赏和药用植物。

A69. 酢浆草科 Oxalidaceae（外来引种栽培 1 属 1 种）

1. 杨桃属 Averrhoa Linn.

（1）杨桃 Averrhoa carambola Linn.

乔木。

喜光、湿润气候和偏酸性土壤。

雷州半岛广泛栽培，逸生。原产于马来西亚。

著名热带果树。

A72. 千屈菜科 Lythraceae（外来引种栽培 2 属 4 种）

1. 散沫花属 Lawsonia Linn.

（1）散沫花 Lawsonia inermis Linn.

无毛大灌木。

喜光，喜高温湿润气候。

湛江市区等地有栽培。原产于东非或东南亚，现广泛栽培于热带。

园林观赏树种。

2. 紫薇属 Lagerstromia Linn.

（1）柬甫寨紫薇 Lagerstromia cambodia

落叶乔木。

喜光，喜高温高湿气候。

湛江市区等地有栽培。原产于柬埔寨。

园林观赏树种。

（2）紫薇 Lagerstromia indica Linn.

落叶灌木。

喜光，稍耐阴，喜温暖气候；萌芽性强，生长慢，寿命长。

雷州半岛广泛栽培。原产于亚洲南部及澳洲北部。

园林观赏树种。

（3）大花紫薇 Lagerstromia speciosa（Linn.）Pers.

落叶乔木。

喜光，耐荫蔽，喜温暖气候，很不耐寒；耐干旱。

雷州半岛广泛栽培；原产于东亚南部及澳洲。

园林观赏树种。

A74. 海桑科 Sonneratiaceae（外来引种栽培2属3种）

1. 八宝树属 Duabanga Buch. – Ham.（外来引种栽培1种）

（1）八宝树 Duabunga grandiflora（Roxb. ex DC.）Walp.

大乔木。

喜光，喜高温高湿气候。

湛江市区等地有栽培。产于云南南部；印度、东南亚也有分布。

园林观赏和用材树种；可用于造林。

2. 海桑属 Sonneratia Linn. f.（外来引种栽培2种）

（1）无瓣海桑 Sonneratia apetala Buch. – Ham.

常绿乔木，湿生植物。

生于海岸高潮线，红树林树种。

雷州半岛沿海红树林区有栽培或逸生。原产于孟加拉西南部。

园林观赏和用材树种；可用于红树林营造。

（2）海桑 Sonneratia caesoralis（Linn.）Engl.

乔木。

喜光，喜高温高湿气候，常生于海边泥滩。

雷州半岛沿海红树林区有栽培或逸生。产于海南琼海、万宁、陵水；分布于东南亚热带至澳大利亚北部。

园林观赏和用材树种；可用于红树林营造。

A75. 安石榴科 Punicaceae **（外来引种栽培 1 属 1 种 1 变种）**

1. 安石榴属 Punica Linn. （外来引种栽培 1 种 1 变种）

（1）安石榴 Punica granatum Linn.

落叶灌木。

喜光、有一定的耐寒能力，喜温暖气候；喜湿润肥沃的石灰质土壤。

湛江市区等地有栽培。原产于巴尔干半岛至伊朗及其邻近地区，全世界的温带和热带都有种植。

园林观赏树种和果树。

（2）千瓣红石榴 Punica granatum L. var. pleniflora Hayne

落叶灌木。

同安石榴。

湛江市区等地有栽培。

园林观赏树种、盆栽花卉。

A81. 瑞香科 Thymelaeceae **（3 属 3 种：野生 2 属 2 种；外来引种栽培 1 属 1 种）**

1. 沉香属 Aquilaria Lam. （野生 1 种）

（1）土沉香 Aquilaria sinensis (Lour.) Spreng.

常绿乔木。

喜生于低海拔的山地、丘陵以及路边阳处疏林中。

廉江、雷州等地有栽培。产于两广、海南及福建等地。

著名香料和药用植物。木质部分泌树脂即"土沈香"，能镇静、止痛，治胃病与心腹痛等病。

2. 瑞香属 Daphne Linn.

（1）白瑞香 Daphne papyracea Wall. ex Steud.

常绿灌木。

喜光，喜温暖湿润气候。

湛江市区等地有栽培，未见野生；产于我国华南地区。

观赏和药用植物。

3. 荛花属 Wikstroemia Endl. （野生 1 种）

（1）了哥王 Wikstroemia indica (Linn.) C. A. Mey.

常绿小灌木。

喜生于低海拔地区的开旷林下或石山上。

产于我国华南及西南地区；越南、印度、菲律宾也有分布。

观赏和药用植物。

A83. **紫茉莉科** Nyctaginaceae **（外来引种栽培 3 属 4 种）**

1. 宝巾属 Bougainvillea Comm. ex Juss.（外来引种栽培 2 种）

（1）宝巾 Bougainvillea glabra Choisy

常绿藤状灌木。

喜温暖湿润气候和阳光充足环境，对土壤要求不高。

雷州半岛广泛栽培，栽培品种多。原产于巴西。

著名热带和南亚热带观赏植物。

（2）红宝巾 Bougainvillea spectabilis Willd.

常绿藤状灌木。

喜温暖湿润气候和阳光充足环境，对土壤要求不高。

雷州半岛广泛栽培。原产于巴西，我国长江流域以南地区广泛栽培。

著名热带和南亚热带观赏植物。

2. 紫茉莉属 Mirabilis Linn.

（1）紫茉莉 Mirabilis jalapa Linn.

多年生亚灌木状草本。

喜光，喜温和而湿润的气候条件，不耐寒；露地栽培要求土层深厚、疏松肥沃的土壤，盆栽可用一般花卉培养土。

雷州半岛广泛栽培，逸生；原产于热带美洲，世界热带各地广泛栽培。

观赏和药用植物。

3. 腺果藤属 Pisonia Linn.

（1）避霜花 Pisonia aculeata Linn.

藤状灌木。

喜光，喜高温高湿气候，耐盐碱。

湛江市区等地有栽培。产于亚洲热带地区、澳洲、非洲和美洲。

观赏植物。

A84. **山龙眼科** Proteaceae **（3 属 8 种：野生 1 属 2 种；外来引种栽培 3 属 6 种）**

1. 银桦属 Grevillea R. Br.（外来引种栽培 1 种）

（1）银桦 Grevillea robusta A. Cunn. ex R. Br.

大乔木。

喜光，喜温暖和较凉爽气候，不耐寒。

湛江市区等地有栽培。原产于大洋洲，现热带地区广泛栽培。

园林观赏和用材树种。

2. 山龙眼属 Helicia Lour.（野生 2 种；外来引种栽培 2 种）

（1）小果山龙眼 Helicia cochinchinensis Lour.

常绿灌木。

生于低海拔丘陵或山地湿润常绿阔叶林中。

廉江、雷州、徐闻等地有栽培。产于我国华南地区，越南北部、日本也有分布。

园林观赏树种。

（2）海南山龙眼 Helicia hainanensis Hayata

常绿灌木。

生于低海拔丘陵或山地湿润常绿阔叶林中。

廉江、雷州、徐闻等地有栽培。产于云南东南部、广西西部和西南部、广东西部及海南；越南也有分布。

园林观赏树种。

（3）广东山龙眼 Helicia kwangtungensis W. T. Wang

乔木。

喜光，喜温暖湿润气候。

湛江市区等地有栽培。产于广西西南部、广东、湖南南部、江西南部和福建西部。

（4）网脉山龙眼 Helicia reticulata W. T. Wang

乔木或灌木。

喜光，喜温暖湿润气候。

湛江市区等地有栽培。产于云南东南部、贵州、广西、广东、湖南南部、江西（大余）、福建南部。

3. 澳洲坚果属 Macadamia F. Muell. （外来引种栽培 3 种）

（1）三叶澳洲栗 Macadamia ternifolia F. Muell

常绿乔木。

喜光，喜温暖湿润气候，稍耐寒；喜土层深厚肥沃、排水良好的土壤。

湛江市区等地有栽培。原产于澳洲，现世界热带地区有栽培。

园林观赏和果树树种。

（2）四叶澳洲栗 Macadamia tetraphylla L. Johnson

常绿大灌木或小乔木。

喜光，喜温暖湿润气候；喜土层深厚肥沃、排水良好的土壤。

湛江市区等地有栽培。原产于澳洲，现世界热带地区有栽培。

园林观赏和果树树种。

（3）全缘叶澳洲栗 Macadamia integrifolia Maiden & Betche

常绿乔木。

喜光，喜温暖湿润气候；喜土层深厚肥沃、排水良好的土壤。

湛江市区等地有栽培。原产于澳洲，现世界热带地区有栽培。

园林观赏和果树树种。

A85. **五桠果科** Dilleniaceae（2 属 3 种：野生 1 属 1 亚种；外来引种栽培 1 属 2 种）

1. 第伦桃属 Dillenia Linn.（外来引种栽培 2 种）

（1）印度第伦桃 Dillenia indica Linn.

常绿乔木。

喜光，喜温暖湿润气候，不耐寒；深根性，抗风力强。

湛江市区等地有栽培。产于云南省南部；印度、斯里兰卡、中南半岛、马来西亚及印度尼西亚等地也有分布。现热带地区常见栽培。

园林观赏和果树树种。

（2）大花第伦桃 Dillenia turbinata Finet & Gagnep.

常绿乔木。

喜光，喜温暖湿润气候，不耐寒；深根性，抗风力强。

湛江市区等地有栽培。产于海南、广西及云南；越南也有分布。

园林观赏和果树树种。

2. 锡叶藤属 Tetracera Linn.（野生 1 亚种）

（1）锡叶藤 Tetracera sarmentosa（Linn.）Vahl ssp. asiatica（Lour.）Hoogl.

常绿木质藤本。

生于密林或疏林中，常攀援于树上或林下呈地被生长。

雷州半岛各地有栽培。产于两广及海南；中南半岛、泰国、印度、马来西亚等地也有分布。

园林观赏和药用植物。

A88. **海桐花科** Pittosporaceae（1 属 2 种 1 变种：野生 1 属 1 种 1 变种；外来引种栽培 1 属 1 种）

1. 海桐花属 Pittosporum Banks ex Soland.

（1）光海桐 Pittosporum glabratum Lindl.

常绿灌木。

生于山地常绿林及次生疏林中。

廉江、遂溪、雷州等地有栽培。产于海南、两广、贵州、湖南。

园林观赏和药用植物。

（2）台琼海桐 Pittosporum pentandrum Merr. var. hainanense（Gagnep.）Li.

常绿小乔木。

生于平地疏林中，靠近海岸地区较常见。

雷州半岛各地有栽培。产于海南、广东西南部。

园林观赏、药用和材用树种。

（3）海桐 Pittosporum tobira（Thunb.）Ait.

常绿灌木。

喜光，略耐阴，喜温暖湿润气候及肥沃、排水良好的土壤。

雷州半岛各地有栽培。产于我国长江流域以南；朝鲜和日本也有分布。

园林观赏和药用树种。

A91. 红木科 Bixaceae（外来引种栽培 1 属 1 种）

1. 红木属 Bixa Linn.

（1）红木 Bixa orellana Linn.

常绿小乔木。

喜光，喜温暖湿润气候及肥沃、排水良好的土壤，耐寒性不强。

湛江市区等地有栽培。原产于美洲热带地区，我国华南地区常见栽培。

园林观赏和用材树种。

A93. 大风子科 Flacoutiaceae（6 属 9 种：野生 3 属 5 种；外来引种栽培 3 属 4 种）

1. 山桂花属 Bennettiodendron Merr.（外来引种栽培 1 种）

（1）山桂花 Bennettiodendron leprosipes（Clos）Merr.

常绿小乔木。

喜光，喜高温高湿气候。

湛江市区等地有栽培。产于海南、两广、云南等地；印度、缅甸、马来西亚等地也有分布。

园林观赏和用材树种。

2. 刺篱木属 Flacourtia Commers.（野生 2 种）

（1）刺篱木 Flacourtia indica（Burm. f.）Merr.

落叶灌木。

生于近海沙地灌丛中。

雷州半岛各地有栽培。产于两广及海南等地；分布于亚洲和非洲热带。

园林观赏和药用植物。

（2）大叶刺篱木 Flacourtia rukam Zoll. & Mor.

乔木。

生于低海拔或沿河两岸低地疏林中。

雷州半岛各地有栽培。分布于台湾、海南、两广及云南等地。

园林观赏和药用植物。

3. 马蛋果属 Gynocardia R. Br.（外来引种栽培 1 种）

（1）马蛋果 Gynocardia odorata R. Br.

高大乔木。

喜光，喜温凉气候及肥沃、排水良好的土壤，耐寒。

湛江市区等地有栽培。产于云南东南部、西藏东南部；印度、缅甸也有分布。

园林观赏和药用植物。

4. 大风子属 Hydnocarpus Gaertn.（外来引种栽培 2 种）

（1）泰国大风子 Hydnocarpus anthelmintica Pierre ex Laness.

常绿乔木。

喜光，喜高温湿润气候及肥沃、排水良好的土壤，耐寒性不强。

湛江市区等地有栽培。原产于印度、泰国、越南。

园林观赏和药用植物。

（2）印度大风子 Hydnocarpus wightiana Blume.

常绿乔木。

喜光，喜高温湿润气候及肥沃、排水良好的土壤，耐寒性不强。

湛江市区等地有栽培。产于云南南部；东南亚和印度也有分布。

园林观赏和药用植物。

5. 莿柊属 Scolopia Schreber（野生 2 种）

（1）莿柊 Scolopia chinensis（Lour.）Clos.（野生 1 种）

常绿小乔木。

生于低海拔山地常绿林、次生疏林或灌丛中。

雷州半岛各地有栽培。产于福建、海南及两广等地；东南亚等地也有分布。

园林观赏和药用植物。

（2）广东莿柊 Scolopia saeva（Hance）Hance

常绿小乔木。

生于低海拔山地常绿林、次生疏林或灌丛中。

雷州半岛各地有栽培。产于福建、广东等地；越南也有分布。

园林观赏和药用植物。

6. 柞木属 Xylosma G. Forster（野生 1 种）

（1）柞木 Xylosma congestum（Lour.）Merr.

常绿大灌木或小乔木。

生于低海拔的林边、丘陵和平原或村边附近灌丛中。

园林观赏和药用植物。

A94. 天料木科 Samydaceae（2 属 6 种：野生 2 属 5 种；外来引种栽培 1 属 1 种）

1. 嘉赐树属 Casearia Jacq.（野生 3 种）

（1）嘉赐树 Casearia glomerata Roxb.

常绿小乔木。

生于低海拔疏林中。

廉江、遂溪、雷州、徐闻等地有栽培。产于两广、海南、云南及西藏等地；印度及越南也有分布。

园林观赏和药用植物。

（2）膜叶嘉赐树 Casearia membranacea Hance

乔木或灌木。

常见于低海拔至中海拔的疏林中。

廉江、遂溪、雷州、徐闻等地有栽培。产于台湾、海南及两广等地；越南也有分布。

园林观赏和药用植物。

（3）毛叶嘉赐树 Casearia villilimba Merr.

常绿小乔木。

生于低海拔疏林中和林缘。

雷州半岛各地有栽培。产于我国华南等地区。

园林观赏和药用植物。

2. 天料木属 Homalium Jacq.（野生 2 种；外来引种栽培 1 种）

（1）天料木 Homalium cochinchinense（Lour.）Druce

大灌木或小乔木。

生于低海拔林中。

廉江、遂溪、雷州、徐闻等地有栽培。产于我国华南地区；越南也有分布。

园林观赏和用材树种。

（2）母生 Homalium hainanense Gagnep.

小乔木。

喜光，幼树梢耐庇荫，喜高温湿润气候；喜肥沃排水良好的土壤。

湛江市区等地有栽培。产于海南；越南也有分布。

园林观赏和用材树种。

（3）显脉天料木 Homalium phanerophlebium How & Ko

乔木。

生于林中。

廉江、遂溪、雷州、徐闻等地有栽培。产于海南；越南也有分布。

园林观赏和用材树种。

A98. 柽柳科 Tamaricaceae **（外来引种栽培 1 属 1 种）**

1. 柽柳属 Tamarix Linn.

（1）柽柳 Tamarix chinensis Lour.

乔木或灌木。

喜光、耐旱、耐寒，对土壤要求不高。

雷州半岛各地有栽培。产于我国辽宁、河北、河南、山东、江苏等地。

园林观赏和药用植物。

A101. 西番莲科 Passifloraceae **（野生 1 属 1 种）**

1. 蒴莲属 Adenia Forsk.

（1）蒴莲 Adenia chevalieri Gagnep.

木质化藤本。

生于林缘，攀援疏林中林木上。

廉江、遂溪、雷州、徐闻等地有栽培。产于广东与广西南部；越南也有分布。

园林观赏和药用植物。根入药，清凉解毒，祛风湿，通经络。

A104. 秋海棠科 Segoniaceae（总：1属1种；外来引种栽培：1属1种）

1. 秋海棠属 Begonia Linn.（外来引种栽培1种）

（1）斑叶竹节秋海棠 Begonia maculata Raddi

亚灌木。

耐阴性好，喜温暖湿润气候；要求排水良好的肥沃土壤，较耐寒。

湛江市区等地有栽培。原产于巴西，现世界各地有栽培。

园林观赏和药用植物。散瘀、利水、解毒。

A106. 番木瓜科 Caricaceae（外来引种栽培1属1种）

1. 番木瓜属 Carica Linn.

（1）番木瓜 Carica papaya Linn.

常绿软木质小乔木。

雷州半岛各地有栽培，有逸生。原产于美洲热带地区。

著名热带果树。世界热带地区栽培品种很多。浆果可提木瓜素，能助消化，具有美容增白的功效；叶有强心、消肿作用；种子可榨油。

A107. 仙人掌科 Cactaceae（外来引种栽培6属6种）

1. 昙花属 Epiphyllum Haw.（外来引种栽培1种）

（1）昙花 Epiphyllum oxypetalum（DC.）Haw.

附生肉质灌木。

喜光，喜温暖湿润和多雾及半阴的环境，不宜暴晒，不耐寒。

雷州半岛各地有栽培。原产于中美洲各地，现世界各地广泛栽培。

观赏花卉。主治肺热咳嗽、咯血、心悸、失眠、清肺、止咳、化痰。

2. 量天尺属 Hylocereus（A. Berger）Britt. & Rose（外来引种栽培1种）

（1）量天尺 Hylocereus undatus（Haw.）Britt. & Rose

攀援肉质灌木。

喜光，喜高温高湿气候，喜生于热带肥沃、排水良好的砂质土壤。

雷州半岛各地有栽培。原产于中美洲至南美洲北部。

观赏花卉。茎入药，可舒筋活络、解毒消肿。花入药，止咳化痰。

3. 令箭荷花属 Nopalxochia Britt. & Rose（外来引种栽培1种）

（1）令箭荷花 Nopalxochia ackermannii（Haw.）F. M. Knuth

附生肉质小灌木。

喜温暖湿润的环境，忌阳光直射，耐干旱，耐半阴，怕雨淋。

湛江市区等地有栽培。原产于美洲热带地区。

观赏花卉。其茎可入药，具有活血止痛的功效。

4. 仙人掌属 Opuntia Mill.（外来引种栽培 1 种）

（1）仙人掌 Opuntia dillenii（Ker – Gawl.）Haw.

丛生肉质灌木。

喜生于热带干旱砂质土壤。

雷州半岛各地有栽培，有逸生。原产于美洲。

观赏花卉和果树。以全株入药，清热解毒，舒筋活络，解肠毒。

5. 木麒麟属 Pereskia Mill.（外来引种栽培 1 种）

（1）木麒麟 Pereskia aculeata Mill.

落叶灌木。

喜温暖、潮湿的气候，要求在散射光下生长，不耐寒。

湛江市区等地有栽培。原产于中南美洲北部及东部、西印度群岛。

观赏花卉。

6. 蟹爪兰属 Schlumlergera Lem.（外来引种栽培 1 种）

（1）蟹爪兰 Schlumlergera truncata（Haw.）Moran

附生肉质小灌木。

喜散射光，忌烈日；喜湿润，但怕涝。

雷州半岛各地有栽培。原产于中美洲各地，现世界各地广泛栽培。

观赏花卉。茎叶主治疮疡肿毒、腮腺炎。

A108. 山茶科 Theaceae（8 属 18 种 1 变种：野生 5 属 9 种；外来引种栽培 5 属 9 种 1 变种）

1. 杨桐属 Adinandra Jack（野生 3 种）

（1）海南杨桐 Adinandra hainanensis Hayata

乔木。

生于山地阳坡林中或沟谷路旁林缘及灌丛中。

廉江等地有栽培。产于广东西南部、广西南部及海南；越南也有分布。

（2）长毛杨桐 Adinandra jubata Li

灌木至小乔木。

生于林中。

廉江等地有栽培。产于两广及福建。

（3）杨桐 Adinandra millettii（Hook. & Arn.）Benth. & Hook. f. ex Hance

乔木。

常见于山坡路旁灌丛中或山地阳坡的疏林中或密林中。

廉江等地有栽培。产于长江流域以南。

2. 红楣属 Anneslea Wall.（外来引种栽培1种）

（1）海南红楣 Anneslea hainanensis（Kobuski）Hu

常绿乔木。

喜光亦耐阴，喜高温多湿气候。

湛江市区等地有栽培。产于海南。

优良的园林景观树种。植株的树皮或叶入药，有清肝利湿的功效。

3. 山茶属 Camellia Linn.（野生1种；外来引种栽培5种1变种）

（1）普洱茶 Camellia assamica（Masters）Chang

常绿大乔木。

喜光，喜温暖湿润气候。

湛江市区等地有栽培。原产于云南西南部，现我国南方各地有栽培。

普洱茶原植物；养生、祛暑、强身健体。

（2）杜鹃红山茶 Camellia azalea C. F. Wei

常绿灌木至小乔木。

喜光，喜温暖湿润气候。

湛江市区等地有栽培。产于云南、广西、广东、四川。

优良观赏花木。

（3）茶 Camellia japonica Linn.

常绿小乔木。

喜半阴，最好侧方荫蔽，喜温暖湿润气候。

雷州半岛各地有栽培。原产于我国、日本和朝鲜。

种子榨油，供工业用；花有止血功效。

（4）金花茶 Camellia nitidissima C. W. Chi

常绿灌木。

喜暖湿气候，喜排水良好的酸性土壤及荫蔽环境。

湛江市区等地有栽培。原产于我国广西、越南北部。

金花茶具有明显的降血糖和尿糖作用，增强免疫力，抗菌消炎。

（5）油茶 Camellia oleifera Abel

常绿小乔木。

生于丘陵地带。

雷州半岛各地有栽培。长江流域到华南各地广泛栽培。

供食用及润发、调药，可制蜡烛和肥皂，也可作机油的代用品。

（6）茶 Camellia sinensis（Linn.）O. Ktze.

常绿灌木或小乔木。

喜光，喜温暖湿润气候；要求土层深厚、保水保肥力强的酸性土壤，不耐石灰质、盐碱土壤。深根性，耐修剪。

湛江市区等地有栽培。原产于我国长江以南，现秦岭、淮河流域以南广泛栽培。

（7）高州油茶 Camellia veithanensis T. C Huang

灌木或乔木。

喜光，喜温暖湿润气候。

廉江等地有野生，雷州半岛各地有栽培。产于广东西南部、广西南部、海南；越南也有分布。

木本油料植物，具有药用价值。种子油供食用及润发、调药。

4. 红淡比属 Cleyera Thunb.（野生 1 变种）

（1）无腺红淡比 Cleyera pachyphyll var. Epunctata Chang

灌木或小乔木。

喜光，喜温暖湿润气候。

湛江市区等地有栽培。产于长江流域以南。

5. 柃属 Eurya Thunb.（野生 3 种）

（1）米碎花 Eurya chinensis R. Brown

灌木。

生于山坡路旁灌丛中。

遂溪有栽培。产于我国华南等地区。

清热解毒，除湿敛疮。

（2）二列叶柃 Eurya distichophylla Hemsl.

灌木。

生于山坡路旁林中、山谷水边。

雷州半岛各地有栽培。产于我国华南等地；越南北部也有分布。

（3）细齿柃 Eurya nitida Korth.

常绿灌木。

生于山坡路旁林中、林缘及山地灌丛中。

雷州半岛各地有栽培。产于长江流域以南至东南亚等地。

6. 木荷属 Schima Reinw.（野生 1 种）

（1）木荷 Schima superba Gardn. & Champ.

常绿大乔木，防火树种。

生于低海拔向阳山地杂木林中。

雷州半岛各地有栽培。产于我国华南及东南沿海等地。

攻毒，消肿，主治疔疮。优良防火林带树种。

7. 厚皮香属 Ternstroemia Mutis ex Linn. F.（野生 1 种，外来引种栽培 1 种）

（1）小叶厚皮香 Ternstroemia microphylla Merr.

乔木。

生于林中。

雷州半岛各地有栽培。产于我国华南。

（2）厚皮香 Ternstroemia gymnanthera（Wight & Arn.）Sprague

灌木或小乔木。

喜光，喜温暖湿润气候。

湛江市区等地有栽培。产于长江流域以南。

木材坚硬致密，可供制家具、车辆等用。种子油可制润滑油、油漆、肥皂，树皮可提取栲胶。

8. 石笔木属 Tutcheria Dunn（外来引种栽培 1 种）

（1）石笔木 Tutcheria championii Nakai

常绿乔木。

喜阴凉环境，喜温暖湿润气候。

湛江市区等地有栽培。产于我国两广、云南和湖南。

冠形优美，叶色翠绿，花大美丽，适合园林观赏。根、叶可药用。

A108a. **五列木科** Pentaphylaceae（**外来引种栽培 1 属 1 种**）

1. 五列木属 Pentaphylax Gardn. & Champ.

（1）五列木 Pentaphylax euryoides Gardn. & Champ.

常绿乔木或灌木。

喜光，喜温暖湿润气候。

湛江市区等地有栽培。产于我国两广、云南、贵州、江西等省。

A112. **猕猴桃科** Actinidiaceae（**外来引种栽培 1 属 1 种**）

1. 猕猴桃属 Actinidia Lindl.

（1）中华猕猴桃 Actinidia chinensis Planch.

大型落叶藤本。

喜光，喜温暖湿润气候；喜排水良好的肥沃土壤；避风生长更好。

湛江市区等地有栽培。产于我国华北、华东、华南等地。

著名果树。果生食可调中理气，生津润燥，解热除烦。

A113. **水东哥科** Saurauiaceae（**野生 1 属 1 种**）

1. 水东哥属 Saurauia Wild.

（1）水东哥 Saurauia tristyla DC.

灌木或小乔木。

生于山谷溪旁林下或山坡灌丛中。

廉江少见。产于两广、云南、贵州；印度及马来西亚也有分布。

果可食，清热解毒，止咳，止痛。热带、亚热带优良观赏树种。

A114. 金莲木科 Ochnaceae（外来引种栽培 1 属 1 种）

1. 金莲木属 Ochna Linn.

（1）金莲木 Ochna integerrima（Lour.）Merr.

落叶灌木或小乔木。

喜光，喜高温高湿气候。

湛江市区等地有栽培。产于我国两广、海南；柬埔寨也有分布。

A116. 龙脑香科 Dipterocarpaceae（外来引种栽培 3 属 3 种）

1. 坡垒属 Hopea Roxb.（外来引种栽培 1 种）

（1）坡垒 Hopea hainanensis Merr. & Chun

乔木。

耐阴，喜温暖湿润气候，生长慢。

湛江市区等地有栽培。原产于海南，现广东有栽培。

坡垒是海南热带沟谷雨林的代表树种之一。观赏与材用树种。

2. 柳安属 Parashorea Kurz（外来引种栽培 1 种）

（1）望天树 Parashorea chinensis Wang Hsie

大乔木。

喜光，喜温暖湿润气候。

湛江市区等地有栽培。产于我国云南、广西，现热带地区有栽培。

叶解毒，外用治湿疹；木材坚硬，为制造各种家具的高级用材。

3. 青皮属 Vatica Linn.（外来引种栽培 1 种）

（1）青皮 Vatica mangachampoi Blanco

常绿大乔木。

喜光，喜温暖湿润气候；深根性，抗风。

湛江市区等地有栽培。原产于海南；泰国、马来西亚、印度尼西亚和菲律宾也有分布。

果实疏肝破气，消积化滞。

A118. 桃金娘科 Myrtaxeae（11 属 35 种：野生 5 属 11 种；外来引种栽培 7 属 24 种）

1. 肖蒲桃属 Acmena DC.（野生 1 种）

（1）肖蒲桃 Acmena acuminatissima（Bl.）Merr. & Perry

常绿乔木。

生于低海拔至中海拔林中。

雷州半岛各地有栽培。产于两广、海南；分布至中南半岛等地。

枝繁叶茂，嫩叶变红，具较高观赏价值。可作庭院树及风景树。

2. 岗松属 Baeckea Linn.（野生 1 种）

（1）岗松 Baeckea frutescens Linn.

小灌木。

喜生于低丘及荒山上，是酸性土的指示植物。

廉江、遂溪等地常见。产于华东至华南；东南亚各地也有分布。

叶含小茴香醇等，供药用，治黄疸、膀胱炎，外洗治皮炎及湿疹。

3. 红千层属 Callistemon R. Br.（外来引种栽培 2 种）

（1）红千层 Callistemon rigidus R. Br.

常绿灌木。

喜光，喜稍有荫蔽的阳坡，喜高温高湿气候；抗大气污染。

雷州半岛广泛栽培。原产于澳洲。

祛风、化痰、消肿。其小叶芳香，可供提取香油。

（2）串钱柳 Callistemon viminalis G. Don

常绿灌木。

喜光，喜稍有荫蔽的阳坡，喜高温高湿气候。

湛江市区等地有栽培。原产于澳洲，现我国南部各省均有引种栽培。

细枝倒垂如柳，花形奇特，适作行道树、园景树。

4. 水翁属 Cleistocalyx Bl.（野生 1 种）

（1）水翁 Cleistocalyx operculatus（Roxb.）Merr. & Perry

常绿乔木。

喜生于水边。

雷州半岛各地有栽培。产于两广及云南等地；中南半岛、印度及马来西亚等地也有分布。

花蕾治感冒发热；根治黄疸型肝炎；树皮外用治烧伤。观赏树种。

5. 桉树属 Eucalyptus L'Héritier（外来引种栽培 14 种，其中包括 2 杂交种）

（1）赤桉 Eucalyptus camaldulensis Dehnh.

常绿乔木。萌蘖能力强，是良好的薪炭材。

生长快，适应性强，喜光，耐高温、干旱，很多种源耐寒。

雷州半岛有零星栽培。天然分布于澳大利亚，是分布最广的一种桉树。

木材红色，抗腐性强。枝叶（赤桉）清热解毒，防腐止痒。蜜源植物。

（2）柠檬桉 Eucalyptus citriodora Hook. f.

速生树种，乔木。成年叶揉至散发强烈柠檬香气。

喜光，不耐荫蔽，喜温暖湿润气候，耐干旱；根系深，生长快。

20 世纪 80 年代前，雷州半岛广泛栽培。原产于澳洲，现我国华南及西南地区常见栽培。

木材硬重耐久，密度大。檬桉醇具有抗结核作用，消肿散毒；可治风寒感冒、风湿骨痛、胃气痛。

（3）窿缘桉 Eucalyptus exserta F. Muell.

乔木。树皮条状纵裂，粗糙，褐色；种子黑褐色。

喜光，不耐荫蔽，喜温暖湿润气候；喜湿润土壤；不耐寒。

雷州半岛广泛栽培。原产于澳洲，华南及西南地区常见栽培树种。

窿缘桉材质致密，强度高，用于生产建筑材、坑木、纸浆材和薪材。

（4）巨桉 Eucalyptus grandis W. Mill ex Maiden

高大常绿乔木。干形通直圆满，树冠伸展而稀疏，干通直，速生。

喜光，喜凉爽气候，抗寒性强。

雷州半岛有少量栽培。原产于澳大利亚、菲律宾和西太平洋岛屿。

（5）春红桉（又称皱果桉）Eucalyptus ptychocarpa F. Muell

常绿小乔木。叶轮生。花色粉红、红色且娇艳，美丽夺目。

喜光以及温湿环境，宜作观赏树种。

雷州半岛有引种栽培。分布于澳大利亚西部和北部。

（6）粗皮桉 Eucalyptus pellita F. v. Muell.

常绿高大乔。木材密度较大，纹理交错，质地粗，易加工，耐腐朽，适合做实木利用。

生长快，喜光，不耐寒，喜肥沃的土壤，也可以在贫瘠的砂质土找到，主要分布区为气候温暖的热带和亚热带区域。

雷州半岛有少量栽培。原产于澳大利亚。

（7）大叶桉 Eucalyptus robusta Smith

乔木。树皮海绵纤维状，红褐色。

喜光，喜暖热湿润气候及深厚肥沃、适当湿润土壤。

雷州半岛广泛栽培。原产于澳洲，20世纪70年代以前，我国最早引种桉树之一，现我国南部各省均有引种。

材用树种。叶疏风解热，抑菌消炎，防腐止痒。

（8）柳桉 Eucalyptus saligna Smith

常绿乔木，干形通直圆满，速生。

喜光，适合粘土或壤土和冲积砂，适合亚热带气候，抗寒性强。

雷州半岛有零星栽种。分布于澳大利亚新南威尔士州至昆士兰州。

（9）史密斯桉 Eucalyptus smithii R. Baker

高大乔木。幼态叶无柄，对生。

喜光及深厚肥沃土壤，较耐寒，分布于天气冷凉至暖和区域。

雷州半岛有零星栽培。天然分布于澳大利亚新南威尔士州和维多利亚州东部的高地。现主要为我国云南、四川和贵州等地栽培。

桉叶出油率高、精油1, 8 - 桉叶素含量高、质量好。

（10）细叶桉 Eucalyptus tereticornis Smith

常绿高大乔木。

喜光，耐湿，不耐庇荫，对土壤要求不高，在粗砂土、深厚的冲积土亦能生长。耐干旱与轻霜，深根性，抗风，是亚热带速生树种之一。

雷州半岛有零星栽培。原产地在澳大利亚东部沿海地区，最高海拔可达1800m，是水平分布最广、高跨越地理纬度最宽的桉树，华南各地有引种。

木材坚硬耐久，用于重结构建筑和枕木。

（11）托里桉（又称毛叶桉）Eucalyptus torelliana F. V. Muell.

常绿乔木高30m，树干通直。

喜光以及温湿环境，抗风，抗污染，较速生。宜植庭院，遮阴观赏。

雷州半岛有栽培。分布于澳大利亚西部和北部，适应华南气候。

（12）尾叶桉 Eucalyptus urophylla S. T. Blake

常绿大乔木。

喜光，喜暖热湿润气候及湿润土壤，不耐寒，极耐水湿；生长迅速。

雷州半岛广泛栽培。原产于印度尼西亚，现我国南部各省均有引种栽培。为目前我国栽培面积最大的桉树树种之一。

枝叶含油，木材可制人造板、纸浆，叶可提取芳香油，树木可美化环境，是集经济、生态、社会效益为一体的速生经济树种。

（13）尾细桉 U6 Eucalyptusurophylla × E. tereticornis U6

常绿乔木，速生。为湛江市林业局选育，10 年前大量推广。

喜光，耐湿，耐干旱，适合热带和亚热带气候。

2003 年前曾在雷州半岛等地广泛栽培。为天然的尾叶桉和细叶桉杂交品种，华南各地有栽种。

（14）尾巨桉 E. urophylla × E. grandis

常绿乔木，极速生，干形通直圆满。

喜光，耐瘠薄，但抗寒性不强，喜土壤肥沃深厚。

雷州半岛等地广泛栽培。尾叶桉和巨桉杂交品种（无性系），最多的为 DH 系列和 EC 系列，现为华南各地商品林主要栽培品系，占桉树人工林面积70%以上。

6. 番樱桃属 Eugenia Linn.（外来引种栽培 1 种）

（1）番樱桃 Eugenia uniflora L.

常绿灌木。

喜光，喜温暖湿润气候，不耐寒；喜肥沃湿润和排水良好的土壤。

湛江市区等地有栽培。原产于巴西，现我国华南有引种栽培。

浆果扁圆形，熟时深红色。垂吊于枝头，极为娇美，适合作庭园栽培或大型盆栽。

7. 白千层属 Melaleuca Linn.（外来引种栽培 3 种）

（1）互叶百千层 Melaleuca alternifolia L.

常绿小乔木。

喜光，喜温暖湿润气候，不耐寒；喜肥沃湿润和排水良好的土壤。

湛江市区等地有栽培。产于澳大利亚。

著名的芳香油树种。从新鲜枝叶中可提取得到无色至淡黄色透明油状液体，商品名字叫澳洲茶树油，具有抗菌、消毒、止痒、防腐等作用。

（2）白千层 Melaleuca leucadendron（Linn.）Linn.

常绿乔木。

喜光，喜高温高湿气候，不耐寒，耐水湿。

湛江市区等地有栽培。原产于澳洲、印度、缅甸、越南、印度尼西亚，现我国南部各省均有引种栽培。

（3）黄金香柳 Melaleuca bracteata F. Muell.'Revolution Gold'

常绿乔木。

喜光，喜温暖湿润气候，不耐寒，耐水湿；抗风、抗大气污染。

湛江市区等地有栽培。原产于新西兰、澳大利亚。

彩叶树种。气味芳香怡人，采其枝叶可提取香精，可用其作香薰、熬水、沐浴，舒筋活络，有良好的保健功效。

8. 番石榴属 Psidium Linn.（外来引种栽培 2 种）

（1）番石榴 Psidium guajava Linn.

小乔木。

生于荒地或低丘陵上。

雷州半岛各地有栽培，逸生。原产于南美洲。

著名热带果树。

（2）草莓番石榴 Psidium littorale Raddi

常绿灌木。

喜光、喜温、喜湿；耐旱亦耐湿，如阳光充足，结果早、品质好。

湛江市区等地有栽培。原产于巴西，现热带地区常见栽培。

可盆栽观赏，暖地可植于庭院。

9. 玫瑰木属 Rhodamnia Jack（外来引种栽培 1 种）

（1）玫瑰木 Rhodamnia dumetorum（Poir.）Merr. & Perry

小乔木。

喜温暖湿润气候，不耐寒；喜肥沃湿润和排水良好的土壤。

湛江市区等地有栽培。原产于海南、马来西亚、中南半岛等地。

10. 桃金娘属 Rhodomyrtus（DC.）Reichenb.（野生 1 种）

（1）桃金娘 Rhodomyrtus tomentosa（Ait.）Hassk.

常绿灌木。

生于丘陵坡地，为酸性土指示植物。

雷州半岛丘陵常见。产于我国华南等地，亚洲各热带地区均有分布。

观赏植物。根有治慢性痢疾、风湿、肝炎及降血脂等功效。

11. 蒲桃属 Syzygium Gaertn.（野生 7 种；外来引种栽培 1 种）

（1）黑嘴蒲桃 Syzygium bullockii（Hance）Merr. &. Perry

常绿灌木。

喜生于平地次生林或向阳坡地。

雷州半岛各地有栽培。产于广东西部、广西及海南，分布于越南。

观赏与果用树种。

（2）乌墨 Syzygium cumini（Linn.）Skeels

常绿乔木。

生于低海拔疏林中。

雷州半岛各地有栽培。产于我国华南地区，分布于中南半岛及澳洲等地。

为优良的庭院绿阴树和行道树种。利尿消肿，补血益气。

观赏、果用与材用树种。

（3）红车木 Syzygium hancei Merr. & Perry

常绿小乔木。

雷州半岛各地有栽培，常见于低海拔疏林中。产于福建、两广及海南。

观赏、果用与材用树种。

（4）蒲桃 Syzygium jambos（Linn.）Alston

常绿乔木。

喜生溪边及山谷湿地。

雷州半岛各地栽培。产于我国华南地区；分布于中南半岛、马来西亚、印度尼西亚等地。

桃树冠丰满浓郁，花叶果均可观赏。果生津液，有强筋骨，止咳除烦，补益气血，通利小便的功效。

（5）粗叶木蒲桃 Syzygium lasianthifolium Chang & Miau

常绿乔木。

见于低海拔常绿林中。

廉江特有。

观赏、果用与材用树种。

（6）白车木 Syzygium levinei（Merr.）Merr. & Perry

常绿小乔木。

常见于低海拔疏林中。

雷州半岛各地有栽培。产于两广、海南；分布于越南。

观赏、果用与材用树种。

（7）洋蒲桃 Syzygium samarangense（Bl.）Merr. & Perry

常绿乔木。

喜光，喜暖热气候，喜深厚肥沃土壤；喜水湿，不耐干旱贫瘠；根系发达，抗风。

雷州半岛常见栽培。原产于马来西亚至印度，现我国南方及亚洲热带其他地区多有栽培。

果实又名莲雾，具有开胃、爽口、利尿、清热以及安神等食疗功能。树常绿，是家庭绿化树。

（8）锡兰蒲桃 Syzygium zeylanicum（Linn.）DC.

常绿乔木。

生于低海拔密林中。

廉江、遂溪有栽培。产于广东西部及广西钦州；分布于中南半岛、马来西亚、印度尼西亚、斯里兰卡，印度等地。

观赏、果用与材用树种。

A119. 玉蕊科 Lecythidaceae（野生 1 属 1 种）

1. 玉蕊属 Barringtonia J. R. & Forst.（野生 1 种）

（1）玉蕊 Barringtonia racemosa（Linn.）Spreng

常绿小乔木，半红树植物。

生于滨海地区林中。

雷州、徐闻海岸少见。产于台湾、广东西南及海南；广布于非洲、亚洲和大洋洲的热带、亚热带地区。

观赏和材用树种。果泻火退热、止咳平喘。

A120. 野牡丹科 Melastemacae（6 属 9 种：野生 3 属 6 种；外来引种栽培 3 属 3 种）

1. 柏拉木属 Blastus Lour.（外来引种栽培 1 种）

（1）线萼金花树 Blastus apricus（Hand. – Mazz.）H. L. Li

灌木。

喜光，喜暖热气候，喜酸性土壤。

湛江市区等地有栽培。产于我国湖南、广东、江西、福建。

观赏植物。健脾利水、活血调经。

2. 野牡丹属 Melastoma Linn.（野生 3 种）

（1）地菍 Melastoma dodecandrum Lour.

匍匐亚灌木。

生于低海拔的山坡矮草丛中，为酸性土壤常见的植物。

雷州半岛各地有栽培。产于贵州、湖南、广西、广东（海南岛未发现）、江西、浙江、福建；越南也有分布。

观赏植物。活血止血，清热解毒。治痛经、产后腹痛、血崩、带下、便血、痢疾、痈肿、疔疮。

（2）毛菍 Melastoma sanguineum Sims

大灌木。

生于海拔 400m 以下的低海拔地区，常见于坡脚、沟边，湿润的草丛或矮灌丛中。

雷州半岛各地有栽培。产于两广及海南；印度、马来西亚至印度尼西亚也有分布。

观赏植物。

（3）野牡丹 Melastoma septemnervium Lour.

灌木。

生于低海拔的山坡、山谷林下或疏林下，湿润或干燥的地方，或刺竹林下灌草丛中，路边、沟边，是酸性土常见的植物。

雷州半岛各地有栽培。产于我国华南及西南。

观赏植物。植株用作药材，消积利湿；活血止血；清热解毒。

3. 谷木属 Memecylon Linn.（野生2种）

（1）细叶谷木 Memecylon scutellatum（Lour.）Hook. & Arn.

灌木。

生于低海拔的山坡、平地的疏林或密林或灌木丛中阳处及水边。

雷州半岛各地有栽培。产于两广及海南；缅甸、越南至马来西亚也有分布。

观赏植物。果解毒消肿，治疮痈肿毒。

（2）棱果谷木 Memecylon octocostatum Merr. & Chun

灌木。

生于山谷、山坡疏、密林中阴处。

雷州半岛各地有栽培。产于广东南部及海南。

观赏植物。

4. 金锦香属 Osbeckia Linn.（野生1种）

（1）金锦香 Osbeckia chinensis Linn.

亚灌木。

生于荒山草坡、路旁、田地边或疏林向阳处。

雷州半岛各地有栽培。产于广西以东、长江流域以南各省；越南至澳大利亚、日本均有。

观赏植物。清热利湿，止咳化痰；用于急性细菌性痢疾。

5. 锦香草属 Phyllagathis Blume（外来引种栽培1种）

（1）三瓣锦香草 Phyllagathis ternate C. Chen

亚灌木。

喜光，喜暖热气候，喜酸性土壤。

湛江市区等地有栽培。产于我国广东。

6. 蒂牡花属 Tibouchina Cogn.（外来引种栽培1种）

（1）巴西野牡丹（Tibouchina semidecandra Cogn.）

亚灌木。

喜光，喜暖热气候，喜酸性土壤。

湛江市区等地有栽培。原产地巴西。我国广东等地有引种栽培。

优良观花植物。

A121. **使君子科 Combretaceae（4 属 13 种：野生 2 属 2 种；外来引种栽培 3 属 11 种）**

1. 风车子属 Combretum Loefl.（外来引种栽培 1 种）

（1）华风车子 Combretum alfredii Hance

藤状灌木。

喜光，喜暖热气候。

湛江市区等地有栽培。产于我国两广、江西、湖南。

根：清热、利胆，用于黄疸型肝炎。叶：驱虫，用于蛔虫病，鞭虫病。外用鲜叶治烧烫伤。

2. 榄李属 Lumnitzera Willd.（野生 1 种）

（1）榄李 Lumnitzera racemosa Willd.

灌木，红树林树种。

常生于气候湿热的海边滩涂上。

徐闻、雷州、遂溪和廉江沿海有栽培。产于广东（徐闻）、海南省、广西（合浦、防城）及台湾省海岸边，分布于东非热带、马达加斯加、亚洲热带、大洋洲北部和波利尼西亚至马来西亚。

树液熬汁：用于鹅口疮、雪口疮。

3. 使君子属 Quisqualis Linn.（外来引种栽培 1 种）

（1）使君子 Quisqualis indica Linn.

落叶木质藤本。

喜光，喜高温多湿气候，耐半阴，但日照充足开花更繁茂，不耐寒。

湛江市区等地有栽培。产于我国南部至印度、缅甸和菲律宾，热带、亚热带地区广泛栽培。

驱蛔虫、驱蛲虫、抗皮肤真菌。

4. 榄仁属 Terminalia Linn.（野生 1 种；外来引种栽培 9 种）

（1）榄仁树 Terminalia catappa Linn.

落叶乔木。

常生于气候湿热的海边沙滩上。

雷州半岛各地有栽培。产于广东（徐闻）、海南、台湾、云南（东南部）；马来西亚、越南以及印度、大洋洲均有分布。

行道树种和油料树种。

（2）诃子 Terminalia chebula Retz.

乔木。

喜光，喜高温润气候；耐旱、耐霜；对土壤要求不甚严格。

湛江市区等地有栽培。产于云南西部和西南部；分布于越南（南部）、老挝、柬埔寨、泰国、缅甸、马来西亚、尼泊尔、印度。

行道树种。果实敛肺、涩肠、下气、利咽、止泻、解痉。

（3）小叶榄仁树 Terminalia neotaliala Capuron

落叶乔木。

喜光，耐半阴，喜高温湿润气候，深根性，抗风，抗污染，寿命长。

雷州半岛广泛栽培。原产于非洲，现华南地区广泛栽培。

行道树种。树皮性味苦、性凉，有收敛之效。

为外来引种栽培园林树种，在湛江市区等地有栽培，本属种类还有以下（4）～（10）：

（4）锦叶榄仁 Terminalia amtay H. Perrier

（5）阿裕榄仁 Terminalia arjuna Wight. & Arn.

（6）小果榄仁 Terminalia ivorensis Chev.

（7）大翅榄仁 Terminalia macroptera Guill.

（8）多果榄仁 Terminalia myriocarpa Heurek.

（9）鸡尖 Terminalia nigrovenulosa Pierre ex. Lanoffen

（10）毛榄仁 Terminalia tomentosa（Bedd）wight & Arn.

A122. 红树科 Rhizophoraceae（5 属 7 种：野生 5 属 6 种；外来引种栽培 1 属 1 种）

1. 木榄属 Bruguiera Lam.

（1）木榄 Bruguiera gymnorrhiza（Linn.）Savigny

灌木或小乔木，红树林树种。

喜生于浅海盐滩红树林海岸。

雷州半岛沿海红树林区常见并有造林。产于两广、海南、福建、台湾及其沿海岛屿；非洲东南部、南亚、澳大利亚北部及波利尼西亚也有分布。

园林树种。叶、胎轴用于治腹泻、脾虚、肾虚。

2. 竹节树属 Carallia Roxb.（野生 2 种）

（1）竹节树 Carallia brachiata（Lour.）Merr.

常绿乔木，园林树种。

生于低海拔至中海拔的丘陵灌丛或山谷杂木林中。

雷州半岛各地有栽培。产于两广及海南；东南亚至澳洲等地也有分布。

木材有光泽，为优良用材。果可食。树皮供药用，可治疟疾。

（2）旁杞木 Carallia pectinifolia Ko

常绿灌木。

生于山谷或溪畔杂木林内。

雷州半岛各地有栽培。产于两广、海南及云南。

3. 角果木属 Ceriops Arn.（野生 1 种）

（1）角果木 Ceriops tagal（Perr.）C. B. Rob.

灌木或小乔木，红树林树种。

生于潮涨时仅淹没树干基部的泥滩和海湾内的沼泽地。

产于徐闻沿海、海南及台湾；非洲东部、澳洲及亚洲热带地区也有分布。

红树林造林树种。叶、胎轴能消肿解毒、收敛止血。

4. 秋茄树属 Kandelia（DC.）Wight & Arn.（野生 1 种）

（1）秋茄树 Kandelia candel（Linn.）Druce

灌木或小乔木，红树林树种。

生于浅海和河流出口冲积带的盐滩。

雷州半岛沿海红树林区有造林。产于两广、福建、台湾及海南；印度、缅甸、泰国、越南、马来西亚、日本琉球群岛南部也有分布。

5. 红树属 Rhizophora Linn.（野生 1 种；外来引种栽培 1 种）

（1）红海榄 Rhizophora stylosa Griff.

灌木或小乔木，红树林树种。

喜生于沿海盐滩红树林的内缘。

雷州半岛沿海红树林区有造林。产于广东、广西及海南；分布于马来西亚、菲律宾、印度尼西亚（爪哇）、新西兰、澳大利亚北部。

（2）红茄苳 Rhizophora mucronata Lam.

乔木，红树林树种。

喜光，喜高温湿润气候。

雷州半岛沿海有栽培。分布于我国台湾、广东南部和海南。

A123. 金丝桃科 Hypericaceae（2 属 2 种：野生 1 属 1 种；外来引种栽培 1 属 1 种）

1. 黄牛木属 Cratoxylum Bl.（野生 1 种）

（1）黄牛木 Cratoxylum cochinchinense（Lour.）Bl.

落叶小乔木。

生于丘陵或山地的干燥阳坡上的次生林或灌丛中。

雷州半岛各地有栽培。产于两广、海南及云南。

木材非常坚硬，纹理精致，为名贵雕刻木材；根、树皮、嫩叶入药。

2. 金丝桃属 Hypericum Linn.（外来引种栽培 1 种）

（1）金丝桃 Hypericum monogynum Linn.

灌木。

喜光，喜温暖湿润气候，忌高温和干旱。

湛江市区等地有栽培。产于华北、华东、台湾北部至广东；日本也有分布。

金丝桃花叶秀丽，常用观赏花木。清热解毒、散瘀止痛、祛风湿。

A126. 藤黄科 Guttifferae（3 属 7 种：野生 2 属 3 种；外来引种栽培 3 属 4 种）

1. 藤黄属 Garcinia Linn.（野生 2 种；外来引种栽培 2 种）

（1）多花山竹子 Garcinia multiflora Champ.

常绿乔木。

生于山坡疏林或密林中，沟谷边缘或次生林或灌丛中。

雷州半岛少见。产于我国华南地区；越南北部亦有分布。

种子榨油，供制皂和润滑油；果可食；根、果及树皮入药。

（2）岭南山竹子 Garcinia oblongifolia Champ.

常绿乔木。

生于平地、丘陵、沟谷密林或疏林中。

雷州半岛各地有栽培。产于两广及海南；越南北部亦有分布。

果可食，种子含油量 60.7%，种仁含油量 70%，可作工业用油。

（3）藤黄 Garcinia morella Desv.

常绿乔木。

喜光，喜温暖湿润气候。

湛江市区等地有栽培。产于印度、泰国、越南、中国。

消肿、化毒、止血、杀虫。治痈疽肿毒，顽癣恶疮。

（4）越南山竹子 Garcinia tonkinensis Vesque

常绿乔木。

喜光，喜高温高湿气候。

湛江市区等地有栽培。原产于越南。

2. 红厚壳属 Calophyllum Linn.（野生 1 种；外来引种栽培 1 种）

（1）红厚壳 Calophyllum inophyllum Linn.

常绿乔木。

喜光，喜温暖湿润气候；耐盐、耐干旱。

湛江市区等地有栽培。产于我国海南、台湾及南亚和澳大利亚等地。

种子含油量 20%～30%，种仁含油量 50%～60%，油可供工业用。

（2）薄叶红厚壳 Calophyllum membranaceum Gardn. & Champ.

常绿灌木。

生于低海拔至中海拔的山地林中或灌丛中。

雷州半岛各地有栽培。产于两广及海南。

观赏树种。根在民间作药用，治跌打损伤。

3. 铁力木属 Mesua Linn.（外来引种栽培 1 种）

（1）铁力木 Mesua ferrea Linn.

常绿乔木。

喜光，喜温暖湿润气候；生长慢，寿命长。

湛江市区等地有栽培。产于我国云南、广西及印度、马来西亚及中南半岛，现热带地区有栽培。

工业油料、工业用材、树形美观，花有香气。庭园绿化观赏树种。

A128a. 杜英科 Eleaocarpaceae （3 属 8 种：野生 1 属 2 种；外来引种栽培 3 属 6 种）

1. 杜英属 Elaeocarpus Linn. （野生 2 种；外来引种栽培 4 种）

（1）尖叶杜英 Eleaocarpus apiculatus Mast.

乔木。

喜光，喜温暖高温和湿润气候，不耐干旱瘠薄。

湛江市区等地有栽培。产于我国海南、云南南部，中南半岛至马来西亚也有分布，我国南方广为栽培。

优良园林树种，在园林中常丛植于草坪、路口、林缘等处。

（2）日本杜英 Elaeocarpus japonicus Sieb. & Zucc.

乔木。

喜光，喜温暖湿润气候。

湛江市区等地有栽培。产于长江以南各省区；越南、日本也有分布。

优良观赏与材用树种。

（3）海南杜英 Eleaocarpus hainanensis Oliv.

常绿乔木。

喜半阴，喜高温多湿气候，深根性，抗风力较强，不耐寒。

湛江市区等地有栽培。产于海南、广西南部及云南东南部；在越南、泰国也有分布，现华南地区常见栽培。

花期长，花冠洁白淡雅，为常见的木本花卉，适宜作庭园风景树。

（4）长柄杜英 Elaeocarpus petiolatus （Jack.） Wall. ex Kurz

常绿乔木。

生于低海拔的常绿林里。

廉江有栽培。产于两广及云南；中南半岛和马来西亚也有分布。

（5）锡兰橄榄 Eleaocarpus serratus Linn.

常绿乔木。

喜光，喜高温多湿气候，深根性，抗风力较强，不耐寒，不耐干旱。

湛江市区等地有栽培。原产于印度、斯里兰卡。

锡兰橄榄果大汁多，可加工腌渍成蜜饯；可作为公路市街行道树。

（6）山杜英 Elaeocarpus sylvestris Poir.

常绿小乔木。

生于低海拔的常绿林里。

雷州半岛各地有栽培。产于我国华南及西南；东南亚也有分布。

优良园林绿化和材用树种

2. 文定果属 Muntingia Linn. （外来引种栽培 1 种）

（1）文定果 Muntingia calabura Linn.

常绿小乔木。

喜光，喜温暖湿润气候，对土壤要求不高，抗风能力强，耐寒性差。

湛江市区等地有栽培。产于热带美洲、斯里兰卡、印度尼西亚等地。

观花类，果香甜可口，叶可代茶。

3. 猴欢喜属 Sloanea Linn. （外来引种栽培 1 种）

（1）猴欢喜 Sloanea sinensis（Hance）Hemsl.

常绿乔木。

喜光，不耐干燥，喜温暖湿润气候，在深厚、肥沃、排水良好的酸性或偏酸性土壤上生长良好，深根性，侧根发达，萌芽力强。

湛江市区等地有栽培。产于广东、海南、广西、贵州、湖南、江西、福建、台湾和浙江；越南也有分布。

树皮和果壳含鞣质，可提制栲胶；树形美观，宜作庭园观赏树。

A128. 椴树科 Tiliaceae（4 属 6 种：野生 3 属 5 种；外来引种栽培 1 属 1 种）

1. 破布叶属 Microcos Linn. （野生 2 种）

（1）破布叶 Microcos paniculata Linn.

灌木或小乔木。

生于低海拔的次生林、杂灌丛中。

雷州半岛各地有栽培。产于两广、海南及云南；中南半岛、印度及印度尼西亚有分布。

（2）毛破布叶 Microcos stauntoniana G. Don

灌木或小乔木。

生于低海拔的次生林、杂灌丛中。

廉江等地有栽培。产于海南；印度尼西亚、马来西亚及中南半岛有分布。

2. 刺蒴麻属 Triumfetta Linn. （野生 2 种）

（1）毛刺蒴麻 Triumfetta cana Bl.

亚灌木。

生长于次生林及灌丛中，村落附近常见。

雷州半岛各地有栽培。产于我国华南及西南；印度尼西亚、马来西亚、中南半岛、缅甸及印度有分布。

（2）刺蒴麻 Triumfetta rhomboidea Jacq.

亚灌木。

生长于次生林及灌丛中，村落附近常见。

雷州半岛各地有栽培。产于我国华南地区；热带亚洲及非洲均有分布。

利尿化石。治石淋、感冒风热表症。

3. 黄麻属 Corchorus Linn. （野生 1 种）

（1）甜麻 Corchorus aestuans Linn.

亚灌木状草本。

多见于荒地、旷野、村旁杂草丛中。

雷州半岛各地有栽培。产于长江以南各省区，热带亚洲、中美洲及非洲有分布。

清热解毒。治麻疹、热病下利、疥癞疮肿。

4. 蚬木属 Burretiodendron Rehd. （外来引种栽培 1 种）

（1）蚬木 Burretiodendron hsienmu Chun & How

常绿乔木。

喜光；耐瘠薄，喜富含腐殖质的石灰质土壤；深根性，耐旱。

湛江市区等地有栽培。产于我国广西西南部、云南东南部和南部、贵州等地，现热带及亚热带地区见栽培。

为用于船舶、高级家具的珍贵用材。

A130. 梧桐科 Sterculiaceae （8 属 12 种：野生 7 属 8 种；外来引种栽培 2 属 4 种）

1. 翅果藤属 Byttneria Loefl. （野生 1 种）

（1）全缘刺果藤 Byttneria integrifolia Lace

木质大藤本。

生于山坡疏林中或山谷溪旁。

廉江有栽培（新记录）。产于云南南部西双版纳；泰国、缅甸也有分布。

2. 山芝麻属 Helicteres Linn. （野生 2 种）

（1）山芝麻 Helicteres angustifolia Linn.

亚灌木。

山地和丘陵地常见。

雷州半岛各地有栽培。产于我国华南等地；东南亚等地也有分布。

华南植物园采集标本号：南路 202420。

清热解毒，止咳。用于感冒高烧、扁桃体炎、咽喉炎、外伤出血。

（2）雁婆麻 Helicteres hirsuta Lour.

灌木。

生于旷野疏林中和灌丛中。

雷州半岛各地有栽培。产于两广及海南；东南亚等地均有分布。

本种的茎皮纤维可织麻袋和编绳。

3. 银叶树属 Heritiera Dryand. （野生 1 种）

（1）银叶树 Heritiera littoralis Dryand

常绿乔木，水陆两栖的半红树植物。

生于海岸潮间带，可作为护岸植物。

遂溪县新华镇湍流村（鸡笼山）等地有栽培。产于两广、海南及台湾；亚洲热带及非洲东部、大洋洲均有分布。

银叶树的木材质地坚重，可以用来搭盖桥梁。

4．马松子属 Melochia Linn.（野生1种）

（1）马松子 Melochia corchorifolia Linn.

亚灌木状草本。

生于田野间或低丘陵地原野间。

雷州半岛各地有栽培。广泛分布于长江以南各省；亚洲热带地区也有分布。

茎皮含纤维，可与黄麻混纺制麻袋。

5．翅子树属 Pterospermum Schreb.（野生1种）

（1）翻白叶树 Pterospermum heterophyllum Hance

常绿乔木。

生于低海拔密林林缘。

产于两广、福建及海南。

根可入药，祛风除湿、舒筋活血、消肿止痛。

6．苹婆属 Sterculia Linn.（野生1种，外来引种栽培4种）

（1）掌叶苹婆 Sterculia foetida L.

落叶乔木。

喜光，喜高温高湿气候。

湛江市区等地有栽培。主要分布于热带的亚洲、东非及澳洲北部。

（2）假苹婆 Sterculia lanceolata Cav.

常绿乔木。

喜生于山谷溪旁及低海拔次生林中。

雷州半岛各地有栽培。产于我国华南及西南；缅甸、泰国、越南及老挝也有分布。

茎皮纤维可作麻袋的原料，也可造纸。种子可食用，也可榨油。

（3）苹婆 Sterculia nobilis Smith

常绿乔木。

喜光，适宜排水良好肥沃的土壤。

湛江市区等地有栽培。产于华南；印度、越南及印度尼西亚有分布。

叶常绿，树形美观，不易落叶，是一种很好的行道树。种子可食。

（4）胖大海 Sterculia scahpigerum Wall

落叶乔木。

喜光，喜高温高湿气候。

湛江市区等地有栽培。原产于越南、印度、马来西亚、泰国及印尼等地。

种子用于咽疾：咽喉肿痛多因咽喉热毒，或肺热内盛。

7．可可属 Theobroma Linn.（外来引种栽培1种）

（1）可可 Theobroma cacao Linn.

常绿乔木。

喜光，喜高温高湿气候和富有机质土壤。

湛江市区等地有栽培。原产于美洲中部及南部。

世界三大饮料（还有咖啡、茶）原植物之一。

8. 蛇婆子属 Waltheria Linn. （野生 1 种）

（1）蛇婆子 Waltheria americana Linn.

亚灌木。

喜生于山野间向阳草坡上，海边和丘陵地。

雷州半岛各地有栽培。分布于北回归线以南的海边及丘陵地。

可治风湿痹证、咽喉肿痛、湿热带下、痈肿瘰疬。

A131. 木棉科 Bombacaceae （引种栽培 4 属 5 种）

1. 木棉属 Bombax Linn. （外来引种栽培 1 种）

（1）木棉 Bombax malabaricum DC.

落叶乔木。

喜光，喜温暖气候，耐旱；深根性，抗风，抗大气污染，速生。

雷州半岛广泛栽培，有逸生。现广泛栽培于世界各热带地区。

优良观赏树种。花可供蔬食，入药清热除湿，能治肠炎、胃痛。

2. 吉贝属 Ceiba Mill. （外来引种栽培 2 种）

（1）爪哇木棉 Ceiba pentandra （Linn.）Gaertn.

落叶乔木。

喜光，不耐寒，喜温暖湿润气候及肥沃土壤，速生。

湛江市区等地有栽培。原产于美洲热带；热带地区普遍栽培。

观赏树种。

（2）美丽异木棉 Ceiba speciosa （A. St. – Hil.）Ravenna

落叶乔木。

强阳性，喜高温多湿气候，生长迅速，抗风，不耐旱。

雷州半岛广泛栽培。原产于南美洲，热带地区普遍栽培。

观赏与药用树种。

3. 瓜栗属 Pachira Aubl. （外来引种栽培 1 种）

（1）瓜栗 Pachira aquatica Aubl.

落叶乔木。

喜光，耐阴，喜高温多湿气候。

雷州半岛广泛栽培。原产于墨西哥等地，热带地区普遍栽培。

瓜栗株形美观，茎干叶片全年青翠，是十分流行的室内观叶植物。

4. 瓶树属 Cavanillesia L. （外来引种栽培 1 种）

（1）瓶子树 Cavanillesia arborea（Willd.）K. Schum.

乔木。

喜光，喜高温多湿气候，耐旱，不耐寒。

徐闻等地有栽培。原产于南美洲，热带地区见栽培。

观赏树种。可以为荒漠上的旅行者提供水源。

A132. 锦葵科 Malvaceae（9 属 21 种 2 变种：野生 6 属 13 种 1 变种；外来引种栽培 3 属 8 种 1 变种）

1. 黄葵属 Abelmoschus Medicus（野生 1 种）

（1）黄葵 Abelmoschus moschatus（Linn.）Medicus

亚灌木。

常生于平原、山谷、溪涧旁或山坡灌丛中。

雷州半岛各地有栽培。产于我国华南地区，分布于越南、老挝、泰国及印度等地。

2. 苘麻属 Abutilon Mil.（野生 2 种）

（1）磨盘草 Abutilon indicum（Linn.）Sweet

多年生亚灌木。

常生于低海拔地带，如平原、海边、砂地、旷野、山坡、河谷及路旁等处。

雷州半岛各地有栽培。产于我国华南及西南地区，分布于东南亚等地。

植株清热、利湿、开窍、活血；治泄泻、淋病、耳鸣耳聋、疝气、痈肿、荨麻疹。

（2）苘麻 Abutilon theophrasti Medicus

亚灌木。

常见于路旁、荒地和田野间。

雷州半岛各地有栽培。我国除青藏高原不产外均有；分布于越南、印度、日本以及欧洲、北美洲等地区。

3. 棉属 Gossypium Linn.（外来引种栽培 2 种）

（1）海岛棉 Gossypium barbadense Linn.

多年生灌木。

现今全世界各热带地区广泛栽培。

雷州半岛各地有栽培。原产于南美热带和西印度群岛。

棉花为品级较高的中长绒棉，可用以纺制中型轮胎帘子线。

（2）陆地棉 Gossypium hirsutum Linn.

一年生灌木状草本。

喜光，喜温暖湿润气候，不耐寒，不耐旱；喜排水良好的肥沃土壤。

雷州半岛有栽培。原产于墨西哥，现世界各地广泛栽培。

棉用与药用树种。

4. 木槿属 Hibiscus Linn.（野生 1 种，外来引种栽培 4 种）

（1）木芙蓉 Hibiscus mutabilis Linn.

落叶灌木或小乔木。

喜光，稍耐阴，喜温暖气候，不耐寒冷。

湛江市区等地有栽培。产于我国湖南，现黄河流域至华南均有分布。

优良观赏树种。茎皮含纤维素 39%，茎皮纤维柔韧而耐水。

（2）扶桑 Hibiscus rosa – sinensis Linn.

常绿灌木。

喜光，喜温暖湿润气候，不耐寒；喜肥沃湿润而排水良好的土壤。

雷州半岛各地有栽培。产于我国南部，现温带至热带均有栽培，栽培品种多。

优良观赏树种。根、叶、花均可入药，有清热利水、消肿之功效。

（3）吊灯花 Hibiscus schizopetalus（Mast.）Hook. F.

常绿灌木。

喜光，喜温暖至高温多湿气候，极不耐寒；耐干旱和抗大气污染。

雷州半岛各地有栽培。原产于非洲热带，我国各地常见栽培。

优良观赏树种。

（4）木槿 Hibiscus syriacus Linn.

落叶灌木。

喜光，耐半阴，喜温暖湿润气候，颇耐寒，适应性强。

湛江市区等地有栽培。原产于东亚一带，我国各地有分布。

木槿的花、果、根、叶和皮均可入药。具有防治病毒性疾病和降低胆固醇的作用。

（5）黄槿 Hibiscus tiliaceus Linn.

常绿灌木或乔木，两栖植物，属于半红树植物种类。

生于海岸潮间带，可作为护岸植物。

雷州半岛各地有栽培。产于两广、福建、海南及台湾；亚洲热带地区均有分布。

优良观赏与抗台风树种。树皮纤维供制绳索，嫩枝叶供蔬食。

5. 赛葵属 Malvastrum A. Gray（外来引种栽培 1 种）

（1）赛葵 Malvastrum coromandelianum（Linn.）Garcke

多年生亚灌木状草本。

生于旷地、干热草坡上。

雷州半岛各地有栽培。原产于美洲，现我国华南地区常见。

种子清热利湿，解毒散瘀。外用治跌打损伤、疔疮、痈肿。

6. 悬铃花属 Malvaviscus Cav.（外来引种栽培 1 种 1 变种）

（1）小悬铃花 Malvaviscus arboreus Cav.

小灌木。

喜光，喜温暖高温和湿润气候，适应性强，耐干旱，耐半阴，抗大气污染，对土质要求不高。

湛江市区等地有栽培。原产于古巴至墨西哥，世界各地有栽培。

极美丽的庭园观赏植物，常作为绿篱植物栽培。

（2）悬铃花 Malvaviscus arboreus var. penduliflorus（DC.）Schery

灌木或亚灌木。

喜光，喜温暖高温和湿润气候，适应性强，耐干旱，耐半阴，抗大气污染，对土质要求不高。

湛江市区等地有栽培。原产于美洲热带，世界各地有栽培。

悬铃花美丽而永不开展，极易栽培，为有价值的观赏植物。

7. 黄花稔属 Sida Linn.（野生6种1变种）

（1）黄花稔 Sida acuta Burm. f.

直立亚灌木状草本。

常生于山坡灌丛间、路旁或荒坡处。

雷州半岛各地有栽培。产于我国华南等地；分布于印度、越南及老挝等地。

清热利湿，排脓止痛。

（2）桤叶黄花稔 Sida alnifolia Linn.

直立或披散亚灌木。

生于旷地或疏林下。

雷州半岛各地有栽培。产于我国华南等地，分布于印度和越南。

（3）圆叶黄花稔 Sida alnifolia var. orbiculata

直立或披散亚灌木。

生于旷地或疏林下。

雷州半岛各地有栽培。产于广东。

茎皮纤维可代麻；全草入药，有疏风解热、散瘀拔毒之效。

（4）粘毛黄花稔 Sida mysorensis Wight & Arn.

直立亚灌木状草本。

生于草坡或疏林下或路旁草地。

雷州半岛各地有栽培。产于我国华南等地，分布于印度、越南及老挝等地。

植株清热解毒；活血消肿；止咳。

（5）榛叶黄花稔 Sida subcordata Span

直立亚灌木。

生于山谷疏林边、草丛或路旁。

雷州半岛各地有栽培。产于我国华南等地，分布于印度、越南及老挝等地。

（6）心叶黄花稔 Sida cordifolia Linn.

亚灌木。

生于草坡、旷地或海滨砂荒地上。

雷州半岛各地有栽培。产于我国华南及西南等地，分布于亚洲和非洲各热带地区。

（7）白背黄花稔 Sida rhombifolia Linn.

直立亚灌木。

生于旷地或疏林中或海岛荒地上。

雷州半岛各地有栽培。产于我国华南及西南等地，分布于东南亚等地。

8. 肖槿属 Thespesia Sol. ex Corr.（野生1种）

（1）杨叶肖槿 Thespesia populnea（Linn.）Sol. ex Corr.（野生1种）

常绿灌木或乔木，两栖植物，属于半红树植物种类。

生于海岸潮间带，可作为护岸植物。

雷州半岛沿海有栽培。产于两广、海南及台湾；亚洲及非洲热带也有分布。

适合作滨海地区庭园绿阴树、行道树及防护带树种。

9. 梵天花属 Urena Linn.（野生2种）

（1）肖梵天花 Urena lobata Linn.

直立亚灌木。

生于旷野或路边。

雷州半岛各地有栽培。产于长江以南各省；分布于亚洲热带及亚热带地区。

全株药用。治感冒、风湿痹痛、痢疾、泄泻、淋证。

（2）梵天花 Urena procumbens Linn.

直立亚灌木。

散生于路旁、草坡。

雷州半岛各地有栽培；产于我国华南地区。

全株药用。祛风解毒；治痢疾、疮疡、风毒流注、毒蛇咬伤。

A133. 金虎尾科 Malpighiaceae（外来引种栽培4属5种）

1. 风车藤属 Hiptage Gaertn.

（1）风车藤 Hiptage benghalensis（Linn.）Kurz

木质大藤本。

喜光，喜温暖湿润气候。

湛江市区等地有栽培。产于我国海南、广西、云南等地。

温肾益气；涩精止遗。主治肾虚阳痿、遗精、尿频、自汗盗汗。

2. 金虎尾属 Malpighia Plum. ex Linn.

（1）西印度樱桃 Malpighia glabra L.

常绿小乔木。

喜光，喜高温多湿气候，对土壤要求不高，适宜排水良好的土壤。

湛江市区等地有栽培。原产于南北美、美国中部和牙买加。

供观赏，樱桃树叶子也有温胃、止血、解毒之功能。

（2）金虎尾 Malpighia coccigera L.

直立灌木。

喜光，喜温暖湿润气候。

湛江市区等地有栽培。原产于美洲热带地区，我国华南等地有分布。

3. 金英属 Thryallis Linn.

（1）金英 Thryallis gracilis O. Kuntze

灌木。

喜光，喜温暖湿润气候。

湛江市区等地有栽培。原产于美洲热带地区。

4. 三星果属 Tristellateia Thouars

（1）蔓金虎尾 Tristellateia australasiae Kuntze

木质藤本。

喜光，喜高温高湿气候。

湛江市区等地有栽培。产于我国台湾。

A136. 大戟科 Euphorbiaceae（35 属 67 种 1 变种：野生 25 属 47 种 1 变种；外来引种栽培 10 属 20 种）

1. 铁苋菜属 Acalypha Linn.（外来引种栽培 2 种）

（1）红穗铁苋菜 Acalypha hispida Burm. F.

灌木。

喜光，喜温暖至高温湿润气候，不耐寒。

雷州半岛均有栽培。原产于太平洋岛屿。

全株可入药，根及树皮有祛痰之效，治气喘。

（2）红桑 Acalypha wilkesiana Muell. Arg.

丛生灌木。

喜光，喜温暖至高温多湿气候，日照充足，叶色艳丽，极耐干旱。

雷州半岛均有栽培。原产于东南亚，现热带地区广泛栽培观赏。

2. 山麻杆属 Alchornea Sw.（野生 2 种 1 变种）

（1）羽脉山麻杆 Alchornea rugosa（Lour.）Muell. Arg.

灌木或小乔木。

生于沿海平原或山地溪畔常绿阔叶林或次生林中。

雷州半岛各地有栽培。产于两广、海南及云南；东南亚各国及澳洲也有分布。

（2）海南山麻杆 Alchornea rugosa var. pubescens（Pax & Hoffm.）H. S. Kiu

灌木。

生于沿海平原或内陆山地矮灌丛中。

遂溪有栽培（新记录）。产于海南、广西。

（3）红背山麻杆 Alchornea trewioides（Benth.）Muell. Arg.

灌木。

生于沿海平原或内陆山地矮灌丛中或疏林下或石灰岩山灌丛中。

雷州半岛各地有栽培。产于我国华南地区；分布于泰国、越南及日本琉球群岛。

3. 石栗属 Aleurites J. R. & G. Forst（外来引种栽培 1 种）

（1）石栗 Aleurites moluccana（L.）Willd.

常绿乔木。

喜光，喜暖热气候，不耐寒；深根性，生长快。

雷州半岛各地栽培。产于我国华南等地，现广植于热带各地。

种仁含油，可作油漆等。花有异味，不宜作绿化树种。

4. 五月茶属 Antidesma Linn.（野生 3 种）

（1）五月茶 Antidesma bunius（Linn.）Spreng.

常绿乔木。

生于低海拔山地疏林中。

雷州半岛各地有栽培。产于我国华南及西南地区，分布于亚洲热带至澳洲。

叶用于解毒，治恶性梅毒。

（2）酸味子 Antidesma japonicum Sieb. & Zucc.

常绿乔木或灌木。

生于山地疏林中或山谷湿润地方。

雷州半岛各地有栽培。分布于我国长江以南各省区；日本、越南、泰国、马来西亚等地也有分布。

观赏植物。果可食，味酸。

（3）方叶五月茶 Antidesma ghaesembilla Gaertn.

常绿小乔木。

生于低海拔山地疏林中。

雷州半岛各地有栽培。产于两广、海南及云南；分布于亚洲东南部及澳洲。

5. 银柴属 Aporusa Bl.（野生 2 种）

（1）银柴 Aporusa dioica（Roxb.）Muell. Arg.

常绿小乔木。

生于海拔山地疏林中和林缘或山坡灌木丛中。

雷州半岛各地有栽培。产于两广、海南、云南等地，分布于印度、缅甸、越南和马来西亚等地。

园林绿化树种。植株清热解毒、活血祛瘀。

（2）毛银柴 Aporusa villosa（Lindl.）Baill.

常绿小乔木。

生于低海拔的山地较湿润密林中。

廉江有栽培。产于两广、海南及云南等地，分布于中南半岛至马来西亚。

6. 木奶果属 Baccaurea Lour. （野生 1 种）

（1）木奶果 Baccaurea ramilflora Lour.

常绿乔木。

生于山地林中。

廉江和徐闻等地有栽培。产于两广、海南及云南；分布于印度、缅甸、泰国、柬埔寨和马来西亚等地。

果用于肺气不降，治喘咳等症。当地称"磨荔枝"，可降食荔枝果后的火气。

7. 重阳木属 Bischpfia Bl. （野生 1 种）

（1）秋枫 Bischofia javanica Bl.

常绿或半常绿大乔木。

耐盐咸；常生于山地潮湿沟谷林中，沿海海岸和城市绿地中栽培。

雷州半岛各地有栽培。产于我国长江流域以南等地；东南亚、澳洲及日本等地也有分布。

园林与用材树种。优良绿化、材用与防护林树种。种子含油量 30%～54%。

8. 留萼木属 Blachia Baill. （野生 1 种）

（1）留萼木 Blachia pentzii（Muell. Arg.）Benth.

灌木。

生于沿海丘陵、平原或河边次生林或灌丛中、低海拔热带常绿林中。

雷州半岛各地有栽培。产于广东南部及海南；越南也有分布。

9. 黑面神属 Breynia J. R. & G. Forst. （野生 1 种）

（1）黑面神 Breynia fruticosa（Linn.）Hook. F.

灌木。

散生于山坡、平地旷野灌木丛中或林缘。

雷州半岛各地有栽培。产于我国华南及西南地区，越南也有分布。

10. 土蜜树属 Bridelia Willd. （野生 3 种）

（1）尖叶土蜜树 Bridelia balansae Tutch.

常绿乔木。

生于山地疏林或山谷密林中。

雷州半岛各地有栽培。产于我国华南及西南地区，分布于东南亚各地。

（2）小叶土蜜树 Bridelia parvifolia Kuntze

常绿乔木。

生于山地疏林或山谷密林中。

徐闻等地有栽培。产于海南及广东。

（3）土蜜树 Bridelia tomentosa Bl.

直立灌木或小乔木。

生于低海拔山地疏林中或平原灌木林中。

雷州半岛各地有栽培。产于我国华南地区；亚洲东南部经印度尼西亚、马来西亚至澳洲也有分布。

11. 白桐树属 Claoxylon A. Juss. （野生2种）

（1）海南白桐树 Claoxylon hainanense Pax & Hoffm.

灌木或小乔木。

生于低海拔平原或山地灌木林或热带季雨林中。

雷州半岛各地有栽培。产于广东及海南；越南也有分布。

（2）白桐树 Claoxylon indicum（Reinw. ex Bl.）Hassk.

灌木或小乔木。

生于低海拔平原、山谷或河谷疏林中。

雷州半岛各地有栽培。产于两广、海南及云南；东南亚和印度分也有分布。

12. 棒柄花属 Cleidion Bl. （野生1种）

（1）棒柄花 Cleidion brevipetiolatum Pax & Hoffm.

小乔木。

生于湿润常绿林中。

雷州半岛各地有栽培。产于华南、贵州、云南；越南北部也有分布。

树皮治感冒、急性黄疸型肝炎、疟疾、尿道炎。

13. 闭花木属 Cleistanthus Hook. f. ex Planch. （野生1种）

（1）闭花木 Cleistanthus sumatranus（Miq.）Muell. Arg.

常绿乔木。

生于低海拔山地密林中，较耐阴。

雷州半岛各地有栽培。产于两广、海南及云南；分布于亚洲东南部各地。

种子出油率达35%，为不干性油，可供点灯、制皂用。

14. 变叶木属 Codiaeum Rumph. ex A. Juss. （外来引种栽培1种）

（1）变叶木 Codiaeum variegatum（Linn.）A. Juss.

常绿灌木。

喜光，喜温暖湿润气候，不耐霜冻，光线越足，色彩越鲜艳。

雷州半岛各地有栽培，栽培品种繁多。产于澳洲、印度和马来西亚。

观叶植物。

15. 巴豆属 Croton Linn. （野生1种）

（1）鸡骨香 Croton crassifolius Geisel.

矮灌木。

生于干旱山坡或稀疏灌木林中或林下、草坡中。

雷州半岛各地有栽培。产于两广、福建及海南等地；越南、老挝、泰国也有分布。

根入药治胃痛、胃肠气胀、风湿痹痛、跌打损伤、蛇咬伤。

16. 核果木属 Drypetes Vahl （野生1种）

（1）网脉核果木 Drypetes perreticulata Gagnep.

乔木。

生于低海拔山地林中。

雷州半岛各地有栽培。产于两广、海南、贵州及云南;越南、泰国也有分布。

17. 黄桐属 Endospermum Benth. (野生 1 种)

(1) 黄桐 Endospermum chinense Benth.

乔木。

生于低海拔的山地或平原阔叶常绿林中。

雷州半岛各地有栽培。产于两广、海南、贵州及云南;印度东北部、缅甸、泰国、越南也有分布。

根主治手足浮肿,头发脱落。

18. 海漆属 Excoecaria Linn. (野生 1 种;外来引种栽培 1 种)

(1) 海漆 Excoecaria agallocha Linn.

常绿乔木,红树林树种。

生长于海岸潮间带。

雷州半岛海岸常见。产于两广、海南及台湾等地;亚洲东南部及大洋洲等地均有分布。

护岸绿化树种;植株具乳汁有毒,可供药用。

(2) 红背桂花 Excoecaria cochinchinensis Lour.

常绿灌木。

喜光,耐半阴。

雷州半岛广泛栽培。原产于两广及越南,我国南方普遍栽培。

观叶植物。

19. 大戟属 Euphorbia Linn. (外来引种栽培 6 种)

(1) 金刚纂 Euphorbia antiquorum Linn.

常绿灌木。

喜温暖干燥和阳光充足环境。

湛江市区等地有栽培。原产于印度。

全株祛风解毒,杀虫止痒;主治疮疡肿毒、牛皮癣。

(2) 紫锦木 Euphorbia cotinifolia Linn.

灌木。

喜阳光充足、温暖、湿润的环境。要求土壤疏松、肥沃、排水良好。

湛江市区等地有栽培。原产于非洲热带,我国南方有分布。

为优良的园林景观植物,叶片极其美丽,可露地栽培或盆栽。

(3) 铁海棠 Euphorbia milii Desmoul.

多刺常绿灌木。

喜温暖、湿润气候和阳光充足、腐叶土壤。

雷州半岛广泛栽培。原产于马达加斯加,世界各地广泛栽培。

盆栽观赏、作刺篱等。

（4）火殃簕 Euphorbia neriifolia Linn.

肉质灌木状小乔木。

喜温暖，稍耐阴，耐高温，较耐旱，不耐寒。

雷州半岛广泛栽培。原产于马达加斯加，世界各地广泛栽培。

全株入药，有散瘀消炎、清热解毒之效。

（5）一品红 Euphorbia pulcherrima Willd.

常绿灌木。

喜光，在阳光充足之处生长更旺，叶状苞片也更红；喜肥沃土壤。

湛江市区等地有栽培。品种繁多。原产于中美洲和墨西哥。

圣诞花，为圣诞节节日花卉庆典展示的最主要种类之一。

（6）绿玉树 Euphorbia tirucalli Linn.

小乔木，旱生树种。

广泛栽培于热带和亚热带。

雷州半岛各地有栽培；原产于非洲东部（安哥拉）。

全草药用，性凉，味辛、微酸。

20. 算盘子属 Glochidion J. R. & G. Forst. （野生 6 种）

（1）毛果算盘子 Glochidion eriocarpum Champ. ex Benth.

灌木。

生于山坡、山谷灌木丛中或林缘。

雷州半岛各地有栽培。产于我国华南及西南地区，越南也有分布。

（2）厚叶算盘子 Glochidion hirsutum （Roxb.）Voigt

灌木。

生于山地林下或河边、沼地灌木丛中。

雷州半岛各地有栽培。产于我国华南及西南等地，印度也有分布。

（3）香港算盘子 Glochidion hongkongense Muell. Arg.

灌木。

生于低海拔的山谷或山地疏林中。

雷州半岛各地有栽培。产于华南及云南等地；分布于印度东部、斯里兰卡、越南、日本、印度尼西亚等。

（4）艾胶算盘子 Glochidion lanceolarium （Roxb.）Voigt.

常绿灌木。

生于山地疏林中或溪旁灌木丛中。

雷州半岛各地有栽培。产于两广、福建、海南、云南和东南亚等地。

（5）算盘子 Glochidion puberum （Linn.）Hutch.

灌木。

生于低海拔的山地疏林、灌丛中，为酸性土山地的常绿灌木。

雷州半岛各地有栽培。产于长江流域以南及西南等地。

（6）白背算盘子 Glochidion wrightii Benth.

灌木。

生于低海拔的山坡疏林或灌丛中。

雷州半岛有栽培；产于华南及西南地区。

21．橡胶属 Hevea Aubl.（外来引种栽培1种）

（1）橡胶树 Hevea brasiliensis（Willd. ex A. Juss.）Muell. Arg

常绿乔木。

喜光，喜高温高湿和肥沃土壤环境。

雷州、徐闻等地有栽培。原产于巴西等地；现热带地区广泛引种。

树可产橡胶，用于橡胶工业。

22．麻疯树属 Jatropha Linn.（外来引种栽培3种）

（1）麻疯树 Jatropha curcas Linn.

落叶乔木。

喜光，喜温暖湿润气候，在微酸性、中性及微碱性土上均能生长。

雷州半岛各地有栽培与逸生。产于长江流域及以南地区、越南。

种子含油量高，油供工业或医药用，有大面积栽培为石油林。

（2）子弹枫 Jatropha gossypiifolia Linn.

灌木。

喜光，喜温暖湿润气候。

湛江市区、廉江、遂溪等地栽培，有逸生。原产于美洲。

庭园常见的观赏花卉。

（3）琴叶珊瑚 Jatropha pandurifolia Andrews

落叶乔木。

喜光，稍耐半荫。

雷州半岛有栽培。原产于西印度群岛；我国南方常见栽培。

庭园常见的观赏花卉。

23．白茶树属 Koilodepas Hassk.（野生1种）

（1）白茶树 Koilodepas bainanense（Merr.）Airy Shaw

乔木或灌木。

生于常绿林或疏林中。

廉江有栽培。产于海南；越南北部也有分布。

24．野桐属 Mallotus Lour.（野生6种）

（1）白背叶 Mallotus apelta（Lour.）Müll. Arg.

灌木或小乔木。

生于山坡或山谷灌丛中。

雷州半岛各地有栽培。产于我国华南及西南地区、越南。

（2）粗毛野桐 Mallotus hookerianus (Seem.) Muell.

灌木或小乔木。

生于山地林中或林缘。

雷州半岛各地有栽培。产于两广及海南；越南也有分布。

（3）山苦茶 Mallotus oblongifolius (Miq.) Muell. Arg.

灌木。

生于山坡灌丛或山谷疏林中或林缘。

雷州半岛各地有栽培。产于亚洲东南部。

（4）白楸 Mallotus paniculatus (Lam.) Muell. Arg.

灌木或小乔木。

生于林缘或灌丛中。

雷州半岛各地有栽培。产于亚洲东南部。

（5）粗糠柴 Mallotus philippensis (Lam.) Muell. Arg.

常绿小乔木。

生于低海拔山地林中或林缘。

雷州半岛各地有栽培。产于亚洲南部和东南部、大洋洲热带区。

园林绿化树种。根入药清热利湿，用于急、慢性痢疾，咽喉肿痛。

（6）石岩枫 Mallotus repandus (Rottl.) Muell. Arg.

攀缘状灌木。

生于山地疏林中或林缘。

雷州半岛各地有栽培。产于亚洲东南部和南部各国。

25. 木薯属 Manihot Mill.（外来引种栽培2种）

（1）木薯 Manihot esculenta Crantz

直立灌木。

现全世界热带地区广泛栽培，偶有逸为野生。

雷州半岛各地有栽培。原产巴西。

用于痈疽疮疡、瘀肿疼痛、跌打损伤、外伤肿痛、疥疮、顽癣等。

（2）木薯胶 Manihot glaziovii Muell. Arg.

乔木或灌木。

喜光，稍耐半阴，喜高温高湿环境。

徐闻等地有栽培。原产于巴西，现世界热带地区有栽培。

26. 小盘木属 Microdesmis Hook. f. ex Hook.（野生1种）

（1）小盘木 Microdesmis casearifolia Planch.

灌木或乔木。

生于山谷、山坡密林下或灌木丛中。

雷州半岛各地有栽培。产于两广、海南及云南；中南半岛、马来半岛、菲律宾及印度尼西亚也有分布。

27．红雀珊瑚属 Pedilanthus Neck.（外来引种栽培 2 种）

（1）阔叶红雀珊瑚 Pedilanthus latifolius Millsp. & Britton

亚灌木。

喜温暖，适生于阳光充足而不太强烈且通风良好之地。

湛江市区等地有栽培。原产于美洲，现广泛栽植于热带地区。

（2）红雀珊瑚 Pedilanthus tithymaloides（Linn.）Poit.

亚灌木。

喜温暖，适生于阳光充足而不太强烈且通风良好之地。

雷州半岛各地有栽培。原产于中美洲西印度群岛。

28．叶下珠属 Phyllanthus Linn.（野生 4 种）

（1）越南叶下珠 Phyllanthus cochinchinensis Spreng.

攀援小灌木。

生于旷野、山坡灌丛、山谷疏林下或林缘。

雷州半岛各地有栽培。产于华南及西南地区，分布于印度、越南、柬埔寨和老挝等。

（2）余甘子 Phyllanthus emblica Linn.

乔木。

生于低海拔山地疏林、灌丛、荒地或山沟向阳处。

雷州半岛各地有栽培。产于我国华南及西南等地，分布于印度、斯里兰卡、中南半岛、印度尼西亚、马来西亚和菲律宾等。

野生果树。果实清热凉血，消食健胃，生津止咳，可治血热血瘀。

（3）龙眼 Phyllanthus reticulatus Poir.

落叶灌木。

生于低海拔山地林下或灌木丛中。

雷州半岛各地有栽培。产于我国华南及西南地区；广布于热带西非至印度、斯里兰卡、中南半岛、印度尼西亚、菲律宾、马来西亚和澳大利亚。

（4）红毛叶下珠 Phyllanthus ruber（Lour.）Spreng.

小灌木。

生于山地疏林下或山谷向阳处。

徐闻有栽培。产于海南及广东徐闻。

29．蓖麻属 Ricinus Linn.（外来引种栽培 1 种）

（1）蓖麻 Ricinus communis Linn.

多年生亚灌木。

现世界各地均有，呈逸生状态。

雷州半岛有栽培，有逸生。可能原产于非洲东北部。

全株可入药，有祛湿通络、消肿、拔毒之效。

30．守宫木属 Sauropus Bl.（外来引种栽培 1 种）

（1）树仔菜 Sauropus androgynus Merr.

灌木。

喜高温多雨潮湿气候，对土壤要求不高。

湛江市区等地有栽培。原产于海南，我国南方见栽培。

31. 乌桕属 Sapium Jacq.（野生 2 种）

（1）山乌桕 Sapium discolor（Champ. ex Benth.）Muell. Arg.

落叶灌木或乔木。

生于山谷或山坡混交林中。

雷州半岛各地有栽培。产于长江以南各省；印度和东南亚也有分布。

优良绿化和材用树种。根皮及叶药用，治便秘等。

（2）乌桕 Sapium sebiferum（L.）Roxb.

落叶乔木。

生于旷野、塘边或疏林中。

雷州半岛各地有栽培。主要分布于黄河以南各省区，印度、日本及越南也有。

果杀虫，解毒、利尿、通便。

32. 地杨桃属 Sebastiania Spreng.（野生 1 种）

（1）地杨桃 Sebastiania chamaelea（Linn.）Muell. Arg.

多年生亚灌木。

生于海滨砂地、草坡、河岸荒坡和海岛旷地。

雷州半岛各地有栽培。产于两广、海南；分布于亚洲东南部及南部各地。

33. 白饭树属 Securinega Comm. ex Juss.（野生 1 种）

（1）白饭树 Securinega virosa（Roxb. ex Willd.）Baill.

落叶灌木。

生于山地灌木丛中。

雷州半岛各地有栽培。产于华东、华南及西南各省区；广布于非洲、大洋洲和亚洲的东部及东南部。

全株供药用，可治风湿关节炎、湿疹、脓泡疮等。

34. 白树属 Suregada Roxb. ex Rottl.（野生 1 种）

（1）白树 Suregada glomerulata（Bl.）Baill.

灌木或乔木。

生于灌木丛中。

雷州半岛各地有栽培。产于两广、海南及云南、亚洲东南部、大洋洲。

35. 油桐属 Vernicia Lour.（野生 2 种）

（1）油桐 Vernicia fordii（Hemsl.）Airy Shaw

落叶乔木。

喜光，喜温暖湿润气候，不耐寒；喜土壤深厚、肥沃而排水良好，不耐水湿和干瘠，在微酸性、中性及微碱性土上均能生长。

廉江等地。产于长江流域及以南地区、越南。

特种经济树种。

（2）木油桐 Vernicia montana Lour.

落叶乔木。

生于疏林中。

廉江等地有栽培。产于我国华南及西南等地；越南、泰国、缅甸也有分布。

特种经济树种。

A136a. **交让木科** Daphniphyllaceae（野生 1 属 1 种）

1. 交让木属 Daphniphyllum Bl.

（1）虎皮楠 Daphniphyllum oldhami（Hemsl.）Rosenth.

灌木或小乔木。

生于阔叶林中。

廉江等地有栽培。产于长江以南各省区；朝鲜和日本也有分布。

果实清热解毒、活血散瘀。

A139. **鼠刺科** Escalloniaceae（野生 1 属 1 种）

1. 鼠刺属 Itea Linn.

（1）矩形叶鼠刺 Itea chinensis Hook. & Arn. var. oblonga（Hand. – Mazz.）C. Y. Wu

常绿灌木。

生于山坡杂木林中。

廉江等地有栽培。产于华南及西南地区。

果实止咳润肺。

A142. **绣球科** Hydrangeaceae（2 属 2 种：野生 1 属 1 种；外来引种栽培 1 属 1 种）

1. 绣球属 Hydrangea Linn.（外来引种栽培 1 种）

（1）绣球 Hydrangea macrophylla f. Hortensia（Smith）Wilson.

常绿灌木。

喜温湿和半阴环境，不甚耐寒，以沙壤土为佳。

湛江市区等地有栽培。产于山东、长江流域及以南；日本和朝鲜也有分布。

优良观赏树种。花和叶含八仙花苷，清热抗疟，也可治心脏病。

2. 冠盖藤属 Pileostegia Hook. f. & Thoms.（野生 1 种）

（1）星毛冠盖藤 Pileostegia tomentella Hand.

常绿攀援灌木。

生于山谷次生雨林中。

雷州等地有栽培。产于华南地区。

A143. 蔷薇科 Rosaceae（7 属 17 种：野生 5 属 8 种；外来引种栽培 4 属 10 种）

1. 枇杷属 Eriobotrya Lindl.（外来引种栽培 1 种）

（1）枇杷 Eriobotrya japonica（Thunb.）Lindl.

常绿乔木。

喜光，稍耐阴，喜温暖气候及肥沃湿润而排水良好的土壤，不耐寒。

雷州半岛各地均有栽培。产于我国四川、湖北，南方广为栽培。

观赏绿化（除尘）树种与著名果树。果实有润肺、止咳的功效。

2. 樱桃属 Prunus Linn.（野生 1 种；外来引种栽培 4 种）

（1）杏 Prunus armeniaca Linn.

落叶乔木。

喜光，喜肥沃而排水良好的土壤。

湛江市区等地有栽培。广布于东亚及中亚，现各地常见栽培。

著名果树。果实止渴生津，清热去毒，主治咳逆上气等症。

（2）梅 Prunus mume Sieb. & Zucc.

落叶乔木。

喜光，喜肥沃而排水良好的土壤。

湛江、吴川等地有栽培。原产于我国西南地区，现世界各地有栽培。

著名观赏树种与果树。

（3）桃 Prunus persica（Linn.）Batsch

落叶小乔木。

喜光，耐旱，喜肥沃而排水良好的土壤，不耐水湿。

雷州半岛各地均有栽培，栽培品种多。原产于我国，现世界各地有栽培。

著名观赏树种与果树。

（4）腺叶桂樱 Prunus phaeosticta（Hance）Maxim.

常绿小乔木。

生于低海拔至中海拔山地林中。

廉江、遂溪等地有栽培。产于华南及西南等地；印度、缅甸、孟加拉、泰国和越南也有分布。

观赏树种。

（5）李 Prunus salicina Lindl.

落叶乔木。

喜光，也耐半阴，喜肥沃土壤，不耐水湿，有一定的耐寒力。

湛江市区等地有栽培。我国东北、华北、华东、华中均有分布。

著名果树。

3. 梨属 Pyrus Linn.（外来引种栽培 2 种）

（1）豆梨 Pyrus calleryana Decne.

落叶乔木。

喜光，耐寒、耐旱。

湛江市区等地有栽培。产于华中、华南等地，现我国各地有栽培。

梨叶捣汁服，解菌毒。

（2）梨 Pyrus pyrifolia（Burm. F.）Nakai

落叶乔木。

喜光、喜温和砂质土壤，耐寒、耐旱、耐涝、耐盐碱。

湛江市区等地有栽培。原产于我国西南地区，现世界各地有栽培。

4. 臀果木属 Pygeum Gaertn.（野生1种）

（1）臀果木 Pygeum topengii Merr.

攀援灌木。

生于山野间，常见于山谷、路边、溪旁或疏密林内及林缘。

雷州半岛各地有栽培。产于两广、福建、海南、云南及贵州。

5. 石斑木属 Rhaphiolepis Lindl.（野生1种）

（1）石斑木 Rhaphiolepis indica（Linn.）Lindl.

常绿灌木。

生于山坡、路边或溪边灌木林中。

雷州半岛各地有栽培。产于华南及西南等地；日本、老挝、越南、泰国及柬埔寨等地有分布。

根治足踝关节陈伤作痛，跌打损伤。

6. 蔷薇属 Rosa Linn.（野生2种；外来引种栽培2种）

（1）月季花 Rosa chinensis Jacq.

常绿或半常绿直立灌木。

对环境适应性颇强，对土壤要求不高。

雷州半岛各地均有栽培，品种繁多。产于我国长江以南各省区。

活血调经、疏肝解郁、消肿解毒。

（2）小果蔷薇 Rosa cymosa Tratt.

攀援灌木。

生于低海拔山地、丘陵的林中或灌丛中。

雷州半岛各地有栽培。产于长江以南各省。

根祛风除湿、收敛固脱。观赏植物。

（3）金樱子 Rosa laevigata Michx.

攀援灌木。

生于低海拔至中海拔山地、丘陵、平地的林中或灌丛中。

雷州半岛各地有栽培。产于长江流域以南各省。

金樱子果实具有补肾固精和止泻的功能，主治高血压、久咳等。

（4）玫瑰 Rose rugosa Thunb.

落叶直立丛生灌木。

喜阳光充足、凉爽而通风及排水良好之处，耐寒，耐旱，不耐积水，对土壤要求不高，在阴处生长不良，开花稀少。

雷州半岛各地均有栽培，品种繁多。原产于我国北部，现各地普遍栽培。

观赏。玫瑰初开的花朵及根可入药，有理气、活血、收敛等作用。

7. 悬钩子属 Rubus Linn.（野生 3 种）

（1）粗叶悬钩子 Rubus alceaefolius Poir.

攀援灌木。

生于山地、丘陵、平地的林中或灌丛。

雷州半岛各地有栽培。产于我国华南及西南地区；缅甸、东南亚、印度尼西亚、菲律宾、日本也有分布。

根和叶入药，有活血去瘀、清热止血之效。

（2）越南悬钩子 Rubus cochinchinensis Tratt.

攀援灌木。

在低海拔至中海拔灌木林中常见。

雷州半岛各地有栽培。产于两广及海南；亚洲东南部国家也有分布。

根有散瘀活血、祛风湿之效。

（3）茅莓 Rubus parvifolius L.

攀援灌木。

生于山坡杂木林下、向阳山谷、路旁或荒野。

雷州半岛各地有栽培。我国除西藏、青海及新疆外均有分布。

果实酸甜多汁，可供食用、酿酒及制醋等；全株入药。

A146. **含羞草科** Mimosaceae（9 属 17 种 1 变种：野生 3 属 4 种 1 变种；外来引种栽

1. 金合欢属 Acacia Mill.（外来引种栽培 4 种）

（1）大叶相思 Acacia auriculiformis A.

常绿乔木。

栽为行道树或栽于山坡疏林中及路旁。

雷州半岛各地栽培，有逸生。原产于澳洲北部及新西兰。

防风及造林树木。

（2）台湾相思 Acacia confusa Merr.

常绿乔木。

栽为行道树或栽于山坡疏林中及路旁。

雷州半岛各地有栽培。产于我国台湾、福建、广东、广西、云南等地；菲律宾、印度尼西亚、斐济亦有分布。

园林绿化、荒山绿化的先锋树种。

（3）绢毛相思 Acacia holosericea G. Don

乔木。

栽为行道树或山坡疏林中及路旁。

雷州半岛各地栽培，有逸生。原产于澳洲。

（4）马占相思 Acacia maginum Willd.

常绿乔木。

栽为行道树或山坡疏林中及路旁。

雷州半岛各地栽培，有逸生。原产于澳洲、巴布亚新几内亚和印度尼西亚。

是兼用材、薪材、纸材、饲料和改土于一身的树种。

2. 海红豆属 Adenanthera Linn.（野生 1 变种）

（1）海红豆 Adenanthera pavonina var. microsperma（Teijsm. & Binn.）Nielsen

落叶乔木。

多生于山沟、溪边、林中或栽培于园庭。

雷州半岛各地。产于云南、贵州、华南、福建和台湾；东南亚也有分布。

根有催吐、泻下作用；叶则有收敛作用，可用于止泻。

3. 合欢属 Albizia Durazz.（野生 2 种；外来引种栽培 3 种）

（1）南洋楹 Albizia falcataria（L.）Fosberg

常绿大乔木。

喜暖热多雨及肥沃湿润土壤，在干旱瘠薄、粘重土壤及低洼积水地生长不良；不抗风，老树易受寄生植物的侵害。

湛江市区等地有栽培。原产于印度尼西亚马鲁古群岛。

优良园林与速生造林树种。

（2）楹树 Albizia chinensis（Osbeck）Merr.

常绿乔木。

喜高温多湿气候；对土壤要求不高。

廉江、徐闻等地有栽培。产于福建、湖南、广东、广西、云南、西藏；南亚至东南亚亦有分布。

优良园林树种。

（3）天香藤 Albizia corniculata（Lour.）Druce

攀援灌木。

生于旷野或山地疏林中，常攀附于树上。

雷州半岛各地有栽培。产于两广、海南及福建；越南、老挝及柬埔寨亦有分布。

（4）合欢 Albizia julibrissin Durazz

落叶乔木。

喜光，喜温暖气候，有一定的耐寒能力。

湛江市区等地有栽培。产于亚洲及非洲的温带和热带地区。

优良园林树种。

（5）阔荚合欢 Albizia lebbeck（L.）Benth.

落叶乔木。

喜光，喜高温高湿气候；适生于排水良好的肥沃壤土，耐瘠薄，不耐寒冷；生长迅速，抗风。

湛江市区等地有栽培，有逸生。原产于热带非洲。

4. 猴耳环属 Archidendron F. V. Muell（野生 2 种）

（1）猴耳环 Archidendron clypearia（Jack）Nielsen

常绿小乔木。

生于疏林或密林中或林缘灌木丛中。

雷州半岛各地有栽培。产于我国华南、云南等地；热带亚洲广布。

园林与药用树种。

（2）亮叶猴耳环 Archidendron lucidum（Benth.）Nielsen

常绿小乔木。

生于疏林或密林中或林缘灌木丛中。

雷州半岛各地有栽培。产于华南及西南地区；印度和越南亦有分布。

园林与药用树种。

5. 朱缨花属 Calliandra Benth.（外来引种栽培 1 种）

（1）朱缨花 Calliandra haematocephala Hassk.

常绿灌木。

喜温暖湿润气候，喜光，稍耐荫蔽；耐盐碱。

雷州半岛广泛栽培。原产于毛里求斯；现热带、亚热带广泛栽培。

优良观赏花卉。根皮水煎服可治消化不良；花芽、嫩叶和幼果可食。

6. 银合欢属 Leucaena Benth.（外来引种栽培 1 种）

（1）银合欢 Leucaena leucocephala（Lam.）de Wit

落叶灌木或小乔木。

生于低海拔的荒地或疏林中。

雷州半岛各地栽培，有逸生。原产于热带美洲；现广布于各热带地区。

银合欢的花、果、皮均可入药，有消痛排脓、收敛止血功能。

7. 含羞草属 Mimosa Linn.（外来引种栽培 2 种）

（1）巴西含羞草 Mimosa diplotrica Sauvalle

直立、亚灌木状草本。

栽培或逸生于旷野、荒地。

雷州半岛各地逸生。原产于巴西。

强入侵性植物。

（2）光荚含羞草 Mimosa spiaria Benth.

落叶灌木。

栽培或逸生于旷野、荒地、疏林中。

雷州半岛各地有栽培。原产于热带美洲。

8. 牛蹄豆属 Pithecellobium Mart. （外来引种栽培 1 种）

（1）牛蹄豆 Pithecellobium dulce（Roxb.）Benth.

常绿乔木。

喜光，喜高温湿润气候；耐热、耐旱、耐瘠、耐碱、抗风、抗污染。

湛江市区等地有栽培。原产于中美洲；现广布于热带干旱地区。

枝叶浓密，适作遮阴树、行道树、园景树。幼树可作绿篱树。

9. 雨树属 Samanea Merr. （外来引种栽培 1 种）

（1）雨树 Samanea saman（Jacq.）Merr.

无刺落叶大乔木。

喜光，喜高温高湿气候，忌积水。

湛江市区等地有栽培。原产于热带美洲；现广植于全世界热带地区。

幼树木材松软，老树材质坚硬，可做车轮。

A147. 苏木科 Caesalpiniaceae（11 属 24 种 1 变种：野生 3 属 6 种；外来引种栽培 10 属 17 种 1 变种）

1. 缅茄属 Afzelia Smith （野生 1 种）

（1）缅茄 Afzelia xylocarpa（Kurz）Craib

常绿大乔木。

喜光，喜温暖湿润气候；喜排水良好的肥沃土壤。

徐闻等地有栽培。产于广东（茂名、高州、徐闻）、海南、广西合浦、南宁、云南南部石屏和西双版纳等地均有种植；东南亚也有分布。

2. 羊蹄甲属 Bauhinia Linn. （野生 1 种；外来引种栽培 4 种 1 变种）

（1）红花羊蹄甲 Bauhinia blakeana Dunn

常绿乔木。

喜光，喜温暖至高温湿润气候，抗大气污染。

雷州半岛常见栽培。原产于香港；现热带地区广为栽培。

优良观赏园林树种。树皮、花、根入药。木材坚硬，适于精木工。

（2）龙须藤 Bauhinia championi Benth.

藤本。

生于低海拔至中海拔的丘陵灌丛或山地疏林和密林中。

雷州半岛各地有栽培。产于浙江、台湾、福建、两广、海南、江西、湖南、湖北和贵州；印度、越南和印度尼西亚有分布。

（3）首冠藤 Bauhinia corymbosa Roxb.

常绿木质藤本。

喜温暖湿润气候，喜阳，在排水良好的酸性砂壤土生长良好。

雷州半岛常见栽培。原产于广东和海南，华南地区广为栽培。

园林绿化树种。

（4）羊蹄甲 Bauhinia purpurea Linn.

常绿乔木。

喜光，喜肥沃湿润的酸性土，耐水湿，但不耐干旱。

雷州半岛常见栽培。产于我国华南、中南半岛、马来半岛、印度、斯里兰卡。

优良观赏园林树种。树、树皮、花和根供药用，为烫伤及脓疮的洗涤剂；嫩叶汁液或粉末可治咳嗽。

（5）洋紫荆 Bauhinia variegata Linn.

半常绿乔木。

喜光，喜温暖至高温湿润气候，适应性强，耐寒，耐干旱贫瘠。

雷州半岛常见栽培。产于华南、印度、越南。

优良观赏园林树种。

（6）白花洋紫荆 Bauhinia variegata Linn. var. cardida（Roxb.）Voigt

常绿乔木。

喜温暖湿润气候，喜阳，在排水良好的酸性砂壤土生长良好。

雷州半岛常见栽培。原产于广东、印度；现热带地区广为栽培。

优良观赏园林树种。根入药止血、健脾。

3. 云实属 Caesalpinia Linn.（野生 4 种；外来引种栽培 1 种）

（1）刺果苏木 Caesalpinia bonduc（Linn.）Roxb.

有刺藤本。

生于海边灌丛中。

雷州半岛各地有栽培。产于两广、海南及台湾；世界热带地区均有分布。

（2）华南云实 Caesalpinia crista Linn.

木质藤本。

生于低海拔山地林中。

雷州半岛各地有栽培。产于我国华南和西南；亚洲东南部国家均有分布。

（3）喙荚云实 Caesalpinia minax Hance

有刺藤本。

生于山沟、溪旁或灌丛中。

雷州半岛各地有栽培。产于两广、海南、云南及贵州、四川。

种子入药，名石莲子，性寒无毒，开胃进食，清心介烦，除湿去热，治哕逆不止、淋浊。

（4）洋金凤 Caesalpinia pulcherrima（Linn.）Sw.

半落叶灌木。

喜光，喜高温湿润气候；不抗风，不耐干旱，不耐阴，不耐寒。

雷州半岛广为栽培；原产于西印度群岛；现热带地区广为栽培。

（5）春云实 Caesalpinia vernalis Champ.

有刺藤本。

生于山沟湿润的砂土上或岩石旁。

雷州半岛各地有栽培。产于广东、福建南部和浙江南部。

4. 决明属 Cassia Linn.（外来引种栽培 5 种）

（1）翅荚决明 Cassia alata Linn.

直立灌木。

生于疏林、较干旱的山坡上或水边。

雷州半岛各地有栽培，有逸生。原产于美洲热带地区。

药用植物，作缓泻剂，种子有驱蛔虫之效。

（2）腊肠树 Cassia fistula Linn.

落叶乔木。

喜光，忌荫蔽，喜高温多湿气候，不耐干旱，不甚耐寒。

湛江市区等地有栽培。原产于印度、斯里兰卡及缅甸。

树皮含单宁，可做红色染料。

（3）望江南 Cassia occidentalis Linn.

直立、少分枝的亚灌木或灌木。

常生于河边滩地、旷野或丘陵的灌木林或疏林中，也是村边荒地习见植物。

雷州半岛各地有栽培，有逸生。原产于美洲热带地区。

（4）铁刀木 Cassia siamea Lam.

常绿乔木。

喜光，喜温暖湿润气候；生长快、易移植。

湛江、徐闻等地栽培，有逸生。产于云南；印度、缅甸、泰国有分布。

优良园林与材用树种。本种在我国栽培历史悠久，木材坚硬致密。

（5）黄槐决明 Cassia surattensis Burm. F.

常绿灌木。

喜光，喜温暖湿润气候，适应性强。

湛江市区等地有栽培。原产于印度、斯里兰卡及缅甸。

本种常作绿篱和庭园观赏植物。

5. 紫荆属 Cercis L.（外来引种栽培 1 种）

（1）紫荆 Cercis chinensis Bunge

落叶灌木。

喜光，有一定的耐寒性；喜肥沃、排水良好土壤。

湛江市区等地有栽培。产于黄河流域以南。

树皮可入药，有清热解毒、活血行气之效。

6. 凤凰木属 Delonix Raf.（外来引种栽培 1 种）

（1）凤凰木 Delonix regia（Hook.）Raf.

落叶乔木。

喜光，不耐寒；生长迅速，根系发达，耐烟尘差。

雷州半岛广为栽培。原产于马达加斯加岛及非洲热带。

著名的热带观赏树种。

7. 格木属 Erythrophleum R. Br.（外来引种栽培 1 种）

（1）格木 Erythrophleum fordii Oliver

常绿大乔木。

喜光，喜温暖湿润气候；喜排水良好的肥沃酸性土壤。

湛江市区等地栽培。产于华南、浙江和台湾；越南也有分布。

珍贵用材树种。

8. 皂荚属 Gleditsia Linn.（外来引种栽培 1 种）

（1）华南皂荚 Gleditsia fera（Lour.）Merr.

常绿乔木。

喜光，喜温暖湿润气候。

湛江市区等地有栽培。产于江西、湖南、福建、台湾、广东和广西；越南（西贡）也有分布。

荚果含皂素，煎出的汁可代肥皂用以洗涤。果又可作杀虫药。

9. 仪花属 Lysidice Hance（外来引种栽培 1 种）

（1）仪花 Lysidice rhodostegia Hance

常绿乔木。

喜光，喜高温湿润气候；喜排水良好的肥沃土壤。

湛江市区等地有栽培。产于云南、贵州、广西、广东等地。

根、茎、叶药用，有散瘀消肿之效。

10. 油楠属 Sindora Miq.（外来引种栽培 1 种）

（1）东京油楠 Sindora tonkinensis A. Cheval ex K. & S. S. Larsen

常绿乔木。

喜光，有一定的耐寒性；喜肥沃、排水良好的土壤。

湛江市区等地有栽培。分布于中南半岛等地。

树干木质部含有丰富的淡棕色可燃油质液体，气味清香，过滤后可直接供柴油机使用，因此，被称为"柴油树"；属于濒危植物。

11. 酸豆属 Tamarindus Linn.（外来引种栽培 1 种）

（1）酸豆 Tamarindus indica Linn.

常绿乔木。

喜光，喜高温湿润气候；喜排水良好的肥沃土壤。

雷州半岛有栽培。原产于非洲热带；现广布于热带地区。

叶、果肉可治牙痛、口舌生疮、腹痛、腹泻、蛇虫狗咬伤。

A148. 蝶形花科 Papilionaceae（**22 属 44 种 1 变种：野生 17 属 34 种 1 变种；外来引种栽培 7 属 10 种**）

1．相思子属 Abrus Adans.（野生 2 种）

（1）广州相思子 Abrus cantoniensis Hance

木质小藤本。

生于低海拔山坡草丛中或小灌木林中。

雷州半岛各地有栽培。产于湖南、两广；泰国也有分布。

常根全株及种子均供药用，可清热利湿，用于急慢性肝炎及乳腺炎。

（2）毛相思子 Abrus mollis Hance

藤本。

生于山谷、路旁疏林、灌丛中。

雷州半岛各地有栽培。产于两广、海南及福建；中南半岛也有分布。

根清热解毒、祛风除湿、健胃消积。

2．藤槐属 Bowringia Champ. ex Benth.（野生 1 种）

（1）藤槐 Bowringgia callicarpa Champ. ex Benth.

攀援灌木。

生于低海拔山谷林中或河溪旁。

雷州半岛各地有栽培。产于福建、两广及海南；越南也有分布。

清热凉血。可治血热妄行所致的吐血、衄血等症。

3．木豆属 Cajanus DC.（外来引种栽培 1 种）

（1）木豆 Cajanus cajan（Linn.）Millsp.

直立灌木。

生于山地、丘陵的灌丛中，极耐瘠薄干旱。

雷州半岛各地有栽培，有逸生。原产于印度。

粮食作物。

4．刀豆属 Canavalia DC.（野生 1 种）

（1）海刀豆 Canavalia maritima（Aubl.）Thou .

粗壮藤本。

蔓生于海边沙滩上，热带海岸地区广布。

雷州半岛各地有栽培。产于我国东南部至南部，热带海岸地区广布。

5．猪屎豆属 Crotalaria Linn.（野生 2 种）

（1）猪屎豆 Crotalaria pallida Ait.

多年生亚灌木。

生于荒山草地及砂质土壤之中。

雷州半岛各地有栽培。产于华南和西南地区及其他热带和亚热带地区。

（2）球果猪屎豆 Crotalaria uncinella Lam.

亚灌木。

生于山地路旁。

雷州半岛各地有栽培。产于广东、广西、海南及其他热带和亚热带地区。

6. 黄檀属 Dalbergia Linn. F.（野生 4 种；外来引种栽培 2 种）

（1）岭南黄檀 Dalbergia balansae Prain

落叶乔木。

喜光，喜温暖湿润气候；喜水，喜肥；浅根性，侧根发达。

湛江市区等地有栽培。产于华南、西南，华南地区常见栽培。

珍贵园林绿化和材用树种。

（2）粤桂黄檀 Dalbergia benthami Prain

攀援状灌木。

生于疏林或灌丛中，常攀援于树上。

雷州半岛各地有栽培。产于两广及海南；越南也有分布。

（3）弯枝黄檀 Dalbergia candenatensis（Dennst.）Prainin

灌木。

生于近海沙丘疏林或灌丛中。

廉江有栽培。产于两广；太平洋岛屿、大洋洲及亚洲东南部均有分布。

（4）藤黄檀 Dalbergia hancei Benth.

攀援状灌木。

生于疏林或灌丛中，常攀援于树上。

雷州半岛各地有栽培。产于华东、华南至西南。

茎皮含单宁；纤维供编织；根、茎入药，能舒筋活络。

（5）降香黄檀 Dalbergia odorifera T. Chen

落叶乔木。

喜光，喜温暖湿润气候；耐干旱贫瘠，喜肥沃湿润的土壤，忌水涝和严寒。

湛江市区等地有栽培。产于海南，华南地区常见栽培。

珍贵园林绿化和材用树种（心材为商品红木之一）。

（6）斜叶黄檀 Dalbergia pinnata（Lour.）Prain

乔木。

生于低海拔山地密林中。

廉江等地有栽培。产于海南、两广、云南及西藏；缅甸、菲律宾、马来西亚及印度尼西亚也有分布。

全株药用，治风湿、跌打、扭挫伤，有消肿止痛之效。

7. 山蚂蝗属 Desmodium Desv.（野生 4 种）

（1）大叶山蚂蝗 Desmodium gangeticum（Linn.）DC.

亚灌木。

生于荒地草丛中或次生林中。

雷州半岛各地有栽培。产于两广、海南、云南及台湾；亚洲东南部、热带非洲和大洋洲也有分布。

（2）假地豆 Desmodium heterocarpon（Linn.）DC.

亚灌木。

生于山坡草地、水旁、灌丛或林中。

雷州半岛各地有栽培。产于长江以南各省区，西至云南，东至台湾；亚洲东南部、太平洋群岛及大洋洲亦有分布。

全株药用，能清热，治跌打损伤。

（3）显脉山绿豆 Desmodium reticulatum Champ. ex Benth.

直立亚灌木。

生于山地灌丛间或草坡上。

雷州半岛各地有栽培。产于两广、海南及云南；缅甸、泰国及越南也有分布。

（4）单叶拿身草 Desmodium zonatum Miq.

直立小灌木。

生于山坡草地、山地密林中。

雷州有栽培（新记录）。产于海南、广西、贵州、云南及台湾；东南亚各地也有分布。

8. 鱼藤属 Derris Linn.（野生1种）

（1）鱼藤 Derris trifoliata Lour.

攀援状灌木。

多生于沿海河岸灌木丛、海边灌木丛或近海岸的红树林中。

雷州半岛各地有栽培。产于两广、福建、海南及台湾；印度、马来西亚及澳洲北部也有分布。

根、茎灭蝇蛆，并用作农药杀虫剂。

9. 刺桐属 Erythrina Linn.（外来引种栽培3种）

（1）鸡冠刺桐 Erythrina crista – galli L.

落叶小乔木。

喜光，喜温暖湿润气候；耐干旱，耐海潮，抗风，抗大气污染。

湛江市区等地有栽培。原产于巴西；现热带地区常见栽培观赏。

（2）龙牙花 Erythrina corallodendron L.

落叶小乔木。

喜光，喜温暖湿润气候；耐盐碱。

湛江市区等地有栽培。原产于美洲热带，现热带地区常见栽培。

适用于公园和庭院栽植。

（3）刺桐 Erythrina orientalis（L）Murr.

落叶乔木。

喜光，喜温暖湿润气候；耐干旱，耐海潮，抗风，不耐寒，耐盐碱。

湛江市区等地有栽培。产于我国华南、马来西亚、印度尼西亚、柬埔寨、老挝、越南等地；现热带地区常见栽培。

树叶、树皮和树根可入药，有解热和利尿的功效。因叶和幼枝容易受刺桐姬小蜂（*Quadrastichus erythrinae* Kim）寄生，不宜作园林树种。

10. 千斤拔属 Flemingia Roxb.（野生 1 种）

（1）千斤拔 Flemingia prostrata Roxb.

直立或平卧亚灌木。

生于丘陵坡地、平原、砂地，为石质和砂质草原的伴生种。

雷州半岛各地有栽培。产于我国华南及西南等地；菲律宾也有分布。

全株祛风除湿、舒筋活络、强筋壮骨、消炎止痛。

11. 木蓝属 Indigofera Linn.（野生 2 种）

（1）庭藤 Indigofera decora Lindl.

直立或蔓生亚灌木。

生于溪边、沟谷及村落旁。

雷州半岛各地有栽培。产于安徽、浙江、福建、广东；日本也有分布。

（2）硬毛木蓝 Indigofera hirsuta Linn.

直立或蔓生亚灌木。

生于低海拔的山坡旷野、路旁、河边草地及海滨砂地上。

雷州半岛各地有栽培。产于我国华南地区；热带非洲、亚洲、美洲及大洋洲也有分布。

12. 崖豆藤属 Millettia Wight & Arn.（野生 4 种）

（1）香花崖豆藤 Millettia dielsiana Harms

攀援灌木。

生于山谷疏林中。

雷州半岛各地有栽培。产于广东及海南等地。

藤、茎枝治气血两亏、肺虚劳热、阳痿遗精、白浊带腥。

（2）皱果崖豆藤 Millettia oosperma Dunn

攀援灌木或藤本。

生于山谷疏林中。

雷州半岛各地有栽培。产于湖南、两广、海南、贵州及云南；越南也有分布。

种子有毒，可作杀虫药。

（3）海南崖豆藤 Millettia pachyloba Drake

攀援灌木或藤本。

生于低海拔沟谷常绿阔叶林中。

雷州半岛各地有栽培。产于两广、海南、贵州及云南；越南北部也有分布。

根治风湿痹症、筋骨、关节疼痛、麻痹。

（4）网络崖豆藤 Millettia reticulata Benth.

木质藤本。

常见于山地或沟谷灌木林中。

雷州半岛各地有栽培。产于两广、海南、贵州及云南；越南北部也有分布。

植株可入药或作杀虫剂。

（5）美丽崖豆藤 Millettia speciosa Champ.

攀援灌木或藤本。

生于灌丛、疏林和旷野。

雷州半岛各地有栽培。产于华南及西南地区；越南也有分布。

13. 黧豆属 Mucuna Adans.（野生 2 种）

（1）巨黧豆 Mucuna gigantea（Wild.）DC.

大型攀援木质藤本。

生于山边、海边的灌丛中。

廉江等地有栽培。产于我国台湾、广东及海南；印度、马来西亚至澳洲，东至琉球群岛、小笠原群岛及波利尼西亚也有分布。

（2）大果油麻藤 Mucuna macrocarpa Wall.

木质藤本。

生于低海拔山地或灌丛中。

廉江等地有栽培。产于云南、贵州、两广、海南及台湾；亚洲东南部亦有分布。

14. 红豆属 Ormosia Jacks（野生 2 种；外来引种栽培 1 种）

（1）花榈木 Ormosia henryi Prain

常绿乔木。

喜温暖，有一定的耐寒性。

雷州半岛有栽培。产于我国长江以南地区，越南、泰国等热带地区引种栽培。

（2）海南红豆 Ormosia pinnata（Lour.）Merr.

常绿乔木或灌木。

生于中海拔及低海拔的山谷、山坡、路旁森林中。

雷州半岛各地有栽培。产于广东西南部、海南及广西南部；越南、泰国也有分布。

优良园林与用材树种。

（3）软荚红豆 Ormosia semicastrata Hance

常绿乔木。

生于山地、路旁、山谷杂木林中。

廉江等地有栽培。产于我国华南地区。

优良园林与用材树种。

15. 紫檀属 Pterocarpus Jacq.（野生 1 种）

（1）紫檀 Pterocarpus indicus Willd.

落叶乔木。

喜光，喜高温多湿气候。

各地多有栽培。产于华南，印度、菲律宾、印度尼西亚和缅甸。

木材坚硬致密，心材红色，为优良用材；树脂和木材药用。

16. 排钱树属 Phyllodium Desv.（野生 2 种）

（1）毛排钱树 Phyllodium elegans（Lour.）Desv.

灌木。

生于平原、丘陵荒地或山坡草地、疏林或灌丛中。

雷州半岛各地有栽培。产于我国华南等地，分布于东南亚地区。

根、叶供药用，有消炎解毒、活血利尿之效。

（2）排钱树 Phyllodium pulchellum（Linn.）Desv.

灌木。

生于丘陵荒地、路旁或山坡疏林中。

雷州半岛各地有栽培。产于我国华南等地，分布于东南亚及澳洲北部。

根、叶供药用，有解表清热、活血散瘀之效。

17. 水黄皮属 Pongamia Vent.（野生 1 种）

（1）水黄皮 Pongamia pinnata（Linn.）Merr.

乔木，两栖植物，半红树植物。

生于溪边、塘边及海边潮汐能到达的地方，可作为护岸植物。

雷州半岛各地有栽培。产于福建、两广及海南；亚洲东南部及澳洲也有分布。

优良观赏与防护林树种。种子入药，可作催吐剂和杀虫剂。

18. 葛属 Pueraria DC.（野生 2 种 1 变种）

（1）葛 Pueraria lobata（Willd.）Ohwi

粗壮藤本。

生于山地疏或密林中。

雷州半岛各地有栽培。产于我国南北各地，除新疆、青海及西藏外，分布几乎遍及全国；东南亚至澳大利亚亦有分布。

（2）葛麻姆 Pueraria lobata（Willd.）Ohwi var. Montana（Lour）van der Maesen

粗壮藤本。

生于旷野灌丛中或山地疏林中。

雷州半岛各地有栽培。产于长江流域以南；日本、越南、老挝和菲律宾也有分布。

（3）三裂叶野葛 Pueraria phaseoloides（Roxb.）Benth.

粗壮藤本。

生于山地、丘陵的灌丛中。

雷州半岛各地有栽培。产于我国华南等地；印度、中南半岛及马来半岛亦有分布。

本种可作覆盖植物、饲料和绿肥作物。

19．葫芦茶属 Tadehagi Ohashi（野生 1 种）

（1）葫芦茶 Tadehagi triquetrum（Linn.）Ohashi

亚灌木。

生于荒地或山地林缘、路旁。

雷州半岛各地有栽培。产于华南及西南地区；亚洲东南部、太平洋群岛、新喀里多尼亚和澳大利亚北部也有分布。

清热解毒、消积利湿、杀虫防腐。

20．灰毛豆属 Tephrosia Pers.（外来引种栽培 1 种）

（1）白灰毛豆 Tephrosia candida DC.

亚灌木。

生于草地有栽培、旷野、山坡。

雷州半岛各地栽培，有逸生。原产于印度东部和马来半岛。

21．狸尾豆属 Uraria Desv.（外来引种栽培 1 种）

（1）猫尾草 Uraria crinita（L.）Desv. ex DC.

亚灌木。

多生于干燥旷野坡地、路旁或灌丛中。

雷州半岛各地栽培，有逸生。产于我国华南等地，印度、斯里兰卡、中南半岛、马来半岛、澳大利亚北部也有分布。

宜用于刈割青饲、青贮或调制干草。

22．紫藤属 Wisteria Nutt.（外来引种栽培 1 种）

（1）紫藤 Wisteria sinensis（Sims）Sweet

落叶藤本。

喜光，略耐阴，较耐寒；喜深厚肥沃而排水良好的肥沃土壤。

湛江市区等地有栽培。产于河北以南黄河长江流域及陕西、河南、广西、贵州、云南；世界各地广为栽培。

紫藤花可提炼芳香油，并有解毒、止吐泻等功效。

A151．**金缕梅科** Hamamelidaceae.（外来引种栽培 2 属 2 种 1 变种）

1．檵木属 Loropetalum R. Br.（外来引种栽培 1 种 1 变种）

（1）檵木 Loropetahum chinensis（R. Br.）Oliv.

常绿灌木。

喜光，耐半阴，喜温暖气候及酸性土壤；适应性较强。

雷州半岛有栽培。产于我国长江中下游及其以南、北回归线以北地区；印度、日本也有分布。

根、叶、花果均能入药，能解热止血、通经活络、清热解毒、止泻。

（2）红花檵木 Loropetahum chinensis var. rubram Haw.

常绿灌木。

喜光，耐半阴，喜温暖气候及酸性土壤；适应性较强。

雷州半岛有栽培。原产于湖南，我国南方多有栽培。

红花檵木枝繁叶茂，姿态优美，满树红花，极为壮观。

2. 红花荷属 Rhodoleia Champ. ex Hook.（外来引种栽培 1 种）

（1）红苞荷 Rhodoleia championii Hook. f.

常绿灌木。

喜光，耐半阴，喜温暖气候及酸性土壤；适应性较强。

雷州半岛有栽培。原产于广东、广西的山地林中。

优良观赏树种。

A156. 杨柳科 Salicaceae（外来引种栽培 1 属 1 种）

1. 柳属 Salix Linn.

（1）垂柳 Salix babylonica Linn.

常绿灌木。

喜光，喜温暖湿润气候及潮湿深厚之酸性及中性土壤；特耐水湿。

雷州半岛均有栽培。分布于长江流域及其以南各省区平原地区。

优美的绿化树种；木材可供制家具；叶可作羊饲料。

A159. 杨梅科 Myricaceae（外来引种栽培 1 属 1 种）

1. 杨梅属 Myrica Linn.

（1）杨梅 Myrica rubra（Lour.）Sieb. et Zucc.

常绿乔木。

生于山坡或山谷林中，喜酸性土壤。

廉江有栽培。产于我国长江流域以南各省；日本、朝鲜和菲律宾也有分布。

著名水果；树皮富于单宁，可用作赤褐色染料及医药上的收敛剂。

A163. 壳斗科 Fagaceae（3 属 4 种：野生 2 属 3 种；外来引种栽培 1 属 1 种）

1. 锥属 Castanopsis（D. Don）Spach（野生 2 种）

（1）米槠 Castanopsis carlesii（Hemsl.）Hayata

乔木。

生于山地或丘陵中，耐干旱和贫瘠，可形成单一优势种森林群落。

廉江等地有栽培。产于长江流域以南。

优良材用与果用树种，可用于荒山造林。

（2）黧蒴锥 Castanopsis fissa（Champ. ex Benth.）Rehd. & Wils.

乔木。

生于低海拔山地疏林中。

廉江、遂溪和雷州等地有栽培。产于我国华南及西南地区；越南北部也有分布。

优良速生造林用材树种。

2. 柯属 Lithocarpus Bl. （野生 1 种）

（1）紫玉盘柯 Lithocarpus uvariifolius（Hance）Rehd.

乔木。

生于山地或丘陵常绿阔叶林中。

廉江、遂溪和雷州等地有栽培。产于福建西南部、两广及海南。

嫩叶经制作后带甜味，民间用以代茶叶作清凉解热剂。

3. 栗属 Castanea Mill. （外来引种栽培 1 种）

（1）板栗 Castanea mollissima Bl.

落叶乔木。

喜光，喜温暖湿润气候；对土壤要求不高；深根性。

湛江市区等地有栽培。我国南方各省区均有大面积栽培。

著名果树，称木本粮食树种。

A164. 木麻黄科 Casuarinaceae（外来引种栽培 1 属 3 种）

1. 木麻黄属 Casuarina Linn.

（1）细枝木麻黄 Casuarina cunninghamia Miq.

常绿乔木。

喜光，喜炎热气候，耐盐碱，萌芽力强，深根性，抗风。

雷州半岛栽培为沿海防护林。原产于澳大利亚；世界热带、亚热带地区常见栽培。

（2）木麻黄 Casuarina equisetifolia Linn.

常绿乔木。

喜光，喜炎热气候，耐干旱瘠薄，耐盐碱，耐潮湿；生长快，萌芽力强，深根性，抗风。

雷州半岛广泛栽培为沿海防护林。原产于大洋洲及其附近的太平洋地区；世界热带地区广泛栽培。

为南方沿海防护林主要树种之一。材用和庭园绿化树种。

树形美观，常栽植为行道树或观赏树。木材用途同木麻黄，但稍逊。

（3）粗枝木麻黄 Casuarina glauca Sieber ex Spreng.

常绿乔木。

喜光，喜炎热气候，对土地条件要求较严格。

雷州半岛有栽培。广东、福建、台湾有栽培。原产于澳大利亚，生长于海岸沼泽地至内陆地区。

行道树或庭园观赏树。

A165. 榆科 Ulmaceae（3 属 5 种：野生 2 属 4 种；外来引种栽培 1 属 1 种）

1. 朴属 Celits Linn.（野生 2 种）

（1）樟叶朴 Celtis cinnanonea Lindl & Planch.

常绿乔木。

多生于路旁、山坡、灌丛至林中。

雷州半岛各地有栽培。产于我国华南及西南地区；亚洲东南部也有分布。

心材用于干咳无痰。

（2）朴树 Celits sinensis Pers.

落叶乔木。

多生于路旁、山坡、林缘。

雷州半岛各地有栽培。产于我国长江流域以南及山东、河南等地。

绿化树种。根、皮、嫩叶入药有解毒治热的功效，外敷治水火烫伤。

2. 黄麻属 Trema Lour.（野生 2 种）

（1）光叶山黄麻 Trema cannabina Lour.

灌木或小乔木。

多生于河边、旷野或山坡疏林、灌丛较向阳、湿润土壤。

雷州半岛各地有栽培。产于我国华南及西南地区，分布于印度、缅甸、中南半岛、马来半岛、印度尼西亚、日本和大洋洲。

韧皮纤维供制麻绳、纺织和造纸用，种子油供制皂和作润滑油用。

（2）山黄麻 Trema orientalis（Linn.）Blume

小乔木。

多生于湿润的河谷和山坡混交林中，或空旷的山坡。

雷州半岛各地有栽培。产于我国华南及西南地区；亚洲东南部及南太平洋岛屿也有分布。

韧皮纤维可作人造棉、麻绳和造纸原料；树皮含鞣质，可提栲胶；叶表皮粗糙，可作砂纸用。也常成为次生林的先锋植物。

3. 榆属 Ulmus L.（外来引种栽培 1 种）

（1）榔榆 Ulmus parvifolia Jacq.

落叶乔木。

喜光，喜温暖湿润气候；对土壤要求不高。

湛江、徐闻等地有栽培。北至河北，南至两广，西达陕西、四川、云南等省区均有栽培。

优良材用与绿化造林树种。

A167. 桑科 Moraceae（9 属 26 种 1 亚种 4 变种：野生 8 属 20 种 1 亚种 4 变种；外来引种栽培 3 属 6 种）

1. 见血封喉属 Antiaris Lesch.（野生 1 种）

（1）见血封喉 Antiaris toxicaria Lesch.

常绿乔木。

多生于低海拔雨林中。

雷州半岛各地有栽培。产于广东（雷州半岛）、海南、广西及云南等亚洲东南部及南部地区。

优良园林树种。茎皮纤维可作绳索和特色服装。

2. 桂木属 Artocarpus J. R. &. G. Forst.（野生 1 种 1 亚种，外来引种栽培 2 种）

（1）面包树 Artocarpus altilis（Park.）Fosberg

常绿乔木。

喜光，喜高温湿润气候；喜排水良好的肥沃土壤。

湛江市区等地有栽培。原产于南太平洋地区。

面包树是一种木本粮食植物，也可供观赏。肉质的果富含淀粉，烧烤后可食用，味如面包，适合为行道树、庭园树木栽植。

（2）菠萝蜜 Artocarpus heterophyllus Lam.

常绿乔木。

喜光，喜高温湿润气候；喜排水良好的肥沃土壤。

雷州半岛各地广泛栽培。原产于印度和马来西亚。

著名热带果树，也是优良园林树种。

（3）白桂木 Artocarpus hypargyreus Hance

常绿大乔木。

生于阔叶林中。

雷州半岛各地有栽培。产于我国华南及云南东南部。

汁液可提取硬性胶；果味酸甜可食；木材纹理通直；根可活血通络。

（4）桂木 Artocarpus nitidus ssp. lingnanensis（Merr.）Jarr.

常绿乔木。

生于湿润的杂木林中。

雷州半岛各地有栽培。产于两广及海南等地。

成熟聚合果可食。木材坚硬，纹理细微。药用活血通络，收敛止血。

3. 构属 Broussonetia L, Herit. ex Vent.（野生 1 种）

（1）构 Broussonetia papyrifera（Linn.）L'Hér. ex Vent.

落叶乔木。

常生于村落附近及旷野平地中。

雷州半岛各地有栽培。产于我国南北各地；亚洲其他各地也有分布。

本种韧皮纤维可作造纸材料，楮实子及根、皮可供药用。

4. 葨芝属 Cudrania Trec.（野生 1 种）

（1）葨芝 Cudrania cochinchinensis（Lour.）Kudo & Masamune

直立或攀援状灌木。

常生于村庄附近或荒野中。

雷州半岛各地有栽培。产于我国东南部至西南部的亚热带地区；斯里兰卡、印度、尼泊尔、不丹、缅甸、越南、中南半岛各国、马来西亚、菲律宾至日本及澳大利亚、新喀里多尼亚也有分布。

本种农村常作绿篱用；木材煮汁可作染料，茎皮及根皮药用。

5. 榕属 Ficus Linn.（野生 13 种 4 变种，外来引种栽培 3 种）

（1）高山榕 Ficus altissima Bl.

常绿大乔木。

生于低海拔山地或平原。

雷州半岛各地有栽培。产于两广、海南、云南及四川等地；尼泊尔、不丹、东南亚各国也有分布。

南方园景树和遮阴树。又为优良的紫胶虫寄主树。

（2）大果榕 Ficus auriculata Lour.

常绿乔木。

喜生于低山沟谷潮湿雨林中。

雷州半岛各地有栽培。产于华南至西南等地；印度、越南、巴基斯坦也有分布。

庭荫树、行道树。榕果成熟时味甜可生食。

（3）垂叶榕 Ficus benjamina Linn.

常绿大乔木。

生于低海拔山地或平原。

雷州半岛各地有栽培。产于两广、海南、贵州及云南等地；尼泊尔、印度、不丹、东南亚各国、巴布亚新几内亚、所罗门群岛、澳大利亚北部也有分布。

优良园林树种。

（4）竹叶榕 Ficus binnendijkii（Miq.）Miq.

常绿灌木。

喜光，喜温暖湿润气候，对土质要求不高；抗风，抗大气污染。

雷州半岛广为栽培。产于我国长江以南各省区。

优良园林树。全株入药、祛痰止咳、活血消肿、安胎、通乳。

（5）印度胶树 Ficus elastica Roxb. ex Hornem.

常绿乔木。

喜暖湿气候，耐盐碱，耐阴；抗污染，萌芽力强，耐修剪。

雷州半岛广为栽培。原产于印度、缅甸。

优良园林景观树种。

（6）水同木 Ficus fistulosa Reinw. Ex Bl.

常绿小乔木。

生于溪边岩石上或林中。

雷州半岛各地有栽培。产于两广及云南等地；东南亚各国也有分布。

庭院绿化，药用。

（7）台湾榕 Ficus formosana Maxim.

灌木。

多生于溪沟旁湿润处。

雷州半岛各地有栽培。产于我国华南地区；越南北部也有分布。

根治跌打，风湿。

（8）对叶榕 Ficus hispida Linn. f.

常绿乔木。

喜生于沟谷潮湿地带。

雷州半岛各地常见。产于我国华南和西南地区，尼泊尔、不丹、印度、泰国、越南、马来西亚至澳大利亚也有分布。

果疏风解热、消积化痰、行气散瘀。

（9）粗叶榕 Ficus hirta Vahl

常绿灌木或小乔木。

常见于村寨附近旷地或山坡林边。

雷州半岛各地有栽培。产于我国华南及西南等地；尼泊尔、不丹、印度东北部、越南、缅甸、泰国、马来西亚、印度尼西亚也有分布。

根果祛风湿，益气固表。茎皮纤维制麻绳、麻袋。

（10）斜叶榕 Ficus gibbosa Bl.

常绿乔木。

生于低海拔湿润气候的山地或平原。

雷州半岛各地有栽培。产于两广、海南及台湾；亚洲南部、澳洲等地也有分布。

根、皮、叶入药，性寒，味苦。具清热、消炎、解痉之功效。

（11）榕树 Ficus microcarpa Linn. F.

常绿大乔木。

生于低海拔湿润气候的山地或平原。

雷州半岛各地有栽培。产于华南及西南；亚洲东南部及澳洲等地亦有分布。

南方城乡常见风景树。

（12）琴叶榕 Ficus pandurata Hance

小灌木。

生于山地，旷野或灌丛林下。

雷州半岛各地有栽培。产于华东、湖南、两广、海南；越南也有分布。

琴叶榕具较高的观赏价值，根或叶甘、辛、温，行气活血。

（13）全缘榕 Ficus pandurata Hance var. holophylla Migo

灌木。

生于山地，旷野或灌丛林下。

雷州半岛各地有栽培。我国东南部各省常见。

为祛风除湿药、解毒消肿药。

（14）薜荔 Ficus pumila Linn.

常绿藤本。

生于旷野树上或村边残墙破壁上或石灰岩山坡上。

雷州半岛各地有栽培。产于我国长江流域以南；日本琉球群岛及越南北部也有分布。

薜荔的不定根发达，攀缘及生存适应能力强，且为常绿植物，作园林绿化、美化山石、护坡、护堤，既可保持水土，又可观叶、观果。

（15）菩提榕 Ficus religiosa Linn.

落叶乔木。

喜光，喜温暖至高温湿润气候，耐干旱，对土质要求不高；抗风，抗大气污染；生长迅速，萌发力强，移栽易成活。

雷州半岛广为栽培。原产于印度，热带亚洲地区广为栽培。

优良的观赏树种、庭院行道和污染区的绿化树种。

（16）羊乳榕 Ficus sagittata Vahl

幼时为附生藤本，成长为独立乔木。

生于低海拔山谷密林。

雷州半岛各地有栽培。产于两广、海南及云南；亚洲东南部及南部等地均有分布。

（17）光叶匍茎榕 Ficus sarmentosa var. lacrymans（Levl.）Corner

攀援灌木。

多生于山地疏林中。

雷州半岛各地有栽培。产于我国华南地区。

（18）青果榕 Ficus variegata Bl. var. chlorocarpa（Benth.）King

常绿乔木。

低海拔，沟谷地区常见。

雷州半岛各地有栽培。产于广东及沿海岛屿、海南、广西、云南南部；越南中部、泰国也有分布。

栽培作行道树；茎皮纤维可织麻布；成熟的花序托味甜可食用。

（19）笔管榕 Ficus virens Ait.

落叶或半落叶乔木。

生于低海拔湿润气候的山地或平原。

雷州半岛各地有栽培。产于我国华南地区；缅甸、泰国、中南半岛诸国、马来西亚（西海岸）至日本琉球群岛也有分布。

为良好蔽荫树，木材纹理细致，美观，可供雕刻。

（20）黄葛树 Ficus virens Ait. var. sublanceolata（Miq.）Corner

落叶乔木。

生于低海拔湿润气候的山地或平原。

雷州半岛各地有栽培。产于我国西南及华南等地区。

木材暗灰色，质轻软；茎皮纤维可代黄麻。孤植或群植造景。

6. 柘属 Maclura Nuttall（野生1种）

（1）构棘 Maclura cochinchinensis（Lour.）Corner.

直立或攀援状灌木。

生于村庄附近或荒野。

雷州半岛各地有栽培。产于亚洲东南部和南部；澳大利亚等地也有分布。

根用于消肿止痛、止血生血等。

7. 牛筋藤属 Malaisia Blanco（野生1种）

（1）牛筋藤 Malaisia scandens（Lour.）Planch.

常绿藤本。

常生于丘陵地区灌木丛中。

雷州半岛各地有栽培。产于台湾、广东（徐闻）、海南、广西（西南部）、云南东南部；越南、马来西亚、菲律宾、澳大利亚也有分布。

8. 桑属 Morus Linn.（外来引种栽培1种）

（1）桑 Morus alba Linn.

落叶灌木或小乔木。

多生于村落附近。

雷州半岛各地有栽培，有逸生。原产于我国中部和北部。

著名农作物树种。桑椹食用，还可以酿酒，称桑子酒。

9. 鹊肾树属 Streblus Lour.（野生1种）

（1）鹊肾树 Streblus asper Lour.

常绿灌木或乔木。

常生于疏林及村落附近。

雷州半岛各地有栽培。产于亚洲东南部及南部。

园林树种。树皮、根药用。茎皮纤维可作人造棉和造纸原料。

A169. 荨麻科 Urticaceae（3 属 4 种 1 变种：野生 3 属 3 种 1 变种；外来引种栽培 1 属 1 种）

1. 苎麻属 Boehmeria Jacq.（野生 1 种 1 变种）

（1）苎麻 Boehmeria nivea（Linn.）Gaudich.

多年生亚灌木或灌木。

生于村边、沟旁、路旁和平地草丛等肥湿处。

雷州半岛各地有栽培。产于长江流域以南各地；越南和老挝等地也有分布。

茎皮纤维为制夏布、优质纸的原料；根、叶供药用，有清热解毒、止血、消肿、利尿、安胎之效；叶可养蚕或作饲料；种子油供食用。

（2）青叶苎麻 Boehmeria nivea var. tenacissima（Gaudich.）Miq.

多年生亚灌木或灌木。与苎麻的区别：茎和叶柄密或疏被短伏毛。

生于村边、沟旁、路旁和平地草丛等肥湿处。

雷州半岛各地有栽培。产于广西、广东、台湾、浙江、安徽南部；越南、老挝、印度尼西亚也有分布。

用途同苎麻。

2. 赤车属 Pellionia Gaud（野生 1 种）

（1）蔓赤车 Pellionia scabra Benth.

多年生亚灌木。

生于山谷溪边或林中。

雷州半岛各地有栽培。产于长江流域以南；越南、日本也有分布。

全草甘、淡、凉。有清热解毒、活血散瘀之效。

3. 冷水花属 Pilea Lindl.（野生 1 种，外来引种栽培 1 种）

（1）冷水花 Pilea notata C. H. Wright

匍匐亚灌木。

生于林下或沟边阴湿处。

雷州半岛各地有栽培。产于长江流域以南等地；日本也有分布。

全草药用，有清热利湿、生津止渴和退黄护肝之效。

（2）花叶冷水花 Pilea cadierei Gagnep. & Guill.

常绿亚灌木。

喜阴、耐肥、耐湿、喜温暖、喜排水良好的砂质土壤。

湛江市区等地有栽培。原产于越南中部山区。

耐修剪，栽培容易，是耐阴性强的室内装饰植物。

A171. 冬青科 Aquifoliaceae（1 属 3 种：野生 1 属 2 种；外来引种栽培 1 属 1 种）

1. 冬青属 Ilex Linn.（野生 2 种，外来引种栽培 1 种）

（1）秤星树 Ilex asprella（Hook. & Arn.）Champ. ex Benth.

落叶灌木。

喜光，喜温暖湿润气候，适于排水良好的肥沃土壤生长。

雷州半岛各地有栽培。产于浙江、江西、福建、台湾、湖南、广东、广西、香港等地，菲律宾群岛。

本种的根、叶入药，有清热解毒、生津止渴、消肿散瘀之功效。

（2）铁冬青 Ilex rotunda Thunb.

常绿乔木。

生于低海拔常绿阔叶林及林缘。

雷州半岛各地有栽培。产于我国长江流域以南各省，朝鲜、日本和越南北部。

优良园林树种。心材药用清热解毒、消肿止痛，称"救必应"。

（3）苦丁茶（阔叶冬青）Ilex latifolia Thunb.

常绿灌木或小乔木。

喜光，喜温暖湿润气候；适于排水良好的肥沃土壤生长，怕涝。

湛江市区等地有栽培。产于长江以南各省区，日本。

叶制成茶可散风热，除烦渴。用于头痛、齿痛、目赤、热病烦渴。

A173. 卫矛科 Celastraceae（野生 3 属 4 种）

1. 南蛇藤属 Celastrus Linn.（野生 2 种）

（1）青江藤 Celastrus hindsii Benth.

常绿攀援状灌木。

生于灌丛或山地林中。

雷州半岛各地有栽培。产于华南和西南地区；越南、缅甸、印度东北部、马来西亚也有分布。

根药用，通经药；利尿药。

（2）灯油藤 Celastrus paniculatus Willd.

常绿藤本

生于丛林中。

雷州半岛各地有栽培。产于华南、贵州、云南；分布于印度。

种子药用，治食积便秘，用于食毒后的催吐药。

2. 卫矛属 Euonymus L.（野生 1 种）

（1）疏花卫矛 Euonymus laxiflorus Champ. ex Benth.

常绿灌木。

生长于山上、山腰及路旁密林中。

雷州半岛各地有栽培。产于我国华南及西南地区；越南也有分布。

根、茎皮、叶甘、辛，微温，益肾气，健腰膝。

3. 美登木属 Maytenus Molina（野生 1 种）

（1）变叶裸实 Maytenus diversifolius（Maxim.）D. Hou

常绿攀援状灌木。

生长于山坡路边海滨处的疏林中。

雷州半岛各地有栽培。产于福建、台湾、两广及海南；日本也有分布。

A178. 翅子藤科 Hippocrateaceae（野生 1 属 1 种）

1. 五层龙属 Salacia Linn.（野生 1 种）

（1）五层龙 Salacia chinensis Linn.

攀援灌木。

生于低海拔海岸附近平原山地疏林中。

雷州半岛各地有栽培。产于两广及海南；亚洲东南部及南部都有分布。

A179. 茶茱萸科 Icacinaceae（野生 1 属 1 种）

1. 微花藤属 Iodes Bl.（野生 1 种）

（1）小果微花藤 Iodes vitiginea（Hance）Hemsl.

木质藤本。

生于沟谷季雨林至次生灌丛中。

雷州有栽培（新记录）。产于海南；广西、贵州、云南东南部，越南、老挝及泰国均有分布。

A180. 刺茉莉科 Salvadoraceae（野生 1 属 1 种）

1. 刺茉莉属 Azima Lam.（野生 1 种）

（1）刺茉莉 Azima sarmentosa（Bl.）Benth. & Hook. f.

直立灌木。

生于平野疏林下。

徐闻有栽培（新记录）。产于海南；印度、中南半岛、马来西亚及印度尼西亚也有分布。

A182. 铁青树科 Olacaceae（野生 1 属 1 种）

1. 青皮木属 Schoepfia Schreb.（野生 1 种）

（1）华南青皮木 Schoepfia chinensis Gardn. & Champ.

落叶小乔木。

生于低海拔的山谷、溪边密林或疏林中。

廉江有栽培。产于我国华南及西南。

药用，清热利湿、消肿止痛。

A183. 山柚子科 Opiliaceae（野生 1 属 1 种）

1. 山柑藤属 Cansjera Juss.（野生 1 种）

（1）山柑藤 Cansjera rheedei J. F. Gmel.

攀援状灌木。

多见于低海拔山地疏林或灌木林中。

湛江、廉江、雷州、徐闻有栽培。产于云南、两广及海南等地；印度、缅甸和亚洲东南部各国也有分布。

A185. 桑寄生科 Loranthaceae（野生3属3种）

1. 离瓣寄生属 Helixanthera Lour.（野生1种）

（1）广西离瓣寄生 Helixanthera guangxiensis H. S. Kiu

寄生灌木。

寄生于油茶等植物上。

徐闻有栽培。产于两广及海南。

2. 钝果寄生属 Taxillus Van Tiegh.（野生1种）

（1）广寄生 Taxillus chinensis（DC.）Danser

灌木，寄生于朴树。

生于平原或低山常绿阔叶林中，寄生于桑树、桃树、李树、龙眼、荔枝、杨桃、油茶、橡胶树、榕树、木棉、马尾松等多种植物上。

雷州半岛各地有栽培。产于两广、福建及海南；东南亚等地也有分布。

全株药用。祛风湿、补肝肾、强筋骨、安胎催乳。

3. 槲寄生属 Viscum Linn.（野生1种）

（1）瘤果槲寄生 Viscum ovalifolium DC.

寄生灌木。

寄生于油茶、无患子等植物上。

雷州半岛各地有栽培。产于两广及云南；东南亚等地也有分布。

味苦、辛；性凉。祛风除湿、活血止痛、化痰止咳、解毒。

A186. 檀香科 Santalaceae（2属2种：野生1属1种；外来引种栽培1属1种）

1. 寄生藤属 Dendrotrophe Miq.（野生1种）

（1）寄生藤 Dendrotrophe frutescens（Champ. ex Benth.）Danser

木质藤本或披散灌木。

生于低海拔山地、海边灌丛中，常攀援于树上。

雷州半岛各地有栽培。产于我国华南等地；越南也有分布。

药用，活血祛瘀。用于治跌打损伤效佳。

2. 檀香属 Santalum Linn.（外来引种栽培1种）

（1）檀香 Santalum album Linn.

常绿小乔木。

喜光，喜温暖湿润气候；于排水良好的肥沃土壤生长最佳。

雷州半岛各地见栽培。原产于太平洋岛屿，现以印度栽培最多。

檀香树干的边材白色，无气味，心材黄褐色，有强烈香气，是贵重的药材和名贵的香料，并为雕刻工艺的良材。

A190. 鼠李科 Rhamnaceae （5 属 7 种 2 变种：野生 4 属 5 种 2 变种；外来引种栽培 1 属 2 种）

1. 勾儿茶属 Berchemia Neck. ex DC. （野生 1 种 1 变种）

（1）铁包金 Berchemia lineata （Linn.） DC.

藤状或矮灌木。

生于低海拔的山野、路旁或开旷地上。

雷州半岛各地有栽培。产于两广、福建、台湾及海南；印度、越南和日本也有分布。

（2）光枝勾儿茶 Berchemia polyphylla Wall. ex Laws. var. leioclada Hand. – Mazz.

藤状或矮灌木。

常见于山坡、沟边灌丛或林缘。

雷州半岛各地有栽培。产于陕西、四川、云南、贵州、广西、广东、福建、湖南、湖北；越南也有分布。

根、叶药用，有止咳、祛痰、散疼之功效，治跌打损伤和蛇咬伤。

2. 蛇藤属 Colubrina Rich. ex Brongn. （野生 1 种）

（1）蛇藤 Colubrina asiatica （Linn.） Brongn.

藤状灌木。

生于沿海砂地上的林中或灌丛中。

徐闻有栽培。产于广东（徐闻）、广西、海南及台湾；亚洲东南部、澳洲、非洲和太平洋群岛也有分布。

3. 马甲子属 Paliurus Tourn ex Mill. （野生 1 种）

（1）马甲子 Paliurus ramosissimus （Lour.） Poir.

具刺灌木。

生于山地路旁或疏林下，平原地区见于河边、海边和路边灌丛等地。

雷州半岛各地有栽培。产于我国长江流域以南各省；朝鲜、日本和越南也有分布。

作绿篱，根能除寒活血，发表解热，消肿，治跌打损伤及心腹疼痛。

4. 雀梅藤属 Sageretia Brongn. （野生 2 种 1 变种）

（1）亮叶雀梅藤 Sageretia lucida Merr.

藤状灌木。

生于山谷疏林中。

雷州半岛各地有栽培。产于两广和福建。

（2）雀梅藤 Sageretia thea（Osbeck）Johnst.

藤状或直立灌木。

常生于丘陵、山地林下或灌丛中。

雷州半岛各地有栽培。产于我国长江流域以南各省；印度、朝鲜、日本和越南也有分布。

叶可代茶，治疮疡肿毒；根可治咳嗽，降气化痰；果酸味可食。

（3）毛叶雀梅藤 Sageretia thea var. tomentosa（Schneid.）Y. L. Chen

藤状灌木。

生于山谷疏林中。

廉江有栽培。产于甘肃、华东、两广等地；朝鲜（济州岛）也有分布。

5. 枣属 Ziziphus Mill.（外来引种栽培 2 种）

（1）枣 Ziziphus jujuba Mill.

落叶小乔木。

喜光，好干燥气候；耐寒，耐热，又耐旱涝。

湛江市区等地有栽培。原产于我国北部。

观赏，其老根古干可作树桩盆景。果可鲜食或加工成红枣。

（2）滇刺枣（毛叶枣）Ziziphus mauritiana Lam.

常绿灌木。

喜光，好干燥气候；耐寒，耐热，又耐旱涝；根系发达，萌蘖力强。

湛江市区等地有栽培。产于我国西南部、南部；斯里兰卡、印度、阿富汗、越南、缅甸、马来西亚、印度尼西亚、澳大利亚及非洲也有分布。

优良果树。木材坚硬，纹理密致；树皮有消炎、生肌之功效。

A191. 胡颓子科 Elaeagnaceae（野生 1 属 3 种）

1. 胡颓子属 Elaeagnus Linn.（野生 3 种）

（1）蔓胡颓子 Elaeagnus glabra Thunb.

常绿蔓生或攀援灌木。

常生于向阳林中或林缘。

雷州半岛各地有栽培。产于长江流域以南各省区，日本也有分布。

果可食或酿酒，茎皮可代麻、造纸、造人造纤维板。

（2）角花胡颓子 Elaeagnus gonyanthes Benth.

常绿直立或蔓生灌木。

生于丘陵灌丛、山地混交林、疏林和路边与溪旁灌丛中。

雷州半岛各地有栽培。产于两广、海南、湖南及云南；中南半岛也有分布。

果实可食，生津止渴。

（3）福建胡颓子 Elaeagnus oldhami Maxim.

常绿直立灌木。

生于低海拔的空旷地区。

雷州半岛各地有栽培。产于台湾、福建及广东。

全株、果实酸、涩，平。祛风理湿，下气定喘，固肾。

A193. 葡萄科 Vitaceae（5属9种：野生3属6种，外来引种栽培2属3种）

1. 蛇葡萄属 Ampelopsis Michaux（野生2种）

（1）显齿蛇葡萄 Ampelopsis grossedentata（Hand. – Mazz.）W. T. Wang

木质藤本。

生于山谷林中。

雷州半岛各地有栽培。产于江西、福建、湖北、湖南、两广、贵州、云南。

果味甘甜性凉，具有清热解毒、抗菌消炎、祛风除湿、强筋骨、降血压、降血脂、护肝等功效。

（2）光叶蛇葡萄 Ampelopsis heterophylla var. Vestita Rehd.

木质藤本。

生于湿润山谷林中。

雷州半岛各地有栽培。产于山东、河南、江苏、江西、福建、湖南、广东、广西、四川、贵州、云南；日本也有分布。

2. 乌蔹莓属 Cayratia Juss.（野生1种）

（1）白毛乌蔹莓 Cayratia albifolia C. L. Li

半木质或草质藤本。

生于山谷林中或山坡岩石。

雷州半岛各地有栽培。产于我国华南及西南等地区。

3. 爬山虎属 Parthenocissus Planch.（野生3种）

（1）异叶爬山虎 Parthenocissus dalzielii Gagnep.

落叶藤本。

喜阴，耐寒，对土壤适应能力很强；常攀附于岩壁、墙垣或树干上。

雷州半岛广泛栽培。产于长江以南各省区，现我国各地常见栽培。

观赏性和实用功能俱佳的攀援植物，应用甚广。

（2）地锦 Parthenocissus tricuspidata（S. & Z.）Planch

落叶藤本。

喜阴，耐寒，对土壤适应能力很强；常攀附生长。

雷州半岛各地有栽培。北起吉林，南到广东均有分布，日本亦有。

根、茎可入药，有破瘀血、消肿毒之功效。果可酿酒。

4. 崖爬藤属 Tetrastigma（Miq.）Planch.（野生3种）

（1）三叶崖爬藤 Tetrastigma hemsleyanum Diels & Gilg

木质藤本。

生于山谷林中或山坡岩石缝中。

雷州半岛各地有栽培。产于华中、华东、华南及西南地区。

药用，清热解毒，活血祛风。治高热惊厥，肺炎。

（2）扁担藤 Tetrastigma planicaule（Hook. f.）Gagnep.

木质大藤本。

生于山谷林中或山坡岩石缝中。

雷州半岛各地有栽培。产于福建、两广、海南、贵州、云南、西藏东南部；老挝、越南、印度和斯里兰卡也有分布。

药用，祛风除湿，舒筋活络。用于风湿骨痛，腰肌劳损。

（3）过山崖爬藤 Tetrastigma pseudocruciatum C. L. Li

木质大藤本。

生于山谷林中或山坡岩石缝中。

雷州、徐闻有栽培（新记录）。产于海南。

5. 葡萄属 Vitis Linn.（外来引种栽培 1 种）

（1）葡萄 Vitis vinifera Linn.

木质藤本。

喜光，喜干燥及夏季高温的大陆性气候。

雷州半岛广泛栽培。原产于亚洲西部。

葡萄味甘酸、性平，有滋阴补血、强健筋骨、通利小便的功效。

A194. 芸香科 Rutaceae（10 属 26 种 1 变种：野生 9 属 18 种；外来引种栽培 4 属 8 种 1 变种）

1. 酒饼簕属 Atalantia Correa（野生 2 种）

（1）酒饼簕 Atalantia buxifolia（Poir）. Oliv

常绿灌木。

通常见于离海岸不远的平地、缓坡及低丘陵的灌木丛中。

雷州半岛各地有栽培。产于我国华南地区；菲律宾、越南也有分布。

成熟的果味甜。根、叶用作草药。

（2）广东酒饼簕 Atalantia kwangtungensis Merr.

常绿灌木。

常见于低海拔山地常绿阔叶林中，荫蔽、湿润地方较多见。

产于广东西南部以南及海南，广西东南部十万大山一带。

根微苦、辛，温。祛风、解表、化痰止咳、行气止痛。

2. 山油柑属 Acronychia J. R. & G. Forst.（野生 1 种）

（1）山油柑 Acronychia pedunculata（Linn.）Miq.

常绿灌木。

生于较低丘陵坡地杂木林中，为次生林常见树种之一。

雷州半岛各地有栽培。产于我国华南地区；亚洲东南部及南部均有分布。

根、叶、果用作中草药，有柑橘叶香气，化气、活血、消肿等。

3. 黄皮属 Clausena Burm. F.（野生 1 种，外来引种栽培 1 种）

（1）假黄皮 Clausena excavata Burm. F.

常绿灌木。

见于平地至山坡灌丛或疏林中。

雷州半岛各地有栽培。产于台湾、福建、广东、海南、广西、云南南部；东南亚等地也有分布。

全株苦、辛、温，可接骨、散瘀、祛风湿。

（2）黄皮 Clausena lansium（Lour.）Skeels

常绿小乔木。

喜光，亦喜半阴，喜温暖湿润气候；对土壤适应性强，但以肥沃疏松、土层深厚富、含腐殖质的沙壤土最好。

雷州半岛广泛栽培。产于我国华南及西南，越南北部，现华南地区广为栽培。

果食用，止渴生津；皮甘，有祛热、消痰、止渴之功效。

4. 柑桔属 Citrus Linn.（外来引种栽培 5 种 1 变种）

（1）柠檬 Citrus limon（Linn.）Burm. F.

常绿小乔木。

喜光，亦耐阴，喜温暖湿润气候、排水良好的微酸性的土壤。

雷州半岛有栽培。原产于广东化州，华南等地有栽培。

果食用，能增强血管弹性和韧性，可预防和治疗高血压和心肌梗塞症状。国外研究还发现，青柠檬可以使异常的血糖值降低。

（2）柚 Citrus maxima（Burm.）Merr.

常绿小乔木。

喜光，喜温暖湿润气候和微酸性的土壤。

雷州半岛有栽培，常见栽培品种有沙田柚（CV. Shatian You）和橘红（CV. Tomentosa）等。

果有止咳平喘、清热化痰、健脾消食、解酒除烦的作用，其中原产于广东化州的橘红是地道的传统中药（称"化橘红"）。

（3）香橼 Citrus medica Linn.

常绿灌木。

喜光，亦耐阴，喜温暖湿润气候、微酸性的土壤。

雷州半岛有栽培。长江以南各地有栽种；印度、缅甸至地中海地区也有分布。

果形奇特，常盆栽观赏。果皮和花、叶均含芳香油；果皮供药用。

（4）佛手 Citrus medica var. sarcodactylis（Noot.）Swingle

与香橼难以区别在于：佛手子房在花住脱落后即行分裂，果呈手指状肉条状，果皮甚厚，通常无种子。花、果期与香橼同。

雷州半岛有栽培。长江以南各地有栽种。

佛手的香气比香橼浓，久置更香。药用佛手因产区不同而名称有别。

（5）甜橙 Citrus sinensis（Linn.）Osb.

常绿小乔木。

喜光，喜温暖湿润气候，要求土质肥沃，透水透气性好。

雷州半岛有栽培。原产于我国南方及亚洲的中南半岛。廉江等地有本种变异单株大面积栽培品种红江橙（CV. Hongjiangcheng），属嫁接嵌合体变异。

著名果树；红江橙果大形好、果肉橙红、肉质柔嫩、风味独特，被冠为"中国橙王"。果食用，开胃消食、生津止渴、理气化痰、解毒醒酒。

（6）柑橘 Citrus reticulata Blanco

常绿小乔木。

喜光，喜温暖湿润气候和微酸性的土壤。

雷州半岛有栽培。原产于我国南方及亚洲的中南半岛。

著名果树。柑橘美观，非常适合城市绿化、美化和盆栽观赏。

5. 吴茱萸属 Evodia J. R. & G. Forst.（野生 2 种）

（1）三桠苦 Evodia lepta（Spreng.）Merr.

小乔木。

生于平地至山地，常见于较荫蔽的山谷、阳坡灌木丛中生长。

雷州半岛各地有栽培。产于我国华南及西南地区，越南、老挝和泰国等地也有分布。

根叶供药用，能清热解毒、燥湿止痒。

（2）楝叶吴茱萸 Evodia meliaefolia（Hance）Benth.

乔木。

生于平地常绿阔叶林中，在山谷较湿润地方常成为主要树种。

雷州半岛各地有栽培。产于台湾、福建、广东、海南、广西及云南南部。

鲜叶、树皮及果皮有臭辣气味。根及果用作草药。

6. 金橘属 Fortunella Swingle（野生 1 种，外来引种栽培 1 种）

（1）山橘 Fortunella hindsii（Champ. ex Benth.）Swingle

常绿灌木或小乔木。

见于低海拔疏林中。

雷州半岛各地有栽培。产于安徽南部、江西、福建、湖南、两广及海南。

根用作草药。味辛、苦，性温。

（2）金橘 Fortunella margarita（Lour.）Swingle

常绿灌木。

喜光，稍耐阴，要求深厚肥沃带酸性的砂质土壤。

雷州半岛广泛栽培。产于我国华南，现华南地区广为栽培。

金桔不仅美观，其果实含金桔甙等成分，对维护心血管功能，防止血管硬化、高血压等疾病有一定的作用。

7. 山小桔属 Glycosmis Correa（野生 1 种）

（1）山小桔 Glycosmis parviflora（Sims）Little

常绿灌木。

生于低海拔缓坡或山地杂木林，路旁树下的灌木丛中亦常见。

雷州半岛各地有栽培。产于台湾、福建、两广、贵州、云南六省区的南部及海南；越南东北部也有分布。

根、叶药用。

8. 小芸木属 Micromelum Bl.（野生 2 种）

（1）大管 Micromelum falcatum（Lour.）Tanaka

常绿灌木。

生于平地至山地，常见于阳光充足的灌木丛中或阴生林中。

雷州半岛各地有栽培。产于广东西南部、海南、广西、云南东南部；越南、老挝、柬埔寨和泰国也有分布。

根的内皮淡茶褐色，嚼之有粘胶质液，味苦。根、叶用作草药。

（2）小芸木 Micromelum integerrimum（Buch. – Ham.）Roem.

灌木。

生于低坡地次生林中。

雷州半岛各地有栽培。产于两广、海南及西南地区，东南亚地区也有分布。

全株用作草药，多用其根，味辛、苦，性湿，行气、祛痰。

9. 九里香属 Murraya Koenig ex Linn.（野生 2 种）

（1）翼叶九里香 Murraya alata Drake

常绿灌木。

常见于离海岸不远的沙地灌丛中。

雷州半岛各地有栽培。产于广东雷州半岛、海南南部、广西北海市；越南东北部沿海地区也有分布。

优良园林绿化树种。

（2）九里香 Murraya exotica Linn.

常绿灌木，绿化树种。

生于砂土灌丛中。

雷州半岛各地有栽培。产于台湾、福建、广东、海南、广西五省区南部。

树姿秀雅，四季常青，开花洁白而芳香，是优良的盆景材料。

10. 花椒属 Zanthoxylum Linn.（野生 6 种，外来引种栽培 1 种）

（1）簕欓花椒 Zanthoxylum avicennae（Lam.）DC.

落叶乔木。

生于低海拔平地、坡地或谷地，多见于次生林中。

雷州半岛各地有栽培。产于台湾、福建、两广、海南、云南；菲律宾、越南北部也有分布。

鲜叶、根皮及果皮均有花椒气味，嚼之有粘质，味苦而麻舌，果皮和根皮味较浓。

（2）拟蚬壳花椒 Zanthoxylum laetum Drake

攀援木质藤本。

生于山地杂木林中，石灰岩山地及土山均有生长，攀援于其他树上。

雷州半岛各地有栽培。产于广东（湛江地区）、海南、广西西南部、云南南部；越南北部也有分布。

（3）两面针 Zanthoxylum nitidum（Roxb.）DC.

攀援木质藤本。

山地、丘陵、平地的疏林、灌丛中、荒山草坡的有刺灌丛中较常见。

雷州半岛各地有栽培。产于台湾、福建、广东、海南、广西、贵州及云南。

根、茎、叶、果皮均用作草药，通常用根，有活血、消肿等功效。

（4）大叶臭花椒 Zanthoxylum rhetsoides Drake

落叶乔木。

生于坡地疏或密林中。

雷州半岛各地有栽培。产于我国华南及西南地区；越南、缅甸、印度也有分布。

根皮、树皮及嫩叶均用作草药，有祛风除湿、活血散瘀功效。

（5）花椒簕 Zanthoxylum scandens Bl.

灌木。

生于山坡灌木丛或疏林下。

雷州半岛各地有栽培。产于长江以南；东南亚各地也有分布。

种子油可作润滑油和制肥皂。

（6）青花椒 Zanthoxylum schinifolium Siebold & Zuccarini

灌木；茎枝有短刺，刺基部两侧压扁状，嫩枝暗紫红色。

生于山谷及溪边。

廉江、遂溪等地有栽培。产于五岭以北、辽宁以南大多数省区。

果可作花椒代品，名为青椒。

（7）胡椒木 Zanthoxylum piperitum DC.

常绿灌木。

喜强光、肥沃砂质土壤，生长慢。

湛江市区等地有栽培。原产于日本；我国长江以南各地常见栽培。

叶色浓绿细致，质感佳，并能散发香味，适于花槽栽植、造型等。

A195. 苦木科 Simarubaceae（野生 1 属 1 种）

1. 鸦胆子属 Brucea J. F. Mill.

（1）鸦胆子 Brucea javanica（Linn.）Merr.

常绿灌木。

生于低海拔的旷野或山麓灌丛中或疏林中。

雷州半岛各地有栽培。产于福建、台湾、两广、海南和云南等省区，亚洲东南部至大洋洲北部也有分布。

种子称鸦胆子，作中药，味苦，性寒，有清热解毒、止痢疾等功效。

A196. 橄榄科 Burseraceae（野生 1 属 2 种）

1. 橄榄属 Canarium Linn.

（1）橄榄 Canarium album（Lour.）Raeusch.

常绿乔木。

生于沟谷和山坡杂木林中。

雷州半岛各地有栽培。产于福建、台湾、广东、广西、云南；分布于越南。

著名果树。为很好的防风树种及行道树。木材可造船、做家具等。

（2）乌榄 Canarium pimela K. D. Koenig

常绿乔木。

生长于低海拔的杂木林内。

雷州半岛各地有栽培。产于两广、海南、云南；分布于越南、老挝、柬埔寨。

种子即"榄仁"，可榨油食用，制肥皂及润滑油；核壳可制活性炭。

A197. 楝科 Meliaceae（6 属 9 种：野生 3 属 5 种；外来引种栽培 3 属 4 种）

1. 米仔兰属 Aglaia Lour.（野生 2 种）

（1）米仔兰 Aglaia odorata Lour.

常绿灌木。

生于低海拔山地的疏林或灌木林中。

雷州半岛各地有栽培。产于两广及海南；分布于东南亚。

为优良的芳香植物，开花季节浓香四溢，可用于场景装饰。

（2）山楝 Aglaia roxburghiana Miq.

乔木。

多见于山地湿润山谷密林中。

雷州半岛各地有栽培。产于两广及海南；分布于中南半岛、马来半岛。

木材赤色，坚硬，可作车辆、船板、农具、建筑、家具等用材。

2. 麻楝属 Chukrasia A. Juss.（外来引种栽培 1 种 1 变种）

（1）麻楝 Chukrasia tabularis A. Juss.

落叶大乔木。

喜光，喜湿润肥沃土壤；生长迅速，为低海拔地区较好的造林树种和绿化树种。

雷州半岛均有栽培。产于我国华南、西南，越南、印度及马来西亚。

园林树种。

（2）毛麻楝 Chukrasia tabularis A. Juss. var. velutina（Wall）King

落叶大乔木。

喜光，喜湿润肥沃土壤；生长迅速。

华南地区、雷州半岛均有栽培。产于我国两广、广西、贵州、云南，印度及斯里兰卡。

园林树种。

3．山楝属 Aphanamixis Bl.（野生2种）

（1）大叶山楝 Aphanamixis grandifolia Bl.

常绿乔木。

喜光，喜温暖湿润气候及土层深厚疏松的酸性土；生长迅速。

雷州半岛各地有栽培。产于两广、海南、云南等省区。

种仁含油率为54%～60%，出油率25%～30%，油可供制肥皂及润滑油。

（2）山楝 Aphanamixis polystachya（Wall.）R. N. Parker

常绿乔木。

生于低海拔地区的杂木林中。

雷州半岛各地有栽培。产于两广、海南及云南等地；分布于印度、中南半岛、马来半岛、印度尼西亚等地区。

木材赤色、坚硬。种子含油量35.32%～50%，可制肥皂或作润滑油。

4．楝属 Melia Linn.（野生1种）

（1）苦楝 Melia azedarach Linn.

落叶乔木。

生于低海拔旷野、路旁或疏林中。

雷州半岛各地有栽培。产于我国黄河以南各省区。

良好的城市及工矿区绿化树种。

5．非洲楝属 Khaya A. Juss.（外来引种栽培1种）

（1）非洲楝 Khaya senegalensis（Desr.）A. Juss.

常绿大乔木。

喜光，适土层深厚湿润静风环境，能耐干旱，但不耐瘠薄土壤。

雷州半岛均有栽培。原产于非洲热带。

本种枝叶繁茂，树姿挺拔秀丽，宜作庭园风景树，绿荫树和行道树。

6．桃花心木属 Swietenia Jacq.（外来引种栽培1种）

（1）桃花心木 Swerenia mahogany Jacq

常绿大乔木。

喜光，喜温暖湿润气候及土层深厚肥沃的土壤。

雷州半岛均有栽培。原产于南美洲，现热带地区均有栽培。

优良园林树种。木材红色，抗虫蚀，是世界有名的珍贵木材。

A198. 无患子科 Sapindaceae（10 属 10 种：野生 8 属 8 种；外来引种栽培 2 属 2 种）

1. 异木患属 Allophylus Linn.（野生 1 种）

（1）异木患 Allophylus viridis Radlk.

灌木。

生于低海拔至中海拔地区的林下或灌丛中。

雷州半岛各地有栽培。产于广东海南岛各地和雷州半岛；越南北部也有分布。

通利关节，散瘀活血。治风湿痹痛，跌打损伤。叶治感冒。

2. 滨木患属 Arytera Bl.（野生 1 种）

（1）滨木患 Arytera littoralis Bl.

常绿小乔木。

生于低海拔地区的林中或灌丛中。

雷州半岛各地有栽培。产于云南、广西和广东三省区之南部，海南各地常见；广布于亚洲东南部，向南至伊里安岛。

木材适作农具。种子可作油料。嫩芽可作蔬菜食用（傣族）。

3. 龙眼属 Dimocarpus Lour.（野生 1 种）

（1）龙眼 Dimocarpus longan Lour.

常绿乔木。

见野生或半野生于疏林中。

雷州半岛各地有栽培。产于两广、福建、海南及云南；亚洲南部及东南部也有分布。

著名热带果树。果（桂圆）食用可安神，治失眠、健忘、惊悸。

4. 坡柳属 Dodonaea Mill.（野生 1 种）

（1）坡柳 Dodonaea viscosa（Linn.）Jacq.

灌木。

生于山谷溪流旁或湿润的山坡上。

雷州半岛各地有栽培。分布于我国西南部、南部至东南部；全世界的热带和亚热带地区也有分布。

5. 赤才属 Erioglossum Bl.（野生 1 种）

（1）赤才 Erioglossum rubiginosum（Roxb.）Bl.

常绿乔木。

生于灌丛或疏林中。

雷州半岛各地有栽培。产于广东雷州半岛和海南岛以及广西的合浦和南宁地区

6. 假山萝属 Harpullia Roxb.（野生 1 种）

（1）假山萝 Harpullia cupanoides Roxb.

常绿乔木。

生于林中、村边或路旁。

雷州半岛各地有栽培。产于云南南部、海南岛和雷州半岛，亚洲东南部至伊里安岛。

木材淡橙黄色，切面平滑而有光泽，纹理直，结构细，质坚而重。

7. 荔枝属 Litchi Sonn.（野生 1 种）

（1）荔枝 Litchi chinensis Sonn.

常绿乔木。

见野生或半野生于疏林中。

雷州半岛各地有栽培。产于我国西南部、南部和东南部。

著名热带果树。荔枝有消肿解毒、止血止痛的作用。

8. 栾木属 Koelreuteria Laxm.（外来引种栽培 1 种）

（1）复羽叶栾树 Koelreuteria bipinnata Franch.

常绿乔木。

喜光，适生于石灰岩山地，速生。

湛江市区等地有栽培。产于我国中南及西南部，我国亚热带及热带地区常见栽培。

优良观赏树种。

9. 韶子属 Nephelium Linn.（外来引种栽培 1 种）

（1）红毛丹 Nephelium lappaceum Linn.

常绿乔木。

喜光，喜高温多湿气候，适生于土层深厚、富含有机质土壤。

湛江市区等地有栽培。原产于亚洲热带。

著名热带果树。

10. 无患子属 Sapindus Linn.（野生 1 种）

（1）无患子 Sapindus mukorossi Gaertn.

落叶乔木。

生于温暖、土壤疏松而稍湿润的环境。

雷州等地有栽培，湛江市区也有栽培。产于台湾、湖北西部及长江以南各省区；越南、老挝、印度、日本也有分布。

根、果入药，能清热解毒、化痰止咳；果皮含无患子皂素，代肥皂用。

A201. 清风藤科 Sabiaceae（野生 2 属 2 种）

1. 泡花树属 Meliosma Bl.（野生 1 种）

（1）笔罗子 Meliosma rigida Sieb & Zucc

落叶乔木。

生于低海拔阔叶林中。

廉江有栽培。产于我国华南及西南地区；日本也有分布。

药用，治咳嗽、感冒，止痛。

2. 清风藤属 Sabia Colebr.（野生 1 种）

（1）清风藤 Sabia japonica Maxim

落叶攀援木质藤本。

生于低海拔山谷、林缘灌丛中。

廉江有栽培。产于江苏、安徽、浙江、福建、江西、两广；日本也有分布。

药用，祛风利湿、活血解毒。

A205. 漆树科 Anacardiaceae（6 属 8 种：野生 4 属 5 种；外来引种栽培 2 属 3 种）

1. 南酸枣属 Choerospondias Buett & Hill（野生 1 种）

（1）南酸枣 Choerospondias axillaris（Roxb.）Burtt & Hill

落叶乔木。

生于山坡、丘陵或沟谷林中。

廉江和寮镇根竹嶂等地有栽培。产于华中、华东、华南及西南；印度、中南半岛和日本也有分布。

为较好的速生造林树种。树皮和叶可提栲胶。果可生食或酿酒。

华南植物园采集标本号：梁向日 114561。

2. 人面子属 Dracontomelon Bl.（外来引种栽培 1 种）

（1）人面子 Dracontomelon duperreanum Pierre

常绿乔木。

喜高温多湿环境，不耐寒；对土壤要求不高，萌芽力强。

雷州半岛广泛栽培；产于我国两广、云南东南，越南。

可作行道树、庭荫树。树冠宽广浓绿，甚为美观，是"四旁"和庭园绿化的优良树种，也适合作行道树。

3. 厚皮树属 Lannea A. Rich.（野生 1 种）

（1）厚皮树 Lannea coromandelica（Houtt.）Merr.

落叶乔木。

生于山坡、溪边或旷野林中。

雷州半岛各地有栽培。产于两广、海南及云南；分布于中南半岛、印度至印度尼西亚。

药用，治骨折、河豚鱼中毒。

4. 杧果属 Mangifera Linn.（外来引种栽培 2 种）

（1）杧果 Mangifera indica Linn.

常绿乔木。

喜光或稍耐阴，喜温暖湿润气候、肥沃的砂质土壤。

雷州半岛广泛栽培。原产于喜马拉雅山以南的热带地区。

热带著名水果，果核疏风止咳。

（2）扁桃 Mangifera persiciformis C. Y. Wu & T. L. Ming

常绿乔木。

喜光或稍耐阴，喜温暖湿润气候、深厚肥沃的砂质土壤。

湛江市区等地有栽培。产于我国广西、云南、贵州。

细木工制品的重要原料。风景树种，也是蜜源植物。

5. 黄连木属 Pistacia Linn.（野生 1 种）

（1）黄连木 Pistacia chinensis Bunge

落叶乔木。

生于低海拔的石山林中。

廉江等地有栽培。产于长江以南各省区及华北、西北；菲律宾亦有分布。

药用，具有清热解毒、去暑止渴的功效，主治痢疾、暑热口渴。

6. 漆树属 Rhus Linn.（野生 2 种）

（1）盐肤木 Rhus chinensis Mill.

落叶小乔木。

生于向阳山坡、沟谷、溪边的疏林或灌丛中。

雷州半岛各地有栽培。我国除东北、内蒙古和新疆外，其余省区均有；亚洲南部及东南部、日本和朝鲜也有分布。

秋叶红色，甚美丽。寄生五倍子，供提取单宁及药用；种子榨油。

（2）野漆树 Rhus sylvestris Sieb. & Zucc.

落叶灌木或小乔木。

生于山坡、溪边或旷野林中。

雷州半岛各地有栽培。华北至长江以南各省区均有产；分布于印度、中南半岛、朝鲜和日本。

根、叶和果供药用，能解毒、止血、散淤、消肿，主治跌打损伤。

A206. 牛栓藤科 Connaraceae（野生 1 属 2 种）

1. 红叶藤属 Rourea Aubl.

（1）小叶红叶藤 Rourea microphylla（Hook. & Arn.）Planch.

攀援灌木。

生于山坡或疏林中。

雷州半岛各地有栽培。产于福建、广东、广西、云南等省区；越南、斯里兰卡、印度、印度尼西亚也有分布。

（2）红叶藤 Rourea minor（Gaertn.）Alston

藤本或攀援灌木。

生于丘陵、灌丛、竹林或密林中。

雷州半岛各地有栽培。产于台湾、广东、云南；越南、老挝、柬埔寨、斯里兰卡、印度、澳大利亚的昆士兰等地均有分布。

A209. 山茱萸科 Cornaceae（野生 1 属 2 种）

1. 梾木属 Swida Opiz

（1）梾木 Swida macrophylla（Wall.）Sojak

落叶乔木。

生于低海拔疏林中。

雷州半岛各地有栽培。产于山西、陕西、甘肃南部、山东南部、台湾、西藏以及长江以南各省区；中东地区也有分布。

（2）华南梾木 Swida austrosinensis（Fang & W. K. Hu）Fang & W. K. Hu

落叶乔木。

生于低海拔杂木林中。

雷州半岛各地有栽培。产于湖南、广东、广西、贵州等省区。

A210. 八角枫科 Alangiaceae（野生 1 属 3 种）

1. 八角枫属 Alangium Lam.

（1）八角枫 Alangium chinense（Lour.）Harms

落叶乔木。

生于山地或疏林中。

雷州半岛各地有栽培。产于我国长江流域以南等地，东南亚及非洲东部各国也有分布。

八角枫清热解毒，活血散瘀。根和皮药效最好。

（2）毛八角枫 Alangium kurzii Craib

落叶小乔木。

生于低海拔山地或疏林中。

雷州半岛各地有栽培。产于我国长江流域以南等地；东南亚各国也有。

药用，舒筋活血、散瘀止痛。主治跌打瘀肿、骨折。

（3）土坛树 Alangium salviifolium（Linn. f.）Wanger.

落叶乔木。

生于低海拔疏林及杂灌丛中。

雷州半岛各地有栽培。产于海南、广东及广西南部沿海地区；分布于东南亚及尼泊尔、印度、斯里兰卡和非洲东南部。

优良观赏树种。根和叶可治风湿和跌打损伤。种子可榨油。

A212. 五加科 Araliaceae（6 属 16 种 1 变种：野生 4 属 5 种；外来引种栽培 3 属 6 种 2 变种）

1. 五加属 Acanthopanax Miq.（野生 1 种）

（1）白簕花 Acanthopanax trifoliatus（Linn.）Merr.

灌木。

生于荒地及杂灌丛中。

雷州半岛各地有栽培。广布于我国中部和南部；印度、越南和菲律宾也有分布。

2. 楤木属 Aralia Linn.（野生 2 种）

（1）虎刺楤木 Aralia armata（Wall.）Seem.

多刺灌木。

生于林中和林缘。

雷州半岛各地有栽培。分布于我国华南及西南等地；印度、缅甸、马来西亚和越南也有分布。标本采于雷州九龙山，标本号韩维栋 20120368A。

根用于全身发黄、小便黄、痢疾、跌打损伤、呕吐、镇咳、祛痰。

（2）黄毛楤木 Aralia decaisneana Hance

灌木。

生于阳坡或疏林中。

雷州半岛各地有栽培。产于我国华南、安徽及云南等地。

3. 常春藤属 Hedera Linn.（外来引种栽培 1 变种）

（1）常春藤 Hedera nepalensis var. sinensis（Tobl.）Rehd.

常绿攀援状灌木。

极耐阴，有一定的耐寒性；对土壤、水分要求不高，但以中性土或酸性土为好。

雷州半岛广泛栽培。产于两广、海南、台湾，现华南地区广为栽培。

在庭院中可用以攀缘假山、岩石，或在建筑阴面作垂直绿化材料。

4. 幌伞枫属 Heteropanax Seem.（野生 1 种）

（1）幌伞枫 Heteropanax fragrans（Roxb.）Seem.

常绿乔木。

生于低丘陵林中和林缘路旁的荫蔽处。

雷州半岛各地有栽培。产于我国华南地区；印度、不丹、孟加拉、缅甸和印度尼西亚亦有分布。

幌伞枫的树形端正，枝叶茂密，在庭院中既可孤植，也可片植。

5. 南洋参属 Polyscias J. R. & G. Forst.（外来引种栽培 4 种）

（1）圆叶南洋森 Polyscias balfouriana Baileya

常绿灌木。

耐阴，喜高温多湿气候，也极耐旱。生长迅速。

雷州半岛广泛栽培。原产于新喀里多尼亚，现广泛栽培于热带地区。

（2）羽叶南洋森 Polyscias fruticosa Harms.

常绿灌木。

耐阴，喜高温多湿气候，也极耐旱。生长迅速。

雷州半岛广泛栽培。原产于太平洋群岛，现广泛栽培于热带地区。

（3）银边南洋森 Polyscias guilfoylei（Cogn. & March.）Bailey var. laciniata Bailey

常绿灌木。

耐阴，喜高温多湿气候，也极耐旱。生长迅速。

雷州半岛广泛栽培；原产于太平洋群岛，现广泛栽培于热带地区。

（4）南洋森 Polyscias guilfoylei（Cogn. & March.）Bailey

常绿灌木。

耐阴，喜高温多湿气候，也极耐旱。生长迅速。

雷州半岛广泛栽培；原产于马来西亚、波利尼西亚，现广泛栽培于热带地区。

6. 鹅掌柴属 Schefflera J. R. & G. Forst.（野生 1 种；外来引种栽培 2 种）

（1）澳洲鸭脚木 Schefflera actinophylla（Endl.）Harms.

常绿小乔木。

喜光及温暖、湿润、通风良好的环境。

雷州半岛广泛栽培。原产于澳洲，我国南方有栽培。

鹅掌藤是常见的园艺观叶植物。

（2）鹅掌藤 Schefflera arboricola Hayata.

攀岩性灌木。

喜光，耐干旱，亦耐湿。

雷州半岛广泛栽培。产于两广、海南、台湾，现华南地区广为栽培。

（3）鹅掌柴 Schefflera octophylla（Lour.）Harms

落叶灌木或乔木。

常绿阔叶林常见的植物，有时也生于阳坡上。

雷州半岛各地有栽培。产于西藏（察隅）、云南、两广、海南、浙江、福建和台湾；日本、越南和印度也有分布。

大型盆栽植物。

A215. 杜鹃花科 Ericaceae（1 属 3 种：野生 1 属 1 种；外来引种栽培 1 属 2 种）

1. 杜鹃花属 Rhododendron Linn.

（1）比利时杜鹃（西洋杜鹃）Rhododendron hybrida

常绿灌木。

雷州半岛城乡各地有栽培。从比利时引种到我国长江流域或温室栽培。

一年四季都可以开花，花期可以控制。花色有红、白、花蝴蝶、粉红、大红等。著名观赏植物，是世界盆栽花卉生产的主要种类之一。

（2）锦绣杜鹃（毛杜鹃）Rhododendron pulchrum Sweet

半常绿灌木。

山地疏灌丛中。

雷州半岛广泛栽培，栽培品种繁多。产于江苏、浙江、江西、福建、湖北、湖南、广东和广西。

（3）杜鹃花 Rhododendron simsii Planch.

落叶灌木。

山地疏灌丛中。

廉江有栽培。产于我国长江流域以南。

全株供药用，有行气活血、补虚之效，治疗内伤咳嗽、肾虚。

A221. 柿科 Ebenaceae（1属4种1变种：野生1属2种；外来引种栽培1属2种1变种）

1. 柿树属 Diospyros Linn.

（1）光叶柿 Diospyrus diversilimba Merr. & Chun

落叶灌木或小乔木。

生于丘陵疏林中，河畔林中，路旁灌丛中及海岸潮间带等处。

雷州半岛各地有栽培。产于广东西南部及海南。

（2）柿 Diospyros kaki Linn. F.

乔木，高达15米。

喜光，耐寒。

雷州半岛各地有栽培。全国各地普遍栽培。

亚热带果树。果实可酿酒或制柿饼；柿霜及柿蒂入药。

（3）油柿 Diospyros kaki var. sylvestris Makino

小枝及叶柄密生黄褐色短柔毛，叶较柿叶小，果径不超过5厘米。

雷州半岛各地有栽培。中南、西南及沿海各省都有分布。

果实含单宁，拷胶原料，也可提制柿漆。

（4）君迁子 Diospyrus lotus Linn.

落叶大乔木。

生于丘陵、山谷林中，路旁灌丛中。

湛江市区有栽培。产于广东、广西、湖南、湖北、四川、贵州、云南。

果树。

（5）罗浮柿 Diospyros morrisiana Hance

落叶小乔木。

生于山坡、山谷疏林或密林中，或灌丛中，或近溪畔、水边。

廉江等地有栽培。产于我国华南及西南地区。

茎皮、叶和果实入药，有消炎解毒，收敛之效。

A222. 山榄科 Sapotaceae（8 属 9 种 1 变种：野生 3 属 3 种；外来引种栽培 6 属 6 种 1 变种）

1. 金叶树属 Chrysophyllum Linn.（外来引种栽培 1 种 1 变种）

（1）星苹果 Chrysophyllum cainito Linn.

常绿乔木。

喜光，喜高温高湿气候；适生于排水良好的肥沃土壤。

湛江市区等地有栽培。原产于热带美洲或西印度群岛。

根、叶入药，有活血去瘀、消肿止痛之效。果可食。

（2）金叶树 Chrysophyllum lanceolatum var. stellatocarpon van Royen ex Vink

常绿乔木。

喜光，喜高温高湿气候。

湛江市区等地有栽培。产于广东沿海、广西；斯里兰卡、印度尼西亚、中南半岛、马来西亚、新加坡也有分布。

2. 紫荆木属 Madhuca J. F. Gmel.（外来引种栽培 1 种）

（1）紫荆木 Madhuca pasquieri（dubard）Lam.

常绿乔木。

喜光，喜高温高湿气候；适生于排水良好的肥沃土壤。

湛江市区等地有栽培。产于广东西南部、广西东南部至南部、云南东南部；越南北部也有分布。

药用，活血，通淋。

3. 铁线子属 Manilkara Adans.（野生 1 种；外来引种栽培 1 种）

（1）铁线子 Manilkara hexandra（Roxb.）Dubard

常绿乔木。

生于低海拔海边旷野丛林中。

遂溪有栽培（新记录）。产于海南、广西南部；印度、斯里兰卡及中南半岛也有分布。

木材甚重硬，直纹理，适用于高级地板、木制品。

（2）人心果 Manilkara zapota（Linn.）van Royen

常绿乔木。

喜光，喜暖热湿润气候，适应性强，抗寒力较强；以排水良好、肥沃的砂质土壤最适宜。

雷州半岛常见栽培。原产于美洲热带，热带地区多有栽培。

果可食，味甜可口；树干之乳汁为口香糖原料；种仁含油率 20%；树皮含植物碱，可治热症。

4. 香榄属 Mimusops Linn.（外来引种栽培 1 种）

（1）香榄（伊朗紫硬胶、牛乳树）Mimusops elengi Linn.

常绿小乔木。

喜光，喜高温高湿气候；适生于排水良好的肥沃土壤。

湛江市区等地有栽培。原产地为爪哇、印度及马来西亚；热带及南亚热带地区多有栽培。

可作园景树和行道树。

5. 桃榄属 Pouteria Aubl. （野生 1 种）

（1）桃榄 Pouteria annamensis （Pierre ex Dubard） Baehni

常绿大乔木。

生于林中，村边路旁偶见。

遂溪有栽培。产于广东和云南南部；越南北部也有分布。

果味香甜，可以食用。木材可制家具、农具。

6. 铁榄属 Sinosideroxylon （Engl.） Aubr. （外来引种栽培 1 种）

（1）铁榄 Sinosideroxylon pedunculatum （Hemsl.） H. Chuang

常绿小乔木。

生于中海拔林中。

徐闻有栽培。产于湖南、广东、广西、云南。

木材供制农具、农械、器具用。

7. 神秘果属 Synsepalum （A. DC.） Daniell （外来引种栽培 1 种）

（1）神秘果 Synsepalum dulcificum （Schum. & Thonn.） Daniell.

常绿灌木。

喜光，喜高温高湿气候；适生于排水良好的肥沃土壤。

湛江市区等地有栽培。原产于西非、加纳、刚果一带。

熟果可生食；种子可生食及制成浓缩锭剂。

8. 刺榄属 Xantolis Raf. （野生 1 种）

（1）琼刺榄 Xantolis longispinnsa （Merr.） H. S. Lo

常绿灌木或小乔木。

生于低海拔林中，村边路旁偶见。

徐闻有栽培（新记录）产于海南。

A222a. **肉子科** Sarcospermataceae **（总：1 属 1 种；野生：1 属 1 种）**

1. 肉实属 Sarcosperma Hook. F.

（1）肉实树 Sarcosperma laurinum （Benth.） Hook. f.

乔木。

生于低海拔林中。

雷州半岛有栽培；产于浙江、福建、广东西部、海南、广西，越南北部也有产。标本采于廉江谢鞋山，标本号韩维栋 20120539。

华南植物园采集标本号：南路 202113。

A223. 紫金牛科 Myrsinaceae（总：5 属 17 种；野生：5 属 16 种；栽培 1 属 1 种）

1. 蜡烛果属 Aegiceras Gaertn.（野生 1 种）

（1）蜡烛果（桐花树）Aegiceras corniculatum（Linn.）Blanco

灌木，红树林植物。

生于海边潮水涨落的污泥滩上，为红树林组成树种之一，有时亦成纯林。

雷州半岛各地有栽培。产于广西、广东、福建及南海诸岛；印度、中南半岛至菲律宾及澳大利亚南部等均有分布。

蜡烛果林可防浪护堤。树皮含鞣质，可制栲胶。花为蜜源。

2. 紫金牛属 Ardisia Swartz（野生 8 种；外来引种栽培 1 种）

（1）小紫金牛 Ardisia chinensis Benth.

亚灌木状矮灌木。

习见于山谷、山坡灌木丛中或疏林下或水沟与小河旁。

雷州半岛各地有栽培。产于浙江、江西、两广、福建、台湾。

观赏与药用植物。

（2）朱砂根 Ardisia crenata Sims

灌木。

生于疏、密林下阴湿的灌木丛中。

雷州半岛各地有栽培。产于我国西藏东南部至台湾，湖北至海南岛等地区；印度，缅甸经马来半岛、印度尼西亚至日本均有分布。

园林亦有栽培，为春节盆栽观果花木。药用，清热解毒、活血止痛。

（3）大罗伞树 Ardisia hanceana Mez

灌木或小乔木，高达 6m。

生于林下，阴湿的地方。

雷州半岛各地有栽培。产于浙江、安徽、江西、福建、湖南、广东、广西、香港等地。

（4）矮紫金牛 Ardisia humilis Vahl

灌木。

生于山间、坡地疏、密林下，或开阔的坡地。

雷州半岛各地有栽培。产于广东西南及海南。

树皮含单宁，亦供药用，煎水服治头痛、便血等症。

（5）铜盆花 Ardisia obtusa Mez

灌木。

习见于山谷、山坡灌木丛中或疏林下或水沟与小河旁。

徐闻有栽培。产于广东西南及海南。

（6）九节龙 Ardisia pusilla Thunb.

亚灌木。

生于山间密林下，路旁、溪边阴湿的地方，或石上土质肥沃的地方。

雷州半岛各地有栽培。产于我国华南及西南地区；朝鲜，日本至菲律宾亦有分布。

药用，祛风除湿，活血止痛。治风湿疼痛、跌打肿痛、咳嗽吐血、寒气腹痛。

（7）罗伞树 Ardisia quinquegona Bl.

灌木。

生于山坡疏、密林中，或林中溪边阴湿处。

雷州半岛各地有栽培。产于两广、云南、福建及台湾；从马来半岛至日本琉球群岛都有分布。

清热解毒、散瘀止痛。

（8）东方紫金牛 Ardisia squamulosa Presl.

常绿灌木。

喜光，耐阴，抗风、抗瘠；以砂质土壤为宜。

湛江市区等地有栽培。产于两广、海南、云南和台湾，印度至马来西亚。

生性强健，耐风耐阴，抗瘠。不择土质，但以砂质土壤为宜。

（9）雪下红 Ardisia villosa Roxb.

直立亚灌木。

生于疏、密林下石缝间，坡边或路旁阳处，亦见于荫蔽的潮湿地方。

雷州半岛各地有栽培。产于云南及两广。

全株供药用，有消肿、活血散瘀作用，用于风湿骨痛、疮疖等。

3. 酸藤子属 Embelia Burm. F.（野生2种）

（1）酸藤子 Embelia laeta（Linn.）Mez

攀援状灌木。

生于山坡疏、密林下或疏林缘或开阔的草坡、灌木丛中。

雷州半岛各地有栽培。产于我国华南及西南地区；东南亚各国有分布。

果可食，味酸，亦有驱蛔虫的作用；全株治产后腹痛、肾炎水肿。

（2）长叶酸藤子 Embelia longifolia（Benth.）Hemsl.

攀援状灌木。

生于山谷、山坡疏、密林中或路边灌丛中。

雷州半岛各地有栽培。产于我国华南及西南地区。

果可食，味酸，亦有驱蛔虫的作用；全株治产后腹痛、肾炎水肿。

4. 杜茎山属 Maesa Fcrsk.（野生3种）

（1）顶花杜茎山 Maesa balansae Mez

灌木。

见于坡地、海边空旷的灌木丛中，有时亦见于林缘，疏林下或溪边。

湛江等地有栽培（新记录）。产于广西和海南。

（2）金珠柳 Maesa montana A. DC.

灌木。

生于低海拔的间杂林下或疏林下。

产于我国西南各省至台湾以南地区；印度、缅甸、泰国均有分布。

四川用叶代茶，又用于制蓝色染料。

（3）鲫鱼胆 Maesa perlarius（Lour.）Merr.

灌木。

生于山坡、路边的疏林或灌丛中湿润的地方。

雷州半岛各地有栽培。产于四川（南部）、贵州至台湾以南沿海各省、区；越南、泰国亦有分布。

植物类鲫鱼胆是一味很好的中药材，全株均可供药用。

5. 密花树属 Rapanea Aubl.（野生 2 种）

（1）打铁树 Rapanea linearis（Lour.）S. Moore

灌木。

生于山间疏、密林中或荒坡灌丛中，或石灰岩山灌丛中。

雷州半岛各地有栽培。产于两广、海南、贵州等地；越南亦有分布。

（2）密花树 Rapanea neriifolia（Sieb. & Zucc.）Mez

小乔木。

生于低海拔混交林中，亦见于林缘、路旁等灌丛中。

雷州半岛各地有栽培。产于我国西南各省至台湾；缅甸、越南、日本亦有分布。

根煮水服，治膀胱结石；树皮含鞣质 20.11%；叶治外伤；木材坚硬。

A224. 安息香科 Styracaceae（野生 1 属 4 种）

1. 安息香属 Styrax Linn.

（1）白花笼 Styrax faberi Perk.

灌木。

生于灌丛中。

雷州半岛各地有栽培。产于长江流域以南。

微苦、凉。有清热解毒、止咳止痛的功用。

（2）大花安息香 Styrax grandiflorus Griff.

灌木。

生于疏林中或山坡上。

廉江等地有栽培。产于西藏、云南、贵州、广西、广东和台湾；不丹、印度、缅甸和菲律宾也有分布。

（3）栓叶安息香 Styrax suberifolius Hook. & Arn

乔木。

生于山地、丘陵地常绿阔叶林中。

雷州半岛各地有栽培。产于长江流域以南各省区；越南也有分布。

本种木材坚硬，可供家具和器具用材；种子可制肥皂或油漆。

（4）齿叶安息香 Styrax serrulatus Roxb.

乔木。

生于山地、丘陵地常绿阔叶林中。

廉江等地有栽培。产于两广、云南至西藏；缅甸、越南和印度也有分布。

A225. 山矾科 Symplocaceae（野生1属9种）

1. 山矾属 Symplocos Jacq.

（1）十棱山矾 Symplocos chunii Merr.

乔木。

生于山坡疏林或密林中。

雷州半岛各地有栽培。产于海南、广东西南部及广西。

（2）美山矾 Symplocos decora Hance

常绿小乔木。

生于杂林灌丛中或山谷边。

雷州半岛各地有栽培。产于两广及浙江。

（3）密花山矾 Symplocos congesta Benth.

常绿乔木。

生于低海拔林中。

雷州半岛各地有栽培。产于我国华南地区。

（4）越南山矾 Symplocos cochinchinensis（Lour.）Moore

常绿乔木。

生于低海拔地带的溪边、路旁和热带阔叶林中。

雷州半岛各地有栽培。产于我国华南及西南地区；中南半岛、印度尼西亚爪哇、印度也有分布。

（5）白檀 Symplocos paniculata（Thunb.）Miq.

落叶灌木。

生于低海拔山坡、路边、疏林或密林中。

廉江等地有栽培。产于东北、华北至华南、西南；朝鲜、日本、印度也有分布。

白檀具有耐干旱瘠薄特性，是水土流失的先锋树种。

（6）丛花山矾 Symplocos poilanei Guill.

灌木。

生于杂林灌丛中。

雷州半岛各地有栽培。产于广东西南部及海南；越南也有分布。

（7）铁山矾 Symplocos pseudobarberina Gontsch.

乔木。

生于山坡疏林或密林中。

廉江等地有栽培。产于我国华南地区。

（8）珠仔树 Symplocos racemosa Roxb.

常绿小乔木。

生于低海拔疏林中。

雷州半岛各地有栽培。产于两广及西南地区；缅甸、泰国、越南和印度也有分布。

（9）坛果山矾 Symplocos urceolaris Hance

乔木。

生于路旁、山间平地或山坡疏林下。

雷州半岛各地有栽培。产于广东。

A228. 马钱科 Loganiaceae（4 属 7 种：野生 3 属 5 种；外来引种栽培 2 属 2 种）

1. 醉鱼草属 Buddleja Linn.（野生 1 种）

（1）驳骨丹 Buddleja asiatica Lour.

常绿亚灌木。

常见于低海拔灌丛中。

雷州半岛各地有栽培。产于长江流域以南各地；中东及东南亚各地均分布。

民间常用于产后发热或关节炎症；作外敷治疗跌打肿痛、作祛瘀之用。

2. 灰莉属 Fagraea Thunb.（外来引种栽培 1 种）

（1）灰莉 Fagraea ceilanica Thunb.

常绿灌木。

喜光，耐阴，耐寒力强，适应性强。

雷州半岛有栽培。产于我国两广、海南、云南和台湾，印度至马来西亚。

枝繁叶茂，树形优美，叶片近肉质，是优良的室内外观叶植物。

3. 钩吻属 Gelsemium Juss.（野生 1 种）

（1）钩吻（胡蔓藤）Gelsemium elegans（Gardn. & Champ.）Benth.

常绿木质藤本。

生于山地路旁灌木丛中或潮湿肥沃的丘陵山坡疏林下。

廉江、遂溪等地有栽培。产于我国华南及西南、亚洲东南部及南部等地。

全株有大毒。供药用，有消肿止痛、拔毒杀虫之效，可作杀虫剂。

4. 马钱属 Strychnos Linn.（野生 3 种；外来引种栽培 1 种）

（1）牛眼马钱 Strychnos angustiflora Benth.

常绿木质藤本。

生于山地疏林下或灌木丛中。

雷州半岛各地有栽培。产于福建、两广、海南及云南；分布于越南、泰国和菲律宾等地。

根和叶子可作捕兽药，还可药用治疗跌打损伤。

（2）三脉马钱 Strychnos cathayensis Merr.

常绿攀援灌木。

生于密林中。

雷州半岛各地有栽培。产于福建、两广、海南及云南；分布于越南。

（3）马钱子 Strychnos nux – vomica Linn.

常绿乔木。

湛江市区有栽培。产于印度、斯里兰卡、东南亚等地。

喜热带湿润性气候，以石灰质壤土或微酸性粘壤土生长较好。

种子极毒，含有马钱子碱和番木鳖碱等多种生物碱，用作健胃药。

（4）伞花马钱 Strychnos umbellata（Lour.）Merr.

木质藤本。

生于山地林中。

雷州半岛各地有栽培。产于海南、广东南部和广西；分布于越南和柬埔寨。

A229. 木犀科 Oleaceae（4 属 11 种 1 变种：野生 4 属 5 种 1 变种；外来引种栽培 4 属 6 种）

1. 女贞属 Ligustrum Linn.（野生 1 种，外来引种栽培 2 种）

（1）女贞 Ligustrum lucidum Ait.

常绿灌木。

喜光耐阴，喜温暖湿润气候，耐寒、耐水湿、不耐瘠薄。

湛江市区等地有栽培。产于我国、韩国、日本等地，我国各地常见栽培。

园林中常用的观赏树种。

（2）山指甲 Ligustrum sinense Lour.

常绿灌木或小乔木。

喜光，喜温暖湿润气候、疏松肥沃土壤。

廉江等地有栽培。产于长江以南各地，我国南方各地常见栽培。

耐修剪，生长慢。对有害气体抗性强，可作厂矿绿化。

（3）金叶女贞 Ligustrum vicayi Rehd.

小灌木。

适应性强，性喜光，稍耐阴，对土壤要求不严格。

湛江市区等地有栽培。产于我国，我国各地常见栽培。

金叶女贞在生长季节叶色呈鲜丽的金黄色，具极佳的观赏效果。

2. 素馨属 Jasminum Linn.（野生 2 种 1 变种，外来引种栽培 2 种）

（1）扭肚藤 Jasminum elongatum（Bergius）Willd.

常绿藤本。

生于灌木丛、混交林及沙地。

雷州半岛各地有栽培。产于两广、海南及云南；越南、缅甸至喜马拉雅山一带也有分布。

药用；清热解毒、利湿消滞。

（2）迎春花 Jasminum nudiflorum Lindl.

落叶灌木。

生于灌木丛或岩石缝中。

雷州半岛各地有栽培。产于我国黄河流域上游和西南地区等地。

观赏植物。

（3）青藤仔 Jasminum nervosum Lour.

常绿藤本。

生于山坡、沙地、灌丛及混交林中。

雷州半岛各地有栽培。产于我国华南及西南，东南亚等地也有分布。

果实药用，清湿热、拔毒生肌、接骨，治劳伤腰痛、疮疡溃烂。

（4）小叶青藤仔 Jasminum nervosum Lour. var. elegans（Hemsl.）Chia

常绿藤本。

生于山坡、沙地、灌丛及混交林中。

雷州半岛各地有栽培。产于广西、广东。小叶较青藤仔小（1.7～3.4cm），狭卵状披针形，革质。

（5）茉莉花 Jasminum sambac（Linn.）Ait.

常绿攀援状灌木或直立。

喜光，喜炎热、潮湿气候；以疏松肥沃的砂质土壤生长为佳。

雷州半岛广泛栽培。原产于印度，现世界各地广泛栽培。

本种的花极香，为著名的花茶原料及重要的香精原料；花、叶药用治目赤肿痛，并有止咳化痰之效。

3. 木樨榄属 Olea Linn.（野生 1 种，外来引种栽培 1 种）

（1）滨木樨榄 Olea brachiata（Lour.）Merr. ex G. W. Groff

常绿灌木。

生于低海拔的丛林中及灌丛中。

雷州半岛各地有栽培。产于广东、海南及东南亚地区。

可供滨海园林绿化。

（2）尖叶木樨榄 Olea ferruginea Royle.

常绿灌木或小乔木。

雷州半岛各地广泛栽培。产于云南；印度、巴基斯坦、阿富汗、喀什米尔等地也有分布。

优良观赏树种。

4. 木犀属 Osmanthus Lour.（野生 1 种，外来引种栽培 1 种）

（1）牛矢果 Osmanthus matsumuranus Hayata

常绿灌木或乔木。

生于山坡密林、山谷林中和灌丛中。

雷州半岛各地有栽培。产于长江以南各地，东南亚等地亦有分布。

（2）桂花 Osmanthus fragrans（Thunb.）Lour.

常绿乔木。

喜光，亦颇耐阴，耐寒力强；要求土壤深厚肥沃，忌低洼盐碱。

雷州半岛广泛栽培。产于我国西南及华中，南方各地广泛栽培。

桂花香气扑鼻，含多种香料物质，可用于食用或提取香料。桂花因花色、花期不同可分为四个栽培品系：①丹桂"Aurantiacus"花橘红色或橙黄色，香味差，发芽较迟。②金桂"Thunbergii"花黄色至深黄色，香气最浓，经济价值高。③银桂"Odoratus"（"Latifolius"）花近白色或黄白色，香味较金桂淡；叶较宽大。④四季桂"Semperflorens"花黄白色，5～9月陆续开放，但仍以秋季开花较盛。

A230. 夹竹桃科 Apocynaceae（16 属 18 种 2 变种：野生 7 属 8 种 1 变种；外来引种栽培 9 属 10 种 1 变种）

1. 沙漠玫瑰属 Adenium Mill.（外来引种栽培 1 种）

（1）沙漠玫瑰 Adenium obesum（Forssk.）Roem. et Schult

多肉灌木或小乔木；树干肿胀。

喜干热环境。雷州半岛有栽培。原产于东非至阿拉伯半岛南部。

花盛开时极为美丽，常栽培观赏。

2. 黄蝉属 Allemanda Linn.（外来引种栽培 2 种 1 变种）

（1）软枝黄蝉 Allemanda cathartica Linn.

藤状灌木。

喜光，喜高温多湿气候，不耐寒，不耐干旱；对土壤要求不高。

雷州半岛常见栽培。原产于南美洲，热带地区广为栽培。

软枝黄蝉姿态优美，花明黄色，花径大，具有较高的观赏价值。

（2）大花软枝黄蝉 Allemanda cathartica var. hendersonii（Bull. Ex Dombr.）Bail. & Raff.

藤状灌木。

喜光，喜高温多湿气候，不耐寒，不耐干旱；对土壤要求不高。

雷州半岛常见栽培。原产于南美洲的乌拉圭，热带及亚热带地区广为栽培。

软枝黄蝉姿态优美，枝条柔软，披散，花明黄色，花径大，具有较高的观赏价值。

（3）黄蝉 Allemanda neriifolia Hook.

直立灌木。

喜光，喜高温多湿气候，不耐寒，不耐干旱；对土壤要求不高。

雷州半岛常见栽培。原产于巴西；热带地区广为栽培。

萌芽力强，经人工修剪，枝繁叶茂，为名贵花卉。

3. 鸡骨常山属 Alstonia R. Br. （外来引种栽培 1 种）

（1）糖胶树 Alstonia scholaris（Linn.）R. Br.

常绿乔木。

喜光和高温多湿气候；喜肥沃排水良好之土壤；抗风，抗大气污染。

雷州半岛常见栽培。产于广西和云南；印度、尼泊尔及澳洲等热带地区也有分布。现我国华南地区广泛栽培。

糖胶树树形美观，枝叶常绿，生长有层次如塔状，优良园林树种。

4. 鳝藤属 Anodendron A. DC. （野生 1 种）

（1）鳝藤 Anodendron affine（Hook. & Arn.）Druce

藤状灌木。

生于山地或丘陵疏林下。

雷州半岛各地有栽培。产于华中、华南及西南等地；越南、印度也有分布。

5. 长春花属 Catharanthhus G. Don （外来引种栽培 1 种）

（1）长春花 Catharanthhus roseus（Linn.）G. Don

亚灌木。

喜阳光，喜高温、高湿、排水良好土壤。

雷州半岛常见栽培。原产于地中海沿岸、印度、热带美洲。

药用与观赏植物。另引种栽培品种有白长春花（CV. Albus）。

6. 海杧果属 Cerbera Linn. （野生 1 种）

（1）海杧果 Cerbera manghas Linn.

常绿小乔木，半红树植物。

生于海边或近海边湿润的地方。

雷州半岛沿海海岸常见。产于广东、广西、台湾；亚洲和澳洲热带地区也有分布。

花多、美丽而芳香，树冠美观，栽植观赏；果有毒，供药用。

7. 狗牙花属 Ervatamia Stapf （野生 1 种，外来引种栽培 1 种）

（1）狗牙花 Ervatamia divaricata（Linn.）Burlk.

常绿灌木。

喜光，喜高温湿润气候、排水良好的肥沃砂质土壤。

雷州半岛常见有重花瓣栽培品种狗牙花（CV. Flore Pleno）。原产于我国南部沿海地区，孟加拉、不丹、尼泊尔、印度、缅甸、泰国也有分布。

热带观赏树种。花供药用，清热降压，解毒消肿。

8. 花皮胶藤属 Ecdysanthera Hook. & Arn. （野生 2 种）

（1）酸叶胶藤 Ecdysanthera rosea Hook. & Arn.

高攀木质大藤本。

生于山地杂木林山谷中、水沟旁较湿润的地方。

雷州半岛各地有栽培。分布于我国长江以南各省至台湾；越南、印度尼西亚也有分布。

植株所含乳胶质地良好；全株药用，治风湿骨痛、肾炎、肠炎等。

（2）花皮胶藤 Ecdysanthera utilis Hayata & Kaw.

高攀木质大藤本。

常见于山谷、水沟旁湿润地方，很少生于坡面林地。

雷州半岛各地有栽培。产于云南、广西、广东和台湾等省区。

9. 夹竹桃属 Nerium Linn.（外来引种栽培 1 种）

（1）夹竹桃 Nerium indicum Mill.

常绿灌木。

喜光，喜温暖湿润气候；生命力强，生长迅速，抗大气污染。

雷州半岛常见栽培，栽培品种另有白花夹竹桃（CV. Paihua）等。原产于伊朗、印度和尼泊尔。

本品属于强心类中药。味苦、性寒、有毒，归心经。

10. 鸡蛋花属 Plumeria Linn.（外来引种栽培 1 种）

（1）红鸡蛋花 Plumeria rubra Linn.

落叶小乔木。

喜光，喜高温湿润气候，耐干旱；喜排水良好的肥沃砂质土壤。

雷州半岛常见栽培；另有栽培品种鸡蛋花（CV. Acutifolia），花白色黄心。原产于墨西哥和中美洲，热带及亚热带地区广为栽培。

热带美丽观赏树种。花、树皮药用，清热、下痢、解毒、定喘。白色乳汁有毒，误食或碰触会产生中毒现象。

11. 萝芙木属 Rauvolfia Linn.（野生 1 种 1 变种）

（1）萝芙木 Rauvolfia verticillata（Lour.）Baill.

常绿灌木。

一般生于林边、丘陵地带的林中或溪边较潮湿的灌木丛中。

雷州半岛各地有栽培。分布于我国西南、华南及台湾等省区；越南也有分布。

根、叶供药用，民间有用来治高血压、高热症、胆囊炎、急性黄疸型肝炎、头痛、失眠、玄晕、癫痫、疟疾、蛇咬伤、跌打损伤等病症。

（2）海南萝芙木 Rauvolfia verticillata var. hainanensis Tsiang

常绿灌木。

生于低海拔山地沟谷阴湿地方。

雷州半岛各地有栽培。产于广东和广西。

植株作药用，民间有用来治高血压、淋浊、月经不调、疝气、喉痛。

12. 羊角拗属 Strophanthus DC.（野生 1 种）

（1）羊角拗 Strophanthus divaricatus（Lour.）Hook. & Arn.

常绿灌木。

生于丘陵路旁疏林中或山坡灌木丛中。

雷州半岛各地有栽培。产于我国华南及西南等地；越南、老挝也有分布。

全株供药用，祛风湿，通经络，解疮毒，杀虫。

13. 黄花夹竹桃属 Thevetia Linn.（外来引种栽培 1 种）

（1）黄花夹竹桃 Thevetia peruviana（Pers.）K. Schum.

常绿小乔木。

生于干热地区，路旁、池边、山坡疏林下。

雷州半岛各地栽培，有逸生。原产于美洲热带地区。

夏季观花树种。

14. 络石属 Trachelospermum Lem.（野生 1 种）

（1）络石 Trachelospermum jasminoides（Lindl.）Lem.

常绿木质藤本。

生于山野、沟谷、路旁杂木林中，常攀援于树上或墙壁、岩石上。

雷州半岛各地有栽培；另有栽培品种变色络石（CV. Variegatum）。产于我国山东、河北至长江流域以南各地；日本、朝鲜和越南也有。

全株供药用，有祛风活络、止血、止痛消肿、清热解毒之功效。

15. 盆架树属 Winchia A. DC.（外来引种栽培 1 种）

（1）盆架树 Winchia calophylla A. DC.

常绿乔木。

喜光和高温多湿气候；喜肥沃、排水良好之土壤；抗风，抗大气污染。

雷州半岛各地栽培。产于广东；印度、缅甸、印度尼西亚也有。

园林绿化与材用树种；叶、树皮、乳汁供药用可治急慢性气管炎等。

16. 倒吊笔属 Wrightia R. Br.（野生 1 种）

（1）倒吊笔 Wrightia pubescens R. Br.

常绿乔木。

散生于低海拔热带雨林中和干燥稀树林中。

雷州半岛各地有栽培。产于我国两广、海南、贵州、云南；东南亚及澳洲也有分布。

树皮纤维可制人造棉及造纸。树形美观，庭园中有作栽培观赏。

A231. 萝藦科 Asclepiadaceae（8 属 10 种：野生 7 属 9 种；外来引种栽培 1 属 1 种）

1. 马兰藤属 Dischidanthus Tsiang（野生 1 种）

（1）马兰藤 Dischidanthus urceolatus（Decne.）Tsiang

纤细藤本。

生长于山地杂林中或灌木丛中。

雷州半岛各地有栽培。产于两广及湖南；分布于老挝、越南和柬埔寨。

药用，祛风除湿。

2. 牛角瓜属 Calotropis R. Br. （野生 1 种）

（1）牛角瓜 Calotropis gigantea（Linn.）Dry. ex Ait. F.

直立灌木。

生于低海拔向阳山坡、旷野地及海边。

雷州半岛各地有栽培。产于两广、海南、四川和云南；分布于印度、斯里兰卡、缅甸、越南和马来西亚等地。

茎、叶的乳汁有毒，含牛角瓜甙等多种强心甙和牛角瓜碱，供药用。

3. 南山藤属 Dregea E. Mey. （野生 1 种）

（1）南山藤 Dregea volubilis（Linn. f.）Benth. ex Hook. f.

木质大藤本。

生长于山地林中，常攀援于大树上。

雷州半岛各地有栽培。产于我国南方各省区和热带亚洲。

茎皮纤维坚韧，可编织绳索和人造棉；全株可治胃热和胃痛。

4. 匙羹藤属 Gymnema R. Br. （野生 1 种）

（1）匙羹藤 Gymnema sylvestre（Retz.）Schult.

木质藤本。

生长于山坡林中或灌木丛中。

雷州半岛各地有栽培。产于云南及华南地区；分布于印度、越南、印度尼西亚、澳大利亚和热带非洲。

药用，清热解毒，祛风止痛。

5. 球兰属 Hoya R. Br. （外来引种栽培 1 种）

（1）球兰 Hoya carnosa（Linn. f.）R. Br.

攀援灌木。

喜光，喜温暖湿润气候；于富含有机质的肥沃土壤生长为佳。

雷州半岛有栽培。原产于我国华南，现热带地区常见栽培。

药用，清热化痰，消肿止痛。治肺热咳嗽、痈肿、瘰疬、乳妇奶少、关节疼痛、睾丸炎。

6. 鲫鱼藤属 Secamone R. Br. （野生 2 种）

（1）吊山桃 Secamone sinica Hand. – Mazz.

攀援藤本。

生长于丘陵山地疏林中或溪旁密林阴处，攀援于树上。

雷州半岛各地有栽培。产于两广、云南和贵州。

叶供药用，壮筋骨，补精催乳。

（2）鲫鱼藤 Secamone lanceolata Bl.

藤状灌木。

生于山谷林中。

雷州半岛各地有栽培。产于我国云南、两广和海南等地；分布于马来西亚、印度尼西亚和越南、柬埔寨等地。

7. 弓果藤属 Toxocarpus Wight & Arn.（野生 1 种）

（1）弓果藤 Toxocarpus wightianus Hook. & Ann.

柔弱攀援灌木。

生于低丘陵山地或平原灌木丛中。

雷州半岛各地有栽培。产于我国贵州、广西、广东及沿海各岛屿；印度、越南也有分布。

药用，行气消积，活血散瘀。

8. 娃儿藤属 Tylophora R. Br.（野生 2 种）

（1）小叶娃儿藤 Tylophora tenuis Bl.

藤状亚灌木。

生于山地疏林中或旷野灌木丛中。

雷州半岛各地有栽培。产于陕西、云南、广西、广东和台湾；分布于印度、斯里兰卡、越南、马来西亚和印度尼西亚。

（2）娃儿藤 Tylophora ovata（Lindl.）Hook. ex Steud.

攀援灌木。

生于低海拔山地灌木丛中或杂木林中。

雷州半岛各地有栽培。产于云南、广西、广东、湖南和台湾；越南、老挝、缅甸、印度也有分布。

根及全株可药用，能祛风、止咳、化痰；治风湿腰痛、跌打损伤等。

A231a. **杠柳科** Periplocaceae **（野生 2 属 2 种）**

1. 白叶藤属 Cryptolepis R. Br.（野生 1 种）

（1）白叶藤 Cryptolepis sinensis（Lour.）Merr.

柔弱木质藤本。

生于丘陵山地灌木丛中。

雷州半岛各地有栽培。产于贵州、云南、广西、广东和台湾等省区；印度、越南、马来西亚和印度尼西亚等也有分布。

药用，热解毒，散瘀止痛，止血。

2. 海岛藤属 Gymnanthera R. Br.（野生 1 种）

（1）海岛藤 Gymnanthera nitida R. Br.

木质藤本。

常生于海边砂地或水旁岩石上。

雷州半岛各地有栽培。产于广东南部及沿海岛屿；越南、印度尼西亚和澳大利亚等也有分布。

A232. 茜草科 Rubiaceae（24 属 37 种 1 亚种 1 变种：野生 21 属 30 种 1 亚种；外来引种栽培 6 属 7 种 1 变种）

1. 茜树属 Aidia Lour.（野生 2 种）

（1）香楠 Aidia canthioides（Champ. ex Benth.）Masamune

常绿灌木或乔木。

生于山坡、山谷溪边、丘陵的灌丛中或林中。

雷州半岛各地有栽培。产于我国华南地区；日本和越南也有分布。

（2）尖萼茜树 Aidia oxyodonta（Drake）Yamazaki

常绿灌木或小乔木。

生于山丘陵、山地林或灌丛中。

雷州半岛各地有栽培。产于广东西南部、广西东南部及海南；越南也有分布。

2. 短萼齿木属 Brachytome Hook. F.（野生 1 种）

（1）海南短萼齿木 Brachytome hainanensis C. Y. Wu ex W. C. Chen

灌木。

生于山地林内。

雷州半岛各地有栽培。产于海南等地，分布于越南。

3. 鱼骨木属 Canthium Lam.（野生 3 种）

（1）猪肚木 Canthium horridum Bl.

小灌木。

生于低海拔灌丛中。

雷州半岛各地有栽培。产于两广、海南及云南等地；分布于印度、中南半岛、马来西亚、印度尼西亚、菲律宾等地。

本种木材适作雕刻；成熟果实可食；根可作利尿药用。

（2）鱼骨木 Canthium dicoccum（Gaertn.）Teysm. & Binn.

无刺乔木。

生于疏林或灌丛中。

雷州半岛各地有栽培。产于广东、广西、云南；中南半岛、印度也有分布。

（3）大叶鱼骨木 Canthium simile Merr.

直立灌木至小乔木。

生于次生林内。

廉江等地有栽培。产于广东、海南、广西、云南等省区。

4. 山石榴属 Catunaregam Wolf（野生 1 种）

（1）山石榴 Catunaregam spinosa（Thunb.）Tirv.

常绿有刺灌木。

生于旷野、丘陵、山坡、山谷沟边的林中或灌丛中。

雷州半岛各地有栽培。产于我国华南及云南等地；亚洲热带地区及非洲东部热带地区也有分布。

山石榴木材致密坚硬。根、叶和果作药用。

5. 弯管花属 Chasalia Comm. ex Poir.（野生 1 种）

（1）弯管花 Chassalia curviflora Thwaites

灌木。

生于低海拔山地林中。

雷州半岛各地有栽培。产于两广、海南及云南、西藏等地；中南半岛和印度东北部以及安达曼、不丹、斯里兰卡、孟加拉国等地也有分布。

6. 咖啡属 Coffea Linn.（外来引种栽培 3 种）

（1）小粒咖啡 Coffea arabica Linn.

常绿大灌木。

喜光，喜高温湿润气候；喜排水良好的肥沃土壤。

湛江市区等地有栽培。原产于埃塞俄比亚或阿拉伯半岛，现广植于各热带地区。

（2）中咖啡 Coffea canephora Pierre ex Forehn.

常绿大灌木。

喜光，喜高温湿润气候；喜排水良好的肥沃土壤。

湛江市区等地有栽培。原产于非洲，现广植于各热带地区。

（3）大粒咖啡 Coffea liberica W. Bull ex Hiern

常绿大灌木。

喜光，喜高温湿润气候；喜排水良好的肥沃土壤。

湛江市区等地有栽培。原产于非洲西海岸的利比里亚的低海拔森林内。

世界三大饮料植物之一。咖啡有利尿除湿的功效。

7. 狗骨柴属 Diplospora DC.（野生 1 种）

（1）狗骨柴 Diplospora dubia（Lindl.）Masamune

常绿灌木。

生于山坡、山谷沟边、丘陵、旷野的林中或灌丛中。

雷州半岛各地有栽培。产于长江流域以南；日本、越南也有分布。

本材致密强韧，加工容易，可为器具及雕刻细工用材。

8. 浓子茉莉属 Fagerlindia Tirv.（野生 1 种）

（1）浓子茉莉 Fagerlindia scandens（Thunb.）Tirv.

常绿有刺灌木。

生于低海拔的丘陵或旷野灌丛。

雷州半岛各地有栽培。产于两广、海南及云南；越南也有分布。

9. 栀子属 Gardenia Ellis（野生 1 种，外来引种栽培 1 变种）

（1）栀子 Gardenia jasminoides J. Ellis

常绿灌木。

生于旷野、丘陵、山谷、山坡、溪边的灌丛或林中。

廉江和寮镇根竹嶂等地多有栽培。产于我国长江流域以南等地；东南亚各国、中东、太平洋岛屿和美洲等地有分布。

观赏和药用树种。

（2）白蟾 Gardenia jasminoides var. fortuniana（Lindl.）Hara

常绿灌木。

喜光，也耐阴；喜温暖湿润气候；喜肥沃、排水良好的酸性土壤。

雷州半岛有栽培。产于长江流域及以南各省，我国各地广泛栽培。

花大而重瓣、美丽，栽培作观赏。花、实药用。

10. 长隔木属 Hamelia Jacq.（外来引种栽培 1 种）

（1）长隔木 Hamelia patens Jacq.

红色灌木，嫩部均被灰色短柔毛；叶通常 3 枚轮生。

喜光，也耐阴；喜温暖湿润气候；喜肥沃、排水良好的酸性土壤。

雷州半岛有栽培。原产于巴拉圭等拉丁美洲各国。

美丽观赏植物。

11. 耳草属 Hedyotis Linn.（野生 1 种）

（1）牛白藤 Hedyotis hedyotidea（DC.）Merr.

藤状灌木。

生于低海拔至中海拔沟谷灌丛或丘陵坡地。

雷州半岛各地有栽培。产于我国华南及云南等地；分布于越南。

12. 龙船花属 Ixora Linn.（野生 2 种，外来引种栽培 1 种）

（1）海南龙船花 Ixora hainanensis Merr.

常绿灌木。

生于低海拔砂质土壤的丛林内，但多见于密林的溪旁或林谷湿润的土壤上。

雷州半岛各地有栽培。产于广东及海南。

（2）龙船花 Ixora chinensis Lam.

常绿灌木。

喜光，喜高温多湿气候，在全日照或半日照时开花繁多。

廉江、遂溪和徐闻等地有栽培。产于亚洲热带地区；热带地区广泛栽培。

优良观赏和药用树种。

（3）红龙船花（密叶龙船花）Ixora coccinea Linn.

常绿小灌木。

喜光，喜高温多湿气候，四季开花，花繁多。

雷州半岛广泛栽培。产于亚洲热带地区（印度）。

优良观赏树种。

13. 巴戟天属 Morinda Linn.（野生 1 种）

（1）鸡眼藤 Morinda parvifolia Bartl. ex DC.

攀援、缠绕或平卧藤本。

生于平原路旁、沟边等灌丛中或平卧于裸地上。

雷州半岛各地有栽培。产于我国华南地区；菲律宾及越南也有分布。

药用，补肾助阳、强筋壮骨、祛风除湿。

14．玉叶金花属 Mussaenda Linn.（野生 1 种，外来引种栽培 1 种）

（1）玉叶金花 Mussaenda pubescens Ait. F.

灌木。

生于山坡、山谷溪边、丘陵的林中或灌丛中。

雷州半岛各地有栽培。产于我国华南地区。

花姿幽雅，萼片乳白，适合庭园栽植。全株药用，清热解暑等。

（2）红纸扇 Mussaenda erythrophylla Schum. & Thonn.

常绿或半常绿灌木。

喜光，喜高温多湿气候，不耐干旱；对土壤要求不高。

湛江市区等地有栽培。原产于西非，热带地区广泛栽培。

红纸扇盆栽或庭院丛植均极为理想。

15．密脉木属 Myrioneuron R. Br. ex Kurz（野生 1 种）

（1）越南密脉木 Myrioneuron tonkinensis Pitard.

小灌木。

生于山地林内。

雷州半岛各地有栽培。产于海南、广东、广西、云南；分布于越南北部。

16．团花属 Neolamarckia Bosser（外来引种栽培 1 种）

（1）团花（黄梁木）Neolamarckia cadamba（Roxb.）Bosser

落叶大乔木。

喜光，喜湿热气候；生于山谷溪旁或杂木林下。

湛江市区等地有栽培。产于我国广东、广西和云南的南部，东南亚至印度。

国外分布于越南、马来西亚、缅甸、印度和斯里兰卡。

著名速生树种；木材供建筑和制板用。

17．鸡爪簕属 Oxyceros Lour.（野生 1 种）

（1）鸡爪簕 Oxyceros sinensis Lour.

常绿有刺灌木。

生于旷野、丘陵、山地的林中、林缘或灌丛。

雷州半岛各地有栽培。产于我国华南及云南；越南、日本也有分布。

本植物常栽植作绿篱。

18．大沙叶属 Pavetta Linn.（野生 1 种）

（1）香港大沙叶 Pavetta hongkongensis Bremek.

常绿灌木。

生于低海拔处的灌丛中。

产于广东、香港、海南、广西、云南等省区；分布于越南。

全株入药。叶表面有固氮菌所形成的菌瘤。

19. 南山花属 Prismatomeris Thw（野生 1 种）

（1）南山花 Prismatomeris connata Y. Z. Ruan

灌木至小乔木。

生于疏、密林下或灌丛中。

产于福建（南部）、广东（西南部）和广西（东南部）。

20. 九节属 Psychotria Linn.（野生 3 种）

（1）蔓九节 Psychotria serpens L.

多分枝、攀缘或匍匐藤本。

生于平地、丘陵、山地、山谷水旁的灌丛或林中。

雷州半岛各地有栽培。产于我国华南地区；日本、东南亚等地也有分布。

（2）九节 Psychotria rubra（Lour）Poir.

常绿灌木。

生于平地、丘陵、山坡、山谷溪边的灌丛或林中。

雷州半岛各地有栽培。产于我国华南及西南地区，分布于东南亚等地。

嫩枝、叶、根可作药用，能清热解毒、消肿拔毒、祛风除湿。

（3）假九节 Psychotria tutcheri Dunn

常绿灌木。

生于灌丛或林中。

雷州半岛各地有栽培。产于福建、两广、海南和云南等地；分布于越南。

全株：用于风湿痹痛，跌打肿痛。

21. 染木树属 Saprosma Bl.（野生 1 种）

（1）染木树 Saprosma ternatum Hook. f.

直立灌木。

生于山地林内。

雷州半岛各地有栽培。产于海南及云南等地；印度东北部和马来西亚及中南半岛也有分布。

22. 乌口树属 Tarenna Gaertn.（野生 2 种）

（1）假桂乌口树 Tarenna attenuata（Voigt）Hutch.

常绿灌木或乔木。

生于旷野、丘陵、山地、沟边的林中或灌丛中。

雷州半岛各地有栽培。产于广东、海南、云南等地；分布于印度、越南和柬埔寨。

全株供药用，能祛风消肿、散瘀止痛。

（2）白花苦灯笼 Tarenna mollissima（Hook. & Arn.）Rob.

灌木。

生于低海拔山地，丘陵、沟边的林中或灌丛。

雷州半岛各地有栽培。产于我国华南及西南，分布于越南。

药用，清热、止痛。

23. 岭罗麦属 Tarennoidea Tirveng. & C. Sastre（野生 1 种）

（1）岭罗麦 Tarennoidea wallichii（Hook. f.）Tirv. & C. Sastre

乔木。

生于山地林内。

雷州半岛各地有栽培。产于两广及海南等地；分布于亚洲热带地区。

木材坚韧而重，适用作造船、水工、桥梁、建筑等材料，亦多用作家具和扳料。

24. 水锦树属 Wendlandia Bartl. ex DC.（野生 2 种 1 亚种）

（1）广东水锦树 Wendlandia guangdongensis W. C. Chen

灌木或乔木。

生于海拔 100～800m 处的山坡、山谷溪边灌丛或林中。

雷州半岛各地有栽培。产于广东及海南。

花、叶均具观赏价值，适于暖地庭园栽植或用于沟谷、坡地的绿化美化。

（2）水锦树 Wendlandia uvariifolia Hance

灌木。

生于山坡、山谷溪边、丘陵的林中或灌丛中。

雷州半岛各地有栽培。产于台湾、华南和西南等地；越南也有分布。

花、叶均具观赏价值。

（3）中华水锦树 Wendlandia uvariifolia subsp. chinensis（Merr.）Cowan

灌木。

生于山坡、山谷溪边、丘陵的林中或灌丛中。

雷州半岛各地有栽培。分布于两广及海南等地。

A233. **忍冬科 Caprifoliaceae（野生 3 属 5 种 1 变种）**

1. 忍冬属 Lonicera Linn.（野生 2 种）

（1）华南忍冬 Lonicera confusa（Sweet）DC.

半常绿藤本。

生于低海拔山地灌丛中或平原旷野。

雷州半岛各地有栽培。产于两广及海南；越南北部和尼泊尔也有分布。

（2）忍冬 Lonicera japonica Thunb.

半常绿藤本。

生于平原村边、山坡疏林灌丛中。

廉江等地有栽培。产于华北到华南各省；日本和朝鲜也有分布。

观赏与传统中药植物。花有清热解毒功效。

2. 接骨木属 Sambucus Linn.（野生 1 种）

（1）接骨木 Sambucus williamsii Hance

小乔木。

生于林下、灌丛或平原路旁。

雷州半岛各地有栽培。除西藏、青海及新疆外；几乎分布于我国南北各地。

茎枝（接骨木）：味甘、苦，性平。祛风、利湿、活血、止痛。

3. 荚蒾属 Viburnum Linn.（野生 2 种 1 变种）

（1）海南荚蒾 Viburnum hainanense Merr. & Chun

常绿灌木。

生于疏林或山坡灌丛中。

廉江等地有栽培。产于江西南部、海南、广东和广西南部。

根、叶：用于跌打损伤、风湿骨痛、小便淋痛、蛔虫病等。

（2）珊瑚树 Viburnum odoratissimum Ker – Gawl.

常绿灌木。

生于山谷密林中溪涧旁蔽荫处、疏林中向阳地或平地灌丛中。

廉江等地有栽培。产于福建、湖南和华南；印度、泰国和越南也有分布。

根、树皮、叶：辛、凉，有清热祛湿、通经活络功用。

（3）毛常绿荚蒾 Viburnum sempervirens K. Koch var. trichophorum Hand. –
Mazz.

常绿灌木。

生于山谷溪涧旁疏林、山坡灌丛中或平原旷野。

雷州半岛各地有栽培。产于华东、中南和西南各省。本变种幼枝、叶柄和花序
均密被簇状短毛。

A238. 菊科 Compositae（5 属 6 种：野生 3 属 4 种；外来引种栽培 2 属 2 种）

1. 蒿属 Artemisia Linn.（野生 1 种）

（1）茵陈蒿 Artemisia capillaris Thunb.

亚灌木。

生于平原路边、村落附近。

雷州半岛各地有栽培。除西藏、青海和新疆等地外，我国南北各地均有分布。

幼嫩茎叶（茵陈蒿）：苦、辛、凉。清热利湿、利胆退黄。

2. 泽兰属 Eupatorium Linn.（外来引种栽培 1 种）

（1）飞机草 Eupatorium odoratum Linn.

亚灌木。

现雷州半岛各地常见，为入侵状态。原产于美洲。

雷州半岛主要入侵种之一。

3. 假泽兰属 Mikania Willd.（外来引种栽培 1 种）

（1）假泽兰 Mikania cordata Burm. f.

攀援亚灌木。

雷州半岛各地常见，原产于美洲。

雷州半岛主要入侵种之一。

4. 阔苞菊属 Pluchea Cass.（野生 2 种）

（1）阔苞菊 Pluchea indica（Linn.）Less.

亚灌木。

生于海滨砂地或近潮水的空旷地。

雷州半岛沿海常见。产于我国台湾和南部各省沿海；亚洲热带沿海也有分布。

鲜叶与米共磨烂，做成糍粑，称栾樨饼，有暖胃去积之效。

（2）光梗阔苞菊 Pluchea pteropoda Hemsl.

亚灌木。

生于海滨砂地或近潮水的空旷地。

产于我国台湾和南部各省及沿海一些岛屿；中南半岛也有分布。

5. 苍耳属 Xanthium Linn.（野生 1 种）

（1）苍耳 Xauthium sibiricum Patrin ex Widder

亚灌木。

生于平原路边、村落附近。

雷州半岛各地常见。产于我国各省区；苏联和日本等也有分布。

苍耳子油是一种高级香料的原料，还可代替桐油。

A241. **白花丹科** Plumbaginaceae（**野生 1 属 1 种**）

1. 白花丹属 Plumbago Linn.

（1）白花丹（白雪花）Plumbago zeylanica Linn.

亚灌木。

生于阴湿处或半遮阴的林缘等地方。

雷州半岛各地常见。产于台湾、福建、华南和西南；南亚和东南亚各国也有分布。

根及全草：辛、苦、涩，温。有毒。祛风、散瘀、解毒、杀虫。

A245. **草海桐科** Goodeniaceae（**野生 1 属 2 种**）

1. 草海桐属 Scaevola Linn.

（1）小草海桐 Scaevola hainanensis Hance

直立或铺散灌木，半红树植物。

生于海边，通常在开旷的海边砂地上或海岸峭壁上。

雷州半岛沿海有栽培。产于广东、福建和台湾；越南沿海地区也有分布。

（2）草海桐 Scaevola sericea Vahl.

直立或铺散灌木，半红树植物。

生于海边，通常在开旷的海边砂地上或海岸峭壁上。

雷州半岛沿海有栽培。产于台湾、福建、广东、广西；日本、东南亚、马达加斯加、大洋洲热带、密克罗尼西亚以及夏威夷也有分布。

优良海岸绿化树种。

A249. 紫草科 Boraginaceae（野生 3 属 3 种）

1. 基及树属 Carmona Cav.（野生 1 种）

（1）基及树 Carmona microphylla（Lam.）G. Don

常绿灌木。

生于山坡疏林及山谷溪边。

雷州半岛各地有栽培。产于广东西南部、海南岛及台湾。

福建茶树形矮小，枝条密集，耐修剪，景观树和绿篱。

2. 破布木属 Cordia Linn.（野生 1 种）

（1）破布木 Cordia dichotoma Forst. F.

乔木。

生于山坡疏林及山谷溪边。

雷州半岛各地有栽培。产于西藏东南部、云南、贵州、两广、海南、福建及台湾；越南、印度北部、澳大利亚东北部及新喀里多尼亚岛也有分布。

园林绿化与药用树种。

3. 厚壳树属 Ehretia Linn.（野生 1 种）

（1）厚壳树 Ehretia acuminata R. Brown

乔木。

生于山坡疏林中。

廉江等地有栽培。广布于西南、华南、华东及台湾、山东、河南等省区；日本、越南也有分布。

叶、心材、树枝入药。叶性甘，微苦，可去腐生肌，主治偏头痛。

A250. 茄科 Solanaceae（5 属 15 种 3 变种：野生 1 属 8 种；外来引种栽培 5 属 7 种 3 变种）

1. 辣椒属 Capsicum Linn.（外来引种栽培 2 种 3 变种）

（1）辣椒 Capsicum annuum Linn.

多年生亚灌木。

喜光，喜温暖湿润气候；喜排水良好的肥沃砂质土壤。

雷州半岛常见栽培，栽培品种多，为当地主要北运菜种类之一。产于墨西哥到哥伦比亚，世界各地均有栽培。

食用，健胃、助消化。

（2）指天椒 Capsicum annuum var. conoides（Mill.）Irish

多年生亚灌木。

喜光，喜温暖湿润气候；喜排水良好的肥沃砂质土壤。

雷州半岛常见栽培；我国南北均有栽培。

（3）菜椒 Capsicum annuum var. grossum（Linn.）Sendt.

多年生亚灌木。

喜光，喜温暖湿润气候；喜排水良好的肥沃砂质土壤。

雷州半岛常见栽培；我国南北均有栽培。

（4）五彩辣椒 Capsicum annaum L. var. cerasiforme Irish

多年生亚灌木。

喜光，喜温暖湿润气候；喜排水良好的肥沃砂质土壤。

雷州半岛常见栽培；我国南北均有栽培。

五彩椒是辣椒中之珍品，集食用、药用、观赏于一体。

（5）米椒 Capsicum frutescens Linn.

多年生亚灌木。

喜光，喜温暖湿润气候；喜排水良好的肥沃砂质土壤。

雷州半岛常见栽培。产于云南南部，我国南方常见栽培。

2. 夜香树属 Cestrum Linn.（外来引种栽培 2 种）

（1）夜香树 Cestrum nocturnum Linn.

直立或近攀援状灌木。

喜光，稍耐阴，喜高温高湿，耐热耐旱。

雷州半岛常见栽培。原产于南美洲，现广泛栽培于热带地区。

（2）黄花夜香树 Cestrum aurantiacum Lindl.

直立或近攀援状灌木。

喜光，稍耐阴，喜高温高湿；喜排水良好的肥沃砂质土壤。

湛江市区等地有栽培。原产于南美洲，现广泛栽培于热带地区。

枝俯垂，花期长而繁茂，夜间芳香，果期长，且富观赏价值。

3. 曼陀罗属 Datura Linn.（外来引种栽培 1 种）

（1）洋金花 Datura metel Linn.

直立草木而呈半灌木状。

常生于向阳的山坡草地或住宅旁。

雷州半岛各地有栽培，有逸生。分布于热带及亚热带地区。

花药用，定喘止咳、麻醉止痛、解痉止搐、入侵植物。

4. 枸杞属 Lycium Linn.（外来引种栽培 1 种）

（1）枸杞 Lycium chinensis Mill.

多分枝灌木。

喜冷凉气候，耐寒力很强，抗旱能力强。

雷州半岛常见栽培。我国各地均有分布。

枸杞子：养肝、滋肾、润肺。枸杞叶：补虚益精、清热明目。

5. 茄属 Solanum Linn.（野生 8 种，外来引种栽培 1 种）

（1）野茄 Solanum coagulans Forsk.

直立亚灌木。

见于灌木丛中或缓坡地带。

雷州半岛各地有栽培。产于云南、两广、海南及台湾；广布于埃及、阿拉伯至印度西北部以及越南、马来西亚至新加坡。

药用，利尿消肿、祛风止痛。

（2）毛茄 Solanum ferox Linn.

直立亚灌木。

生于村边、路旁和林下潮湿处。

雷州半岛各地有栽培。产于云南、两广、海南和台湾；印度、越南、老挝、柬埔寨、爪哇及菲律宾也有分布。

根有小毒，用于跌打肿痛，疝气；全株消炎，用于咳嗽、咽喉痛等。

（3）山茄 Solanum macaonense Dunal

亚灌木。

生于村旁、路旁和山坡灌丛中。

雷州半岛各地有栽培。产于两广及海南。

（4）茄 Solanum melongena Linn.

一年生亚灌木。

喜光，喜温暖湿润气候；喜排水良好的肥沃砂质土壤。

雷州半岛常见栽培，栽培品种多。我国各地均有分布。

（5）疏刺茄 Solanum nienkui Merr. & Chun.

直立灌木。

生于林下或灌木丛中。

雷州半岛各地有栽培。产于海南及广东西南。

（6）海南茄 Solanum procumbens Lour.

披散、平卧或攀援灌木。

生于村旁、路旁、灌丛中或疏林中。

雷州半岛各地有栽培。产于广东及海南。

（7）牛茄子 Solanum surattense Burm. F.

直立灌木。

生于村边、荒地或疏林下。

雷州半岛各地有栽培。产于我国华南及西南地区；广泛分布于热带地区。

根或全株（野颠茄）：苦、辛、温；有毒。

（8）水茄 Solanum torvum Swartz

常绿灌木。

喜生长于路旁，荒地，灌木丛中，沟谷及村庄附近等潮湿地方。

雷州半岛各地有栽培。产于云南、华南；热带亚洲和热带美洲也有分布。

以根入药，有散瘀、通经、消肿、止痛、止咳功效。

（9）假烟叶树 Solanum verbascifolium Linn.

常绿小乔木。

常见于荒山荒地灌丛中。

雷州半岛各地有栽培。产于华南诸省；热带亚洲、大洋洲和南美洲也有分布。

叶色浅绿，四季有花、果，宜庭园中同浓绿色植物一起配置。

A251. **旋花科** Convolvulaceae **（2 属 2 种：野生 1 属 1 种，引种栽培 1 属 1 种）**

1. 白鹤藤属 Argyreia Lour. （野生 1 种）

（1）白鹤藤 Argyreia chalmersii Hance

藤本。

生于疏林下，或路边灌丛，河边。

雷州半岛各地有栽培。产于广东、广西及海南；印度、越南、老挝也有分布。

全藤药用，有化痰止咳、润肺、止血、拔毒之功效。

2. 牵牛属 Ipomoea Linn. （外来引种栽培 1 种）

（1）树牵牛 Ipomoea fistulosa Mart. ex Choisy

直立或近攀援状灌木。

喜光，耐旱，砂质土壤为佳。

湛江市区等地有栽培。原产于美洲热带地区，广泛栽培于热带地区。

栽培容易，生长迅速，花姿清雅，花期长，是优良园林观赏植物。

A252. **玄参科** Scrophulariaceae **（外来引种栽培 1 属 1 种）**

1. 爆仗竹属 Russelia Jacq.

（1）爆仗竹 Russelia equisetiformis Schlecht. & Cham.

多分支重生半灌木。

喜光，喜高温高湿气候；以疏松、排水良好的砂质土壤为佳。

湛江市区等地有栽培。产于美洲热带地区墨西哥及中美洲。

药用，续筋接骨；活血被动瘀。

A257. **紫葳科** Bignoniaceae **（13 属 13 种：野生 2 属 2 种；外来引种栽培 11 属 11 种）**

1. 凌霄属 Campsis Lour. （外来引种栽培 1 种）

（1）凌霄 Campsis grandiflora （Thunb.） K. Schum.

落叶攀援藤本。

喜光，也耐半阴，适应性较强。

湛江市区等地有栽培。原产于我国和日本，现各地广泛栽培。

观赏与药用植物。

2. 梓属 Catalpa Scop. （外来引种栽培 1 种）

（1）梓 Catalpa ovata G. Don

落叶乔木。

生于疏林边、阳坡。

廉江等地有栽培。产于长江流域及以北地区。

3. 葫芦树属 Crescentia Linn. （外来引种栽培 1 种）

（1）十字架树 Crescentia alata H. B. K.

直立小乔木。

喜光，喜温暖湿润气候；喜排水良好的肥沃土壤。

湛江市区等地有栽培。原产于墨西哥至哥斯达黎加。

世界热带地区广泛栽培观赏，叶十字形，多植西式教堂周边。

4. 蓝花楹属 Jacaranda Juss. （外来引种栽培 1 种）

（1）蓝花楹 Jacaranda mimosifolia D. Don

落叶乔木。

喜光，喜高温和干燥气候，对土壤要求不高，但需排水良好。

湛江市区等地有栽培。原产于巴西、玻利维亚和阿根廷。

观叶、观花树种，热带、暖亚热带地区广泛栽作风景树。

5. 吊灯树属 Kigelia DC. （外来引种栽培 1 种）

（1）吊灯树 Kigelia africana （Lam.）Benth.

乔木。

喜高温、湿润、土层深厚、阳光充足的环境。

湛江市区等地有栽培。原产于非洲热带、马达加斯加；现热带地区常见栽培。

优美园林树种，供观赏；果肉可食；树皮入药可治皮肤病。

6. 蒜香藤属 Mansoa DC. （外来引种栽培 1 种）

（1）蒜香藤 Mansoa alliacea （H. J. Lam.）A. H. Gentry

攀援状木质藤本。

喜光，喜高温湿润气候；以排水良好和深厚肥沃的土壤较好。

湛江市区等地有栽培。原产于哥伦比亚，现热带地区广泛栽培。

蒜香藤盛开时，仿佛垂挂着团团的粉彩绣球，是极具观赏价值的攀缘植物，且生性强健，显少病虫害，适合种成花廊，或攀爬于花架、墙面、围篱之上。

7. 猫尾木属 Markhamia Seemann ex Baillon （野生 1 种）

（1）猫尾木 Markhamia stipulata var. kerrii Sprague

乔木。

生于疏林边、阳坡。

湛江、廉江、雷州和徐闻等地有栽培。产于两广、海南及云南；分布于泰国、老挝及越南。

优良园林绿化树种和材用树种。

8. 木蝴蝶属 Oroxylum Vent. （外来引种栽培 1 种）

（1）木蝴蝶 Oroxylum indicum（Linn.）Kurz

直立小乔木。

喜光，喜温暖湿润气候。

湛江市区等地有栽培。产于我国华南、西南等地，印度、马来西亚、越南；现热带地区常见栽培。

观赏与药用树种。

9. 炮仗藤属 Pyrostegia Presl （外来引种栽培 1 种）

（1）炮仗花 Pyrostegia venusta（Ker – Gawl.）Miers

攀援状木质藤本。

喜光，喜温暖湿润气候。

湛江市区等地有栽培。原产于巴西。

多种植于庭院，栅架，花门和栅栏，作垂直绿化。

10. 菜豆树属 Radermachera Zoll. & Mor. （野生 1 种）

（1）菜豆树 Radermachera sinica（Hance）Hemsl.

常绿小乔木。

生于山谷或平地疏林中。

湛江、廉江、雷州和徐闻等地有栽培。产于我国台湾、华南、云南，亦见于不丹。

观赏与药用树种。

11. 火焰树属 Spathodea Beauv. （外来引种栽培 1 种）

（1）火焰树 Spathodea campanulata Beauv.

常绿乔木。

喜光，喜高温湿润气候；以深厚肥沃砂壤土为宜；不抗风。

湛江市区等地有栽培。原产于非洲和美洲热带。

花大，鲜红色，盛开时极似一把把火炬，具有极高的观赏性。

12. 风铃木属 Tabebuia Gomes ex DC. （外来引种栽培 1 种）

（1）黄花风铃木 Tabebuia chrysantha G. Nicholson

落叶乔木。

喜光，喜高温湿润气候；以深厚肥沃的砂壤土为宜。

雷州半岛广泛栽培。原产于墨西哥、中美洲和南美洲。

优良园林树种。

13. 黄钟花属 Tecoma Juss. （外来引种栽培 1 种）

（1）黄钟树 Tecoma stans（L.）Juss. ex Kunth

灌木或小乔木。

喜光，喜高温湿润气候，不耐寒；适生于排水较好的肥沃土壤。

湛江市区等地有栽培。原产于中美洲和南美洲。

A259. 爵床科 Acanthaceae（6 属 8 种：野生 5 属 7 种；外来引种栽培 1 属 1 种）

1. 老鼠簕属 Acanthus Linn.（野生 2 种）

（1）老鼠簕 Acanthus ilicifolius Linn.

常绿灌木。

生于海岸及潮汐能至的滨海地带。

雷州半岛沿海红树林区有栽培。产于海南、两广及福建。

全株清热解毒、消肿散结、止咳平喘。

（2）小花老鼠簕 Acanthus ebracteatus Vahl

常绿灌木，红树林树种。

生于海岸及潮汐能至的滨海地带。

雷州等地沿海红树林区有栽培。产于广东、海南；东南亚也有分布。

2. 假杜鹃属 Barleria Linn.（野生 1 种）

（1）假杜鹃 Barleria cristata Linn.

亚灌木。

生于山坡、路旁或疏林下阴处，也可生于干燥草坡或岩石中。

雷州半岛各地有栽培。分布于中国我国华南及西南地区；中南半岛、印度和印度洋也有分布。

假杜鹃花期正逢百花凋零之际，花淡蓝色，枝叶繁茂，为优良地被。

3. 鳄嘴花属 Clinacanthus Nees（野生 1 种）

（1）鳄嘴花 Clinacanthus nutans（Burm. f.）Lindau

亚灌木。

生于低海拔疏林或灌丛中。

徐闻等地有栽培。广布于我国华南热带至中南半岛、爪哇、加里曼丹等地。

全草：甘、微苦、辛；清热除湿、消肿止痛、散瘀。

4. 爵床属 Justicia Linn.（野生 2 种）

（1）接骨草 Justicia gendarussa Burm. f.

亚灌木。

生于村旁或路边的灌丛中。

产于台湾、福建、广东、香港、海南、广西、云南；印度、斯里兰卡、中南半岛至马来半岛也有分布。

全草入药，根能祛风消肿、舒筋活络。

（2）黑叶小驳骨 Justicia ventricosa Wall.

亚灌木。

廉江等地有栽培。生于村旁的疏林下或灌丛中。

产于我国南部和西南部；越南至泰国、缅甸也有分布。

全草入药，有续筋接骨、祛风湿之效，可治骨折、跌打扭伤等。

5. 山壳骨属 Pseuderanthemum Radlk.（野生 1 种）

（1）海康钩粉草 Pseuderanthemum haikangense C. Y. Wu & H. S. Lo

亚灌木。

生于低海拔地区的林下或旷野。

雷州半岛各地有栽培。产于广东西南部、广西南部及海南等地。

6. 老鸦嘴属 Thunbergia Retz（外来引种栽培 1 种）

（1）大花老鸦嘴 Thunbergia grandiflora（Roxb. ex Rottl.）Roxb.

粗状木质大藤本。

喜光，喜高温多湿气候；以富含腐殖质的土壤为宜。

湛江市区等地有栽培。原产于印度和孟加拉。

植株粗壮，覆盖面大，花大而繁密，花期较长，为优良藤架植物。

A261. 苦槛蓝科 Myoporaceae（野生 1 属 1 种）

1. 苦槛蓝属 Myoporum Bank. & Sol.

（1）苦槛蓝 Myoporum bontioides（Sieb. & Zucc.）A. Gray

常绿灌木，红树林树种。

生于海滨潮汐带以上砂地或多石地灌丛中。

雷州半岛沿海海岸有栽培。产于我国华南沿海地区；日本及越南也有分布。

优良园林观赏树种；苦槛蓝的根及茎干采集后晒干，根可治疗肺病及湿病；茎叶煎服，可为解毒剂。

A263. 马鞭草科 Verbenaceae（10 属 22 种 1 变种：野生 6 属 17 种 1 变种；外来引种栽培 4 属 5 种）

1. 海榄雌属 Avicennia Linn.（野生 1 种）

（1）海榄雌（白骨壤）Avicennia marina（Forsk.）Vierh.

常绿灌木，红树林树种。

生长于海边和盐沼地带，通常为组成海岸红树林的植物种类之一。

雷州半岛沿海滩涂有栽培。产于华南沿海地区；非洲东部至印度、马来西亚、澳大利亚、新西兰也有分布。

海榄雌是热带、亚热带地区海滨绿化美化的优良树种。

2. 紫珠属 Callicarpa Linn.（野生 5 种）

（1）短柄紫珠 Callicarpa brevipes（Benth.）Hance

灌木。

常生于溪边或疏林下。

雷州半岛各地有栽培。产于浙江南部、两广及海南；越南也有分布。

（2）老鸦糊 Callicarpa giraldii Hesse ex Rehd.

灌木。

生于疏林和灌丛中。

雷州半岛各地有栽培。产于长江流域以南各地。

全株入药能清热、和血、解毒，治小米丹（裤带疮）、血崩。

（3）枇杷叶紫珠 Callicarpa kochiana Makino

常绿灌木。

生于山坡或谷地溪旁林中和灌丛中。

雷州半岛各地有栽培。产于华南地区；越南也有分布。

叶药用，有收敛止血的良效，常用于止刀伤出血。

（4）大叶紫珠 Callicarpa macrophylla Vahl

常绿灌木。

生于疏林或灌丛中。

雷州半岛各地有栽培。产于两广、贵州、云南及海南；亚洲南部及东南部也有分布。

叶或根可作内外伤止血药，治跌打肿痛、肠道出血、咯血、鼻衄。

（5）裸花紫珠 Callicarpa nudiflora Hook. & Arn.

灌木至小乔木。

生于山坡、谷地、溪旁林中或灌丛中。

雷州半岛各地有栽培。产于两广及海南；东南亚各国有分布。

药用，治化脓性炎症，急性传染性肝炎，烧伤或烫伤，外伤出血。

3．大青属 Clerodendrum Linn.（野生 6 种）

（1）大青 Clerodendrum cyrtophyllum Turcz.

灌木。

生于平原、丘陵、山地林下或溪谷旁。

雷州半岛各地有栽培。产于我国华东、中南、西南（四川除外）各省区；朝鲜、越南和马来西亚也有分布。

单味鲜品捣汁或煎服，治流行性感冒、腮腺炎等症。

（2）白花灯笼 Clerodendrum fortunatum Linn.

灌木。

生于丘陵、山坡、路边、村旁和旷野。

雷州半岛各地有栽培。产于江西南部、福建、广东、广西。

根或根皮：苦，寒；清热、解毒、凉血、消肿。

（3）苦郎树 Clerodendrum inerme（Linn.）Gaertn.

攀援状灌木，直立或平卧，半红树植物。

常生长于海岸沙滩和潮汐能至的地方。

雷州半岛各地有栽培。产于我国华南沿海地区；东南亚至大洋洲也有分布。

药用，可治跌打损伤、血瘀肿痛、内伤吐血、外伤出血、湿疹瘙痒。

（4）圆锥大青 Clerodendrum paniculatum Linn.

小灌木。

生于丘陵、山坡较潮湿地方。

雷州半岛各地有栽培。产于华南地区，东南亚等地也有分布。

（5）赪桐 Clerodendrum japonicum （Thunb.）Sweet

灌木。

常生于林下和山溪边阴湿处。

雷州半岛各地有栽培。产于我国华南及西南；印度、孟加拉、不丹、中南半岛、马来西亚、日本也有分布。

（6）尖齿臭茉莉 Clerodendrum lindleyi Decne. ex Planch.

灌木。

常生于村边、路旁、旷野和林缘。

雷州半岛各地有栽培。产于长江流域以南。

药用根、叶或全株，治妇女月经不调、风湿骨痛、骨折、中耳炎、毒疮、湿疹。

4. 假连翘属 Duranta Linn. （外来引种栽培 1 种）

（1）假连翘 Duranta repens Linn.

灌木。

喜光，喜温暖湿润气候，在全日照或半日照条件下生长良好，不耐寒，耐半阴，耐修剪；对土壤要求不高，但需排水良好。

雷州半岛广泛栽培，另有常见栽培品种金叶假连翘（CV."Variegata"）。原产于墨西哥和巴西，热带地区广泛栽培。

优良花篱、花丛、花镜、花坛美化树种。

5. 石梓属 Gmelina Linn. （野生 1 种）

（1）苦梓 Gmelina hainanensis Oliv.

小乔木。

生于疏林、山坡林或灌丛中。

雷州半岛各地有栽培。产于江西南部、两广及海南等地。

木材纹理通直，材质韧而稍硬，适于造船、建筑、家具等用。

6. 马樱丹属 Lantana Linn. （外来引种栽培 2 种）

（1）马樱丹 Lantana camara Linn.

直立或蔓性的灌木。

生于海边沙滩、荒地和空旷地区等。

雷州半岛各地常见，呈入侵状态。原产于美洲热带地区。

观赏；根、叶、花作药用等。

（2）蔓马缨丹 Lantana montevidensis Briq.

匍匐状亚灌木。

生于海边沙滩、荒地和空旷地区等。

雷州半岛各地栽培。原产于美洲热带地区。

栽培供观赏。

7. 豆腐柴属 Premna Linn. （野生 1 种）

（1）钝叶臭黄荆 Premna obtusifolia R. Br.

攀援灌木。

常生于平原地区的疏林中和沟溪边。

廉江有栽培（引自林广旋）。产于台湾、广西与广东；印度、斯里兰卡、马来西亚、菲律宾、澳大利亚、新西兰也有分布、

8. 假马鞭属 Stachytarpheta Vahl（外来引种栽培 1 种）

（1）假马鞭 Stachytarpheta jamaicensis（Linn.）Vahl

多年生亚灌木。

生于山谷阴湿处草丛中。

雷州半岛各地有栽培。原产于中南美洲；东南亚广泛分布。

茎叶并用于通经，根用于红白痢疾、慢性疟疾、水肿等症。

9. 柚木属 Tectona L. F. （外来引种栽培 1 种）

（1）柚木 Tectona grandis L. F.

落叶大乔木。

喜光，喜暖热气候；喜肥沃湿润、排水良好的土壤。

湛江市区等地有栽培。原产于印度和缅甸。

柚木是制造高档家具地板、室内外装饰的好材料。

10. 牡荆属 Vitex Linn. （野生 3 种 1 变种）

（1）山牡荆 Vitex quinata（Lour.）Will.

常绿乔木。

生于疏林、山坡林或灌丛中。

产于浙江、江西、福建、台湾、湖南、两广及海南；日本、印度、马来西亚、菲律宾也有分布。

荆子的保健功效显著，自古至今，欧洲国家众医生及民间一直将其视为治疗和缓解妇女经前综合症群及更年期症状的首选药物。

（2）黄荆 Vitex negundo Linn.

落叶灌木或小乔木。

生于山坡路旁或灌木丛中。

雷州半岛各地有栽培。主要产于长江以南各省，北达秦岭淮河；非洲东部经马达加斯加、亚洲东南部及南美洲的玻利维亚也有分布。

优良园林树种。

（3）蔓荆 Vitex trifolia Linn.

灌木。

生于平原、海滩、疏林或海边沙滩。

雷州半岛有栽培。产于福建、台湾、两广、海南、云南；印度、越南、菲律宾、澳大利亚也有分布。

药用，用于风热感冒，正、偏头痛，目睛内痛，昏暗多泪，湿痹拘挛。

（4）单叶蔓荆 Vitex trifolia Linn. var. simplicifolia Cham.

灌木。

生于海边沙滩、河滩或平原草地上。

雷州半岛沿海各地有栽培。产于辽宁以南地区；日本至南海、澳大利亚、新西兰也有分布。

观赏；果实供药用，疏风散热、行气散瘀、清利头目。

A264. 唇形科 Lamiaceae（2 属 2 种：外来引种栽培 2 属 2 种）

1. 罗勒属 Ocimum Linn.

（1）丁香罗勒 Ocimum gratissmum Linn. var. suave（Willd.）Hook. F.

亚灌木。

生于路边、村旁和旷野。

雷州半岛各地有栽培，有逸生。原产于热带非洲。

叶属温性，用于调制意大利菜，混在蒜、番茄中味道独特。

2. 鼠尾草属 Salvia Linn.

（1）一串红 Salvia splendens Ker – Gawl.

亚灌木状草本。

喜阳，也耐半阴，宜肥沃疏松土壤，耐寒性差。

雷州半岛常见栽培。原产于巴西，现热带地区广泛栽培。

常用作花坛、带状花坛、花丛的主体观赏材料。

A281. 须叶藤科 Flagellariaceae（野生 1 属 1 种）

1. 须叶藤属 Flagellaria Linn.

（1）须叶藤 Flagellaria indica Linn.

多年生攀援木质藤本；长达 20m。

生于沿海地区低海拔海岸疏林中。

雷州半岛沿海有栽培。产于南海沿海地区。

优良滨海绿化植物。全株药用，利水清肿、收敛创口。

A297. 菝葜科 Smilacaceae（野生 2 属 4 种）

1. 肖菝葜属 Heterosmilax Kunth（野生 1 种）

（1）肖菝葜 Heterosmilax japonica Kunth

攀援灌木。

生于山坡密林中或路边杂木林下。

雷州半岛各地有栽培。分布于长江流域以南等地。

2. 菝葜属 Smilax Linn. （野生 3 种）

（1） 菝葜 Smilax china Linn.

攀援灌木。

生于林下、灌丛中、路旁、河谷或山坡上。

雷州半岛各地有栽培。产于长江流域以南及山东等地；东南亚也有分布。

（2） 土茯苓 Smilax glabra Roxb.

攀援灌木。

生于林中、灌丛下、河岸或山谷中，也见于林缘与疏林中。

雷州半岛各地有栽培。产于长江流域以南各省区；越南、泰国和印度也有分布。

根状茎称土茯苓，性甘平，富含淀粉，可用来制糕点或酿酒。

祛风利湿、解毒消痈。

（3） 穿鞘菝葜 Smilax perfoliata Lour.

攀援灌木。

生于林下、河谷或山坡上。

廉江、遂溪和徐闻等地有栽培。产于广东、海南及云南等地；老挝、泰国、缅甸和印度也有分布。

观赏与药用植物。

4.2 单子叶植物

A302. 天南星科 Araceae （野生 1 属 1 种）

1. 石柑属 Pothos Linn. （野生 1 种）

（1） 百足藤 Pothos repens（Lour.）Druce

附生半本质藤本。

生于林内石上及树干上附生。

雷州半岛各地有栽培。产于广东南部、广西、云南；越南北部也有分布。

茎叶供药用，能祛湿凉血、止痛接骨。也可作马饲料。

A313. 龙舌兰科 Agavaceae （外来引种栽培 3 属 11 种）

1. 酒瓶兰属 Beaucarnea Lem. （外来引种栽培 1 种）

（1） 酒瓶兰 Beaucarnea recurvata Lem.

常绿灌木。

喜温暖、湿润及日光充足环境；喜肥沃土壤。

雷州半岛均有栽培。原产于墨西哥；我国华南地区常见栽培。

常作为观茎赏叶的盆栽进行栽培。

2. 朱蕉属 Cordyline Comm. ex Juss. （外来引种栽培 3 种）

（1）剑叶朱蕉 Cordyline australis（Forster f.）Endl.

常绿灌木。

喜光，喜温暖湿润气候，在肥沃湿润、排水良好的土壤生长较好。

雷州半岛均有栽培。原产于新西兰；我国华南地区常见栽培。

常作为观赏盆栽进行栽培。

（2）朱蕉 Cordyline fruticosa（L.）A. Cheval.

常绿灌木。

喜光，喜温暖湿润气候，在肥沃湿润；排水良好的土壤生长较好。

雷州半岛均有栽培。原产于越南及印度，热带及亚热带地区。

观赏。广西民间曾用来治咯血、尿血、菌痢等症。

（3）亮叶朱蕉 Cordyline terminalis cv. Aichiaka

常绿灌木。

喜光，喜温暖湿润气候，在肥沃湿润；排水良好的土壤生长较好。

雷州半岛均有栽培。我国华南地区常见栽培。

用于布置花坛、草坪。室内盆栽观赏，枝叶可用于插花。

3. 龙血树属 Dracaena Vand. ex Linn. （外来引种栽培 7 种）

（1）长花龙血树 Dracaena angustifolia Roxb.

常绿灌木。

喜光，喜高温高湿气候，极耐干旱，不耐寒冷和水湿。

雷州半岛各地有栽培。产于我国海南、台湾及云南，东南亚。

常用于园林配置观赏。

（2）竹蕉 Dracaena deremensis Engl.

常绿灌木。

性喜高温、多湿、半日阴环境生长。

雷州半岛各地有栽培，栽培品种有太阳神（CV. Compaeta）、缟叶竹蕉（CV. Roehrs Gold）、银丝竹蕉（CV. Warneckii）等。热带地区广泛栽培。

热带观赏树种。

（3）香龙血树 Dracaena fragrans Ker-Gawl.

常绿灌木。

喜光、高温高湿气候；要求肥沃及排水良好的土壤。

雷州半岛均有栽培，栽培品种主要有：金边巴西铁（CV. Lindenii）、金心巴西铁（CV. Massangeana）等。原产于非洲，现热带及亚热带各地广为栽培。

（4）星点木 Dracaena godseffiana Baker

常绿灌木；叶多小斑点。

喜半阴、高温高湿生长环境。

雷州半岛均有栽培。

（5）红边千年木 Dracaena marginata Lam.

常绿灌木。

喜温暖、阳光充足、湿润和微酸性砂壤土，冬季温度不低于5℃。

雷州半岛均有栽培，主要栽培品种有五彩千年木（CV. Tricolor）、彩虹千年木（CV. Raibow）等。产于中国和印度。

（6）百合竹 Dracaena reflexa Lam.

常绿灌木。

喜温暖湿润气候，对光照要求不高，生长适温15～35℃之间。

雷州半岛均有栽培。原产于马达加斯加。

（7）富贵竹 Dracaena sanderiana M. T. Masters

多年生常绿灌木。

生于田间、林缘潮湿地带。

雷州半岛各地有栽培。原产于西非。

常作为观赏盆栽进行栽培，栽培品种主要有富贵竹（CV. Virens）、金边富贵竹（CV. Golden Edge）等。

A314. 棕榈科 Palmae（24属41种：野生5属6种；外来引种栽培22属35种）

1. 假槟榔属 Archontophoenix H. A. Wendl. & Drude（外来引种栽培1种）

（1）假槟榔 Archontophoenix alexandrae（F. J. Muell.）H. A. Wendl. & Drude

常绿乔木。

喜高温，耐寒力稍强，喜光，不耐阴蔽，耐水湿，亦较耐干旱。

湛江市区等地有栽培。原产于澳大利亚东部。

树形优美的绿化树种。

2. 槟榔属 Areca L.（外来引种栽培2种）

（1）槟榔 Areca catechu Linn. Sp. Pl.

常绿乔木。

喜温暖湿润气候，要求肥沃疏松和排水良好的土壤。

雷州半岛有少量栽培。原产于马来西亚，现各热带地区有栽培。

本种是重要的中药材，在南方一些少数民族还有将果实作为一种咀嚼嗜好品。

（2）三药槟榔 Areca triandra Roxb. ex Buch. – Ham.

丛生灌木。

喜温暖湿润和背风半阴环境，在强烈的阳光下生长较差，不耐寒。

雷州半岛广泛栽培。原产于印度和马来西亚，现各热带地区有栽培。

常用于庭院绿化或盆栽观赏。

3. 金山葵属 Syagrus Mart.（外来引种栽培 1 种）

（1）金山葵 Syagrus romanzoffiana（Cham.）Glassm.

常绿乔木。

喜温暖湿润、向阳通风的环境，能耐一定低温；要求肥沃湿润的土壤；抗风力强，耐碱，不耐干旱。

雷州半岛广泛栽培；原产于巴西，现各热带地区有栽培。

常用于庭院观赏。

4. 桄榔属 Arenga Labill.（外来引种栽培 1 种）

（1）桄榔 Arenga westerhoutii Griff.

常绿乔木。

喜温暖湿润、向阳通风的环境，低海拔肥沃湿润的土壤。

雷州半岛有栽培；原产于亚洲南部至澳洲。

观赏；花序汁液可制糖酿酒；树干髓心含淀粉，可食用。

5. 霸王棕属 Bismarckia Hild. & H. Wendl.（外来引种栽培 1 种）

（1）霸王棕 Bismarckia nobilis Hild. & H. Wendl.

常绿乔木，茎单生粗壮。

喜温暖湿润、向阳通风的环境，低海拔肥沃湿润的土壤。

雷州半岛有栽培；原产于马达加斯加。

常作为庭园观赏树种。

6. 树头棕属 Borassus L.（外来引种栽培 1 种）

（1）糖棕 Borassus flabellifer L.

常绿乔木，茎单生粗壮。

喜生于干燥地区。

雷州半岛有栽培。原产于印度、缅甸、柬埔寨等地。

花序梗取汁液可制糖、酿酒、制醋和饮料；叶片可刻字；观赏。

7. 布迪椰子属 Butia Becc.（外来引种栽培 1 种）

（1）布迪椰子 Butia capitata（Mart.）Becc.

常绿乔木，茎单生，叶羽状拱形。

喜生于干燥地区。

雷州半岛有栽培。原产于巴西、乌拉圭等地。

常用于庭园及道路绿化；果实可提取果酱和果冻。

8. 省藤属 Calamus Linn.（野生 2 种）

（1）华南省藤 Calamus rhabdocladus Burret

攀援藤本。

生于低海拔疏林或灌丛中。

雷州半岛各地有栽培。产于福建、广东、海南、广西、贵州及云南等省区。

藤茎质地中等，坚硬，适宜作藤器的骨架，也可作手杖。

（2）白藤 Calamus tetradactylus Hance

藤本。

生于低海拔山丘陵地带、次生林或灌丛中。

雷州半岛各地有栽培。产于福建、广东、香港、海南及广西南部，越南亦产。

藤茎质地中上等，可供编织藤器。

9. 鱼尾葵属 Caryota Linn.（野生 1 种；外来引种栽培 2 种）

（1）董棕 Caryota gigas Hahn.

常绿乔木。

较稍耐阴，喜温暖湿润气候；要求排水良好、疏松肥沃的土壤。

雷州半岛均有栽培。产于我国云南、广西及亚洲东南部。

木质坚硬；髓心含淀粉，可代西谷米；绿化观赏树种。

（2）短穗鱼尾葵 Caryota mitis Lour.

丛生小乔木。

生于山谷林中。

雷州半岛各地有栽培。产于两广及海南等地，东南亚也有分布。

茎的髓心含淀粉，可供食用；花序液汁含糖分，供制糖或酿酒。

（3）鱼尾葵 Caryota ochlandra Hance

常绿乔木。

耐阴，喜温暖湿润气候，不耐干旱，较耐寒。

湛江市区等地有栽培。产于我国云南、两广和福建。

庭园绿化植物；茎髓含淀粉，可作桄榔粉的代用品。

10. 竹节椰属 Chamaedorea Willd.（外来引种栽培 1 种）

（1）袖珍竹节椰 Chamaedorea elegans Mart.

常绿小灌木，基部常有气根，果序柄朱红色。

较稍耐阴，喜温暖湿润气候；要求排水良好、疏松肥沃的土壤。

雷州半岛有栽培。产于墨西哥。

常用于室内盆栽观赏。

11. 散尾葵属 Chrysalidocarpus H. Wendl.（外来引种栽培 1 种）

（1）散尾葵 Chrysalidocarpus lutescens H. Wendl.

丛生灌木。

较耐阴，喜温暖湿润气候；要求肥沃疏松土壤。

雷州半岛均有栽培。原产于我国台湾和日本，现各热带地区均有栽培。

为优良的庭园绿化树种。

12. 椰子属 Cocos Linn.（野生 1 种）

（1）椰子 Cocos nucifera Linn.

乔木。

生于海边、路边、村落附近等。

主要产于我国广东南部诸岛及雷州半岛、海南、广西、台湾及云南南部热带地区。雷州半岛未采集标本。

著名热带沿海果树；优良的庭园绿化树种。

13. 油棕属 Elaeis Jacq. （外来引种栽培 1 种）

（1）油棕 Elaeis guineensis Jacq.

常绿乔木。

喜光，要求高温、雨量充沛和光照充足的环境，不耐寒。

雷州半岛广泛栽培；原产于非洲热带，现各热带地区有栽培。

著名热带油料作物，其油可用于食品工业用。

14. 酒瓶椰子属 Hyophorbe Gaertn. （外来引种栽培 1 种）

（1）酒瓶椰子 Hyophorbe lagenicaulis （L. H. Bailey）H. E. Moore.

常绿灌木。

喜高温、湿润、阳光充足的环境，怕寒冷，耐盐碱，生长慢。

湛江市区等地有栽培。原产于莫里西斯、马斯加里尼岛。

常用于庭园绿化。

15. 蒲葵属 Livistona R. Br. （外来引种栽培 2 种）

（1）蒲葵 Livistona chinensis （Jacq.）R. Br.

常绿乔木状。

喜温暖湿润气候，较耐寒，喜光，稍耐阴。

雷州半岛均有栽培。原产于我国南部；越南、日本也有分布。

本种在广东新会县栽培较多，用其嫩叶编制葵扇，老叶制蓑衣；叶裂片的肋脉可制牙签；果实及根入药。

（2）大叶蒲葵 Livistona saribus （Lour.）Merr. ex A. Chev.

常绿乔木状。

喜温暖湿润气候，较耐寒，喜光，稍耐阴。

湛江市区等地有栽培。产于我国广东（封开）、海南及云南南部；越南亦有分布。

16. 小竹椰子属 Neodypsis L. （外来引种栽培 1 种）

（1）三角椰子 Neodypsis decaryi Jum.

乔木。

喜高温、光照充足环境。耐寒、耐旱，也较耐阴。

湛江市区等地有栽培。原产于马达加斯加；我国华南地区也有栽培。

常用于庭园绿化。

17. 黑狐狸椰子属 Normanbya Baill. （外来引种栽培 1 种）

（1）黑狐狸椰子 Normanbya normanbyi L. H. Bailey

乔木。

喜高温、光照充足环境。耐寒、耐旱，也较耐阴。

湛江市区等地有栽培。原产于澳大利亚昆士兰东北部雨林中。

常用于庭院绿化。

18. 刺葵属 Phoenix Linn.（野生 1 种；外来引种栽培 4 种）

（1）长叶刺葵（加拿利海枣）Phloenix canariensis Hort. ex Chaub.

常绿乔木。

喜光，喜高温多湿的热带气候，对土壤要求不高。

雷州半岛均有栽培。原产于加那利群岛，现热带地区广为栽培。

用于庭院及行道绿化。

（2）海枣 Phoenix dactylifera L.

常绿乔木。

喜光，喜高温高湿气候，稍能耐寒；也能耐干旱、瘠薄的土壤。

雷州半岛有栽培。原产于亚洲西部和非洲北部地区。

著名果树；花序汁液可制糖；叶可造纸；常作观赏植物。

（3）刺葵 Phloenix hanceana Naud.

常绿灌木。

喜光，喜高温高湿气候，稍能耐寒。

雷州半岛各地有栽培。产于台湾、广东、海南、广西、云南等省区。

树形美丽，可作庭园绿化植物，果可食，嫩芽可作蔬菜。

（4）软叶刺葵 Phoenix roebelenii O. Brien

常绿灌木。

喜光，能耐半阴，喜高温多湿气候，亦能耐寒。

雷州半岛均有栽培。原产于东南亚，现热带地区广为栽培。

常用于庭园观赏。

（5）银海枣 Phoenix sylvestris Roxb.

常绿乔木。

喜光，喜高温高湿气候，稍能耐寒；也能耐干旱、瘠薄的土壤。

雷州半岛有栽培。原产于印度北部地区。

常用于庭院观赏。

19. 山槟榔属 Pinanga Bl.（外来引种栽培 5 种）

（1）变色山槟榔 Pinanga discolor Burret

丛生灌木。

喜光，能耐半阴，喜高温多湿气候、疏松湿润肥沃的土壤。

湛江市区等地有栽培。产于广东南部、海南、广西南部及云南南部等省区。

20. 棕竹属 Rhapis Linn. F.（野生 1 种；外来引种栽培 4 种）

（1）棕竹 Rhapis excelsa（Thunb.）Henry ex Rehd.

丛生灌木。

生于火山灰林中或林缘。

廉江等地有栽培。产于我国南部至西南部；日本亦有分布。

常用于庭园绿化；根及叶鞘纤维可入药。

（2）细棕竹 Rhapis gracilis Burret

常绿丛生灌木，叶有裂片 3～8 片。

喜温暖湿润气候及肥沃、排水良好的酸性土壤。

雷州半岛均有栽培，栽培品种有斑叶细棕竹（CV. Variegata）。

常用于庭园绿化。

（3）矮棕竹（观音竹）Rhapis humilis Bl.

常绿丛生灌木，叶有裂片 13～18 片。

喜温暖湿润气候及肥沃、排水良好的酸性土壤。

雷州半岛均有栽培。产于华南、西南南亚热带常绿阔叶林区。

常作为庭园绿化观赏。

（4）多裂棕竹 Rhapis multifida Burret

常绿丛生灌木，叶有裂片 25～31 片。

喜温暖湿润气候及肥沃、排水良好的酸性土壤。

雷州半岛均有栽培。产于云南南部。

用于庭院绿化。

（5）粗棕竹 Rhapis robusta Burret

常绿丛生灌木，叶有裂片 4～9 片。

生于林中或林缘。

雷州半岛有栽培。产于广西等地。

常用于庭院绿化；须根可接骨。

21. 棕榈属 Trachycarpus H. Wendl.（外来引种栽培 1 种）

（1）棕榈 Trachycarpus fortunei（Hook. f.）H. Wendl.

常绿乔木。

喜温暖湿润气候及肥沃、排水良好的石灰土、中性或微酸性土壤；浅根性，不抗风，生长慢。

雷州半岛均有栽培。产于我国秦岭、长江流域以南地区。

棕皮纤维（叶鞘纤维）可作绳索、编蓑衣等；嫩叶经漂白可制扇和草帽；花苞可食用；棕皮及叶柄（棕板）煅炭入，果实、叶、花、根可入药；是庭园绿化的优良树种。

22. 丝葵属 Washingtonia Wendl.（外来引种栽培 1 种）

（1）丝葵 Washingtonia filifera（Linden ex Andre）H. Wendl.

常绿乔木。

喜温暖、湿润、向阳的环境，较耐寒，较耐旱和耐瘠薄土壤；不宜在高温、高湿处栽培。

雷州半岛均有栽培。原产于美国西南部及墨西哥，我国南部常见栽培。

用于园林绿化。

23. 狐尾椰子属 Wodyetia A. K. Irvine（外来引种栽培 1 种）

（1）狐尾椰子 Wodyetia bifurcate A. K. Irvine

常绿乔木，植株高大通直，茎干单生，茎部光滑，略似酒瓶状。

性喜温暖湿润、光照充足的生长环境，耐寒、耐旱、抗风。

雷州半岛均有栽培。原产于澳大利亚昆士兰东北部的约克角。

常用于庭院绿化；果实脱皮可制菩提子。

24. 王棕属 Roystonea O. F. Cook（外来引种栽培 1 种）

（1）王棕 Roystonea regia（Kunth）O. F. Cook

常绿乔木。

喜高温多湿的热带气候、充足的阳光和疏松肥沃的土壤。

雷州半岛各地栽培。原产于美国佛罗里达州与古巴，现各热带地区有栽培。

常用于庭园及行道绿化；果实含油，可作猪饲料。

A315. 露兜树科 Pandanaceae（1 属 3 种：野生 1 属 2 种；外来引种栽培 1 属 1 种）

1. 露兜树属 Pandanus Linn.（野生 2 种；外来引种栽培 1 种）

（1）簕古子 Pandanus forceps Martelli

常绿灌木或小乔木。

生于旷野、海边、林中，或引种作绿篱。

雷州半岛各地有栽培。产于两广及海南；越南也有分布。

常作绿篱；嫩芽可食用。

（2）露兜树 Pandanus tectorius Sol.

常绿分枝灌木或小乔木。

生于海边沙地或引种作绿篱。

雷州半岛各地有栽培。产于福建、台湾以南沿海地区、贵州和云南等省区；也分布于亚洲热带、澳大利亚南部。

叶纤维可编制席、帽等；根与果实入药，有治感冒发热、肾炎、水肿、腰腿痛、疝气痛等功效；鲜花可提取芳香油。

（3）红刺林投 Pandanus utilis Bory

常绿乔木。

喜光，喜高温多湿气候，不耐寒，稍耐阴，不耐干旱；喜肥沃湿润的土壤。

雷州半岛广泛栽培。原产于马达加斯加。

优良热带园林树种；叶部纤维可制帽编篮。

A332. 禾本科 Gramineae（7 属 20 种 2 变种：野生 5 属 14 种 2 变种；外来引种栽培 4 属 6 种）

1. 矢竹属 Pseudosasa Makino ex Nakai（野生 2 种）

（1）托竹 Pseudosasa cantori（Munro）Keng f.

常绿灌木。

生于低丘山坡或水沟边。

雷州半岛各地有栽培。产于广东、香港、海南、江西、福建。

（2）篲竹 Pseudosasa hindsii（Munro）C. D. Chu & C. S. Chao

常绿灌木。

生于沿海山地。

雷州半岛各地有栽培。产于广东。

2. 簕竹属 Bambusa Retz. corr. Schreber（野生 10 种 1 变种，外来引种栽培 2 种）

（1）簕竹 Bambusa blumeana J. A. & J. H. Schult. F.

常绿有刺丛生小乔木。

生于海边沙地。

雷州半岛各地有栽培。原产于印度尼西亚（爪哇岛）和马来西亚东部。

常作为防护林；竹竿可制棚架。

（2）粉单竹 Bambusa chungii McCl.

常绿小乔木。

生于低丘陵地或村落附近。

雷州半岛各地有栽培。华南特产，分布于湖南南部、福建（厦门）、广东、广西。

竹竿韧性强，节间长，节平，可劈篾编织精巧竹器；庭园美化竹种。

（3）小簕竹 Bambusa flexuosa Munro

常绿有刺丛生小乔木。

多生于丘陵或低山山脚下。

雷州半岛各地有栽培。产于广东南部、海南和香港。

可作绿篱。

（4）坭竹 Bambusa gibba McCl.

常绿丛生小乔木。

多生于低丘陵地或村落附近。

雷州半岛各地有栽培。产于福建、广东和广西，香港亦有分布。

本种在农村常种植以作围篱；竿常用作棚架、农具或渔具的材料，亦可破篾以作土法榨油的油饼篾箍。

（5）油簕竹 Bambusa lapidea McClure.

常绿丛生小乔木。

多生于平地、低丘陵较湿润地方或河流两岸、村落附近。

雷州半岛各地有栽培。产于广东、广西、四川、云南及海南。

竹竿厚实而坚韧，可用作建筑工程的脚手架、担竿、扁担、船用撑竿、渔具、农具以及农村修建茅屋等用材。

（6）观音竹 Bambusa multiplex var. riviereorum R. Maire

常绿灌木。

多生于丘陵山地溪边。

雷州半岛各地有栽培。产于华南地区。

用于庭园绿篱或盆栽观赏。

（7）撑篙竹 Bambusa pervariabilis McCl.

常绿小乔木。

多生于河溪两岸及村落附近。

雷州半岛各地有栽培。产于华南地区。

竿材坚实而挺直，常用于建筑工程脚手架、撑竿、担竿、扁担、农具，以及制造竹家具、竹编制品等；竿表面刮制的"竹茹"可供药用。

（8）车筒竹 Bambusa sinospinosa McClure.

常绿丛生小乔木。

多生于河流两岸和村落附近。

雷州半岛各地有栽培。产于我国华南和西南地区。

竹竿粗大通直，可建茅屋或作水车的盛水筒；竹丛基部形似密刺丛，可作防篱；竹竿密集，根系发达，可护堤防风。

（9）青皮竹 Bambusa textilis McClure

常绿乔木。

喜光，喜温暖湿润气候。

雷州半岛各地有栽培。产于两广，现西南、华中、华东各地均有引种栽培，常栽生于低海拔地的河边、村落附近。

竹材为华南地区著名编织用材等。中药"天竺黄"产自此竹的节间。

（10）青秆竹 Bambusa tuldoides Munro

常绿小乔木。

生于低丘陵地或溪河两岸。

雷州半岛各地有栽培。产于广东，香港亦有分布。

用于庭园绿篱或盆栽观赏。

（11）小佛肚竹 Bambusa ventricosa McCl.

常绿小乔木。

喜光，亦稍耐荫蔽，不耐严寒；喜肥沃湿润的酸性土壤，颇耐水湿，不耐干旱，地植或盆栽，均宜对土壤经常保持湿润。

雷州半岛均有栽培。产于广东，现我国南方各地以及亚洲的马来西亚和美洲均有引种栽培。

用于制作竹盆景。

（12）龙头竹 Bambusa vulgaris Schrader ex Wendland

常绿小乔木。

喜光，亦稍耐荫蔽；喜肥沃湿润的酸性土壤，颇耐水湿，不耐干旱，地植或盆栽，均宜对土壤经常保持湿润。

雷州半岛各地栽培，栽培品种有大佛肚竹（CV. Wamin）、黄金间碧竹（CV. Vittata）。产于云南南部，现我国浙江以南、台湾等地常见栽培。

常用于庭园绿化观赏。

（13）霞山坭竹 Bambusa xiashanensis L. C. Chia & H. L. Fung

常绿丛生小乔木。

生于丘陵或平地上。

湛江市区、廉江等地有栽培。产于广东。

生长快速，竿材较坚实，但稍曲，仍可供棚架及农作物支柱等用。

3. 绿竹属 Dendrocalamopsis（Chia et H. L. Fung）Keng f.（野生 1 种）

（1）绿竹 Bambusa oldhamii（Munro）P. C. Keng

常绿乔木。

生于低丘陵地或村落附近。

雷州半岛各地有栽培。产于华南地区。

竹竿可作建筑用材、劈篾编制用具或造纸。笋味鲜美。

4. 牡竹属 Dendrocalamus Nees（野生 1 种，外来引种栽培 2 种）

（1）云南甜竹 Dendrocalamus brandisii（Munro）Kurz

常绿乔木。

喜光，喜温暖湿润气候。

湛江市区等地栽培。产于云南南部；缅甸、老挝、越南、泰国亦有分布。

（2）麻竹 Dendrocalamus latiflorus Munro

常绿乔木。

喜光，喜温暖湿润气候。

湛江有引种栽培。产于福建、华南至西南地区；越南、缅甸也有分布。

我国南方栽培最广的竹种之一，笋味甜美；庭园栽植观赏价值也高。

（3）吊丝竹 Dendrocalamus minor（McCl.）L. C. Chia & H. L. Fung

常绿乔木。

生于低丘陵地或村落附近。

雷州半岛各地有栽培。产于我国广东、广西、贵州等地。

庭园绿化竹种。竹竿可劈篾编结竹席、箩筐等竹器。

5. 箬竹属 Indocalamus Nakai（野生 1 变种）

（1）密脉箬竹 Indocalamus pseudosinicus var. densinervillus H. R. Zhao & Y. L.

Yang

常绿灌木。

生于山地林中。

产于广东徐闻。

竹叶入药可杀菌抗癌。

6. 刚竹属 Phyllostachys Sieb. & Zucc. （外来引种栽培 1 种）

（1）紫竹 Phyllostachys nigra（Lodd. ex Lindl.）Munro

灌木。

喜光，喜温暖湿润气候。

湛江市区公园有引种栽培。世界各地常栽培供观赏和材用。

7. 唐竹属 Sinobambusa Makino ex Nakai（外来引种栽培 1 种）

（1）唐竹 Sinobambusa tootsik（Sieb.）Makino

乔木。

喜光，喜温暖湿润气候。

湛江有栽培；产于福建、两广；越南北部有分布。

竹材较脆，但节间较长，常用作吹火管或搭棚架，筑篱笆等；笋苦不堪食用，由于此竹生长茂盛，挺拔，姿态潇洒，通常可作庭园观赏之用。

第五章　主要引证树木标本信息

　　本章记录作者于 2011 年到 2013 年期间在雷州半岛各地所采集的标本，现存于广东海洋大学农学院植物标本馆（GDOUPH）；同时记录华南植物园植物标本馆（IBSC）收藏雷州半岛各地所采集的标本。

　　经作者查阅华南植物园标本馆湛江地区的木本植物标本信息表明，主要记录有：蒋英 1929 年于海康县（今雷州市）采集，王贤智 1930 年于廉江及遂溪采集，梁向日 1937 年于徐闻县徐闻山采集，陈少卿 1951 年于徐文各地及湛江采集且 1974 年再次于徐闻采集，朱志淞 1951 年于徐闻各地采集，邹辉与熊中魁 1952 年于徐闻锦囊圩采集，南路 1954 年于徐闻采集，赵华东 1954 年于徐闻采集，刘集汉、肖嘉 1956 年于廉江塘蓬区采集，李祥禧 1956 年于廉江塘蓬区采集，曾沛 1956 年于海康及徐闻采集，湛江区植物调查队 1957 年于廉江各地采集，广东林业所 1957 年于遂溪采集，邓良 1957 年于徐闻龙塘乡采集，广东木材调查组 1974 年于湛江各地区采集，丘华兴 1976 年于遂溪采集，李泽贤、邢福武 1985 年于海岸调查中在湛江各地区采集，陈炳辉 1991 年于湛江地区的各个岛屿采集，叶华谷 2002 年于湛江及徐闻采集且 2006 年再次于湛江采集、农林所 1954 年于吴川采集。

5.1　裸子植物

G4. **松科** Pinaceae

　　湿地松 Pinus elliottii Engelm. 标本采于廉江市和寮镇根竹嶂，标本号韩维栋 20120494。

　　马尾松 Pinus massoniana Lamb. 标本采于廉江塘山岭生态公园，标本号韩维栋 20130259。

G7. **罗汉松科** Podocarpacea

　　百日青 Podocarpus nerifolius D. Don. 标本采于廉江和寮镇根竹嶂，标本号韩维栋 20120532A。

G11. **买麻藤科** Gnetaceae

　　小叶买麻藤 Gnetum parvifolium（Warb.）C. Y. Cheng ex Chun. 标本采于廉江

市和寮镇根竹嶂，标本号韩维栋 20120443。

5.2　被子植物

5.2.1　双子叶植物

A8. 番荔枝科 Annonaceae

皂帽花 Dasymaschalon trichophorum Merr. 标本号韩维栋 20130024。华南植物园采集标本号：南路 185534、南路 202230、南路 202264、南路 202473、李泽贤邢福武 624647、湛江区植物调查队 239286。

假鹰爪 Desmos chinensis Lour. 标本采于廉江高桥红寨独竹根、雷州鹰峰岭、湛江古樟树保护区、廉江谢鞋山，标本号韩维栋 20120096、韩维栋 20110108、韩维栋 20120128、韩维栋 20120556。华南植物园采集标本号：南路 202078。

香港瓜馥木 Fissistigma uonicum（Dunn）Merr. 标本采于遂溪鸡笼山，标本号韩维栋 20120566。

野独活 Miliusa balausse et Gagaep. 标本采于湛江特呈岛、廉江高桥红寨江益村，标本号韩维栋 20120356、韩维栋 20130037。

山蕉 Mitrephora maimgayi Hook. f. et Thoms. 标本采于雷州九龙山，韩维栋 20120377。

细基丸 Polyalthia cerasoides（Roxb.）Benth. et Hook. f. ex Bedd. 标本采于廉江高桥谭福村、谢鞋山，标本号韩维栋 20120146、韩维栋 20120550。华南植物园采集标本号：南路 185611、陈少卿 166942、李泽贤邢福武 624693、广东木材调查组 400221。

陵水暗罗 Polyalthia nemoralis A. DC. 标本采于湛江硇洲岛，标本号韩维栋 20120613。

斜脉暗罗 Polyalthia plagioneura Diels. 标本采于廉江谢鞋山，标本号韩维栋 20110033。

暗罗 Polyalthia suberosa（Roxb.）Thw. 标本采于廉江高桥红寨独竹根、遂溪河头镇双料村、遂溪草潭镇罗屋村、徐闻冬松岛，标本号韩维栋 20120114、韩维栋 20120198、韩维栋 20120293、韩维栋 20120325。

长山暗罗 Polyalthia zhui X. L. Hou&S. J. Li. 标本采于雷州鹰峰岭、廉江和寮镇根竹嶂，标本号韩维栋 20110100C、韩维栋 20120314、韩维栋 20120419。

山椒子 Uvaria grandiflora Roxb. 标本采于徐闻前山镇云仔村、谢鞋山，标本号分别为韩维栋 20120344、韩维栋 20120405。

紫玉盘 Uvaria microcarpa P. T. Li. 标本采于遂溪鸡笼山、遂溪河头镇双料村、廉江和寮镇根竹嶂，标本号分别为韩维栋 20110009、韩维栋 20120199、韩维栋 20120469。华南植物园采集标本号：南路 202033、南路 202299。

A11. 樟科 Lauraceae

毛黄肉楠 Actinodaphne pilosa（Lour.）Merr. 标本采于湛江古樟树保护区，标本号韩维栋 20120132、韩维栋 20120152。华南植物园采集标本号：陈少卿 166957、李泽贤和邢福武 624640。

滇琼楠 Beilschmiedia yunnanensis Hu. 标本采于廉江谢鞋山，标本号韩维栋 20130058。

阴香 Cinnamomum burmannii（C. G. et Th. Nees）Bl. 标本采于海大主校区、鹰峰岭、谢鞋山，标本号分别为陈杰 20110011、韩维栋 20110096、韩维栋 20120555。华南植物园采集标本号：南路 185282、南路 202122。

樟 Cinnamomum camphora（Linn.）Presl. 标本采于硇洲岛，标本号韩维栋 20110059。

狭叶山胡椒 Lindera angustifolia Cheng. 标本采于廉江谢鞋山，标本号韩维栋 20110018。

乌药 Lindera aggregata（Sims）Kosterm. 标本采于遂溪城月新来村，标本号韩维栋 20120597。

香叶树 Lindera communis Hemsl. 标本采于廉江谢鞋山，标本号韩维栋 20120046、韩维栋 20120060。

潺槁树 Litsea glutinosa（Lour.）C. B. Rob. 地理分布：雷州半岛；标本采于湛江古樟树保护区，标本号韩维栋 20120139。华南植物园采集标本号：南路 202212、陈少卿 166952。

广东山胡椒 Lindera kwangtungensis（Liou）Allen. 标本采于廉江谢鞋山，标本号韩维栋 20120046。

黑壳楠 Lindera megaphylla Hemsl. 标本采于廉江谢鞋山，标本号韩维栋 20110018A、韩维栋 20120049、韩维栋 20120055、韩维栋 20120058A。

山僵 Lindera reflexa Hemsl. 标本采于廉江和寮镇根竹嶂，标本号韩维栋 20120490。

假柿木姜子 Litsea monopetala（Roxb.）Pers. 标本采于山口镇黄榄塘、廉江和寮镇根竹嶂，标本号韩维栋 20120252、韩维栋 20120442。华南植物园采集标本号：南路 202116、李泽贤邢福武 624633。

竹叶木姜子 Litsea pseudoelongata H. Liou. 标本采于遂溪鸡笼山，标本号韩维栋 20120564。华南植物园采集标本号：陈少卿 199734、李泽贤邢福武 624655。

圆叶豺皮樟 Litsea rotundifolia Hemsl. 标本采于遂溪城月新来村，标本号韩维栋 20120596。

豺皮樟 Litsea rotundifolia Hemsl. var. oblongifolia（Nees）Allen. 标本采于山口镇

黄榄塘、湛江森林公园、廉江鹤地水库，标本号韩维栋 20120259、韩维栋 20120236、韩维栋 20120561。

黄椿木姜子 Litsea variabilis Hemsl. 标本采于徐闻下桥双阳村，标本号韩维栋 20130006。

轮叶木姜子 Litsea verticillata Hance. 标本采于廉江谢鞋山、廉江和寮镇根竹嶂，标本号韩维栋 20120018、韩维栋 20120487。

华润楠 Machilus chinensis（Champ. ex Benth.）Hemsl. 标本采于遂溪城月新来村，标本号韩维栋 20120606。华南植物园采集标本号：南路 202221。

红楠 Machilus thunbergii Sieb. et Zucc. 标本采于廉江谢鞋山、廉江和寮镇根竹嶂、廉江谢鞋山，标本号韩维栋 20120028、韩维栋 20120448、韩维栋 20120552。

绒毛润楠 Machilus velutina Champ. ex Benth. 标本采于廉江谢鞋山，标本号韩维栋 20120026。

乌心楠 Phoebe tavoyana（Meissn.）Hook. F. 标本采于雷州鹰峰岭、廉江和寮镇根竹嶂，标本号韩维栋 20120306、韩维栋 20120415。华南植物园采集标本号：湛江区植物调查队 239300 及 239301、李泽贤邢福武 635945、广东木材调查组 400399、南路 185289。

A13A. **莲叶桐科** Hernandiaceae

红花青藤 Illigera rhodantha Hance. 地理分布：雷州半岛；标本采于雷州九龙山，标本号韩维栋 20120387。华南植物园采集标本号：陈少卿 166912。

A14. **肉豆蔻科** Myristicaceae

风吹楠 Horsfieldia glabra（Bl.）Warb. 标本采于廉江谢鞋山，标本号韩维栋 20110027A、韩维栋 20110028。华南植物园采集标本号：广东木材调查组 400391。

A15. **毛茛科** Ranunculaceae

丝铁线莲 Clematis filamentosa Dunn. 标本采于廉江高桥红寨独竹根，标本号韩维栋 20120103。

A21. **木通科** Lardizabalaceae

五叶木通 Stauntonia leucantha Diels ex Y. C. Wu 标本采于廉江谢鞋山，标本号韩维栋 20130056。

A23. **防己科** Menispermaceae

苍白秤钩风 Diploclisia glaucescens（Bl.）Diels 标本采于雷州九龙山，标本号韩维栋 20120376。

细圆藤 Pericampylus glaucus（Lam.）Merr. 标本采于雷州九龙山，标本号韩维栋 20120385。

粪箕笃 Stephania longa Lour. 标本采于高桥红寨独竹根，标本号韩维栋 20120120。

硬骨藤 Pycnarrhena poilanei（Gagnep.）Forman 标本采于廉江谢鞋山，标本号韩维栋 20110021、韩维栋 20120066。

中华青牛胆 Tinospora sinensis（Lour.）Merr. 标本采于廉江高桥谭福村，标本号韩维栋 20120283。

A24. **马兜铃科** Aristolochiaceae

戟叶马兜铃 Aristolochia foveolata Merr. 标本采于廉江谢鞋山，标本号韩维栋 20120535。

A28. **胡椒科** Piperaceae **（总：1 属 4 种；栽培：1 属 4 种）**

蒌叶 Piper betle Linn. 标本采于廉江谢鞋山，标本号韩维栋 20120041。

风藤 Piper kadsura（Choisy）Ohwi 标本采于廉江谢鞋山，标本号韩维栋 20110025。

荜拔 Piper longum Linn. 标本采于廉江谢鞋山，标本号韩维栋 20120052。

A30. **金粟兰科** Chloranthaceae **（总：1 属 1 种；野生：1 属 1 种）**

草珊瑚 Sarcandra glabra（Thunb.）Nakai 标本采于廉江和寮镇根竹嶂，标本号韩维栋 20120417。华南植物园采集标本号：南路 185357、南路 202283。

A36. **白花菜科** Capparidaceae

尖叶槌果藤　Capparis acutifolia Sweet 标本采于廉江谢鞋山，标本号韩维栋 20120061。

纤枝槌果藤 Capparis membranifolia Kurz 标本采于徐闻下桥镇双阳村，标本号韩维栋 20130040。

小刺槌果藤 Capparis micracantha DC. 标本采于雷州鹰峰岭，标本号韩维栋 20120307。

曲枝槌果藤 Capparis sepiaria Linn. 标本采于湛江硇洲岛，标本号韩维栋 20120611。华南植物园采集标本号：蒋英 7838、陈炳辉 608097、陈炳辉 608126。

槌果藤 Capparis zeylanica Linn. 标本采于廉江高桥红寨坡禾地村，标本号韩维栋 20130028。华南植物园采集标本号：南路 185520。

赤果鱼木 Crateva trifoliata（Roxb.）Sun 标本采于湛江硇洲岛、古樟树保护区，标本号韩维栋 20120618、韩维栋 20120156。

A74. 海桑科 Sonneratiaceae

无瓣海桑 Sonneratia apetala Buch. – Ham. 标本采于徐闻冬松岛，标本号韩维栋 20120320、韩维栋 20120330。

A81. 瑞香科 Thymelaeaceae

土沉香 Aquilaria sinensis（Lour.）Gilg 标本采于廉江谢鞋山、雷州客路镇华侨农场、廉江和寮镇根竹嶂、徐闻前山镇云仔村，标本号韩维栋 20120030、韩维栋 20120010、韩维栋 20120402、韩维栋 20120426、韩维栋 20120346。

A84. 山龙眼科 Proteaceae

小果山龙眼 Helicia cochinchinensis Lour. 标本采于廉江谢鞋山，标本号韩维栋 20120335。华南植物园采集标本号：陈炳辉 202142。

海南山龙眼 Helicia hainanensis Hayata 标本采于山口镇大王庙，标本号韩维栋 20120287。

A85. 五桠果科 Dilleniaceae

锡叶藤 Tetracera sarmentosa（Linn.）Vahl ssp. asiatica（Lour.）Hoogl. 标本采于廉江谢鞋山、遂溪河头镇双料村、湛江森林公园，标本号韩维栋 20110015、韩维栋 20120200、韩维栋 20120245。

A88. 海桐花科 Pittosporaceae

光海桐 Pittosporum glabratum Lindl. 标本采于廉江谢鞋山，标本号韩维栋 20120019、韩维栋 20120024、韩维栋 20120544。

台琼海桐 Pittosporum pentandrum（blanco）Merr. var. hainanense（Gagnep.）Li. 标本采于雷州鹰峰岭、湛江古樟树保护区，标本号韩维栋 20110080、韩维栋 20120093、韩维栋 20120143。

A93. 大风子科 Flacoutiaceae

刺篱木 Flacourtia indica（Burm. f.）Merr. 标本采于遂溪鸡笼山，标本号韩维栋 20110004。华南植物园采集标本号：蒋英 7789、南路 185273、南路 185304、南路 202025、梁向日 114564。

莿柊 Scolopia chinensis（Lour.）Clos. 标本采于高桥红寨江背小学，标本号韩维栋 20120125。

广东莿柊 Scolopia saeva（Hance）Hance 标本采于鹰峰岭、古樟树保护区、森林公园、鸡笼山，标本号韩维栋 20110081、韩维栋 2012303、韩维栋 20120232、韩维栋 20120573。华南植物园采集标本号：南路 202023、南路 202058、南路

202233、南路 202393、南路 202252、朱志淞 162424、陈少卿 166925、梁向日 114560。

柞木 Xylosma congestum（Lour.）Merr. 标本采于廉江高桥红寨独竹根，标本号韩维栋 20120109。

A94. 天料木科 Samydaceae

嘉赐树 Casearia glomerata Roxb. 标本采于廉江谢鞋山，标本号韩维栋 20110022、韩维栋 20120536。

膜叶嘉赐树 Casearia membranacea Hance 标本采于雷州龙门镇足荣村，标本号韩维栋 20130242。

毛叶嘉赐树 Casearia villilimba Merr. 标本采于廉江谢鞋山、廉江和寮镇根竹嶂，标本号韩维栋 20110027、韩维栋 20120541、韩维栋 20120513。

天料木 Homalium cochinchinense（Lour.）Druce 标本采于廉江谢鞋山，标本号韩维栋 20120549。

显脉天料木 Homalium phanerophlebium How et Ko 标本采于廉江和寮镇根竹嶂，标本号韩维栋 20120472。

A106. 番木瓜科 Caricaceae

番木瓜 Carica papaya Linn. 标本采于硇洲岛，标本号韩维栋 20110051。

A108. 山茶科 Theaceae

海南杨桐 Adinandra hainanensis Hayata 标本采于廉江和寮镇根竹嶂，标本号韩维栋 20120491。

长毛杨桐 Adinandra jubata Li 标本采于廉江和寮镇根竹嶂，标本号韩维栋 20120505。

杨桐 Adinandra millettii（Hook. et Arn.）Benth. et Hook. f. ex Hance 标本采于廉江石城镇十字村，标本号韩维栋 20130119。

高州油茶 Camellia veithanensis T. C Huang 标本采于廉江和寮镇根竹嶂，标本号韩维栋 20120408。

米碎花 Eurya chinensis R. Brown 标本采于遂溪城月新来村，标本号韩维栋 20120604。

二列叶柃 Eurya distichophylla Hemsl. 标本采于廉江高桥红寨坡禾地村，标本号韩维栋 20130027。

细齿柃 Eurya nitida Korth. 标本采于廉江和寮镇根竹嶂，标本号韩维栋 20120431。

木荷 Schima superba Gardn. et Champ. 标本采于廉江和寮镇根竹嶂，标本号韩维栋 20120425。

小叶厚皮香 Ternstroemia microphylla Merr. 标本采于廉江和寮镇根竹嶂，标本号韩维栋 20130252。

A113. **水东哥科** Saurauiaceae

水东哥 Saurauia tristyla DC. 标本采于廉江和寮镇根竹嶂，标本号韩维栋 20120454。

A118. **桃金娘科** Myrtaxeae

岗松 Baeckea frutescens Linn. 标本采于廉江塘山岭生态公园，标本号 20130258。

水翁 Cleistocalyx operculatus（Roxb.）Merr. et Perry 标本采于遂溪河头镇双料村，标本号韩维栋 20120204。华南植物园采集标本号：湛江区植物调查队 239284、曾沛 512676。

桃金娘 Rhodomyrtus tomentosa（Ait.）Hassk. 标本采于湛江森林公园，标本号韩维栋 20120167、韩维栋 20120227。华南植物园采集标本号：南路 185371、南路 202171。

黑嘴蒲桃 Syzygium bullokii（Hance）Merr. et. Perry. 标本采于廉江高桥红寨江背小学、遂溪河头镇双料村、湛江森林公园，标本号韩维栋 20120126、韩维栋 20120205、韩维栋 20120233。华南植物园采集标本号：南路 202047、南路 202288。

乌墨 Syzygium cumini（Linn.）Skeels

华南植物园采集标本号：曾沛 512675、南路 185561、李泽贤邢福武 624666、湛江区植物调查队 239334。

蒲桃 Syzygium jambos（Linn.）Alston 标本采于廉江和寮镇根竹嶂、廉江谢鞋山，标本号韩维栋 20120447、韩维栋 20120341。

粗叶木蒲桃 Syzygium lasianthifolium Chang et Miau 标本采于廉江谢鞋山，标本号韩维栋 20130226。

锡兰蒲桃 Syzygium zeylanicum（Linn.）DC. 标本采于廉江谢鞋山，标本号韩维栋 20120051。

红车木 Syzygium hancei Merr. et Perry 标本采于廉江高桥红寨独竹根、湛江古樟树保护区、湛江太平镇庐山村、廉江和寮镇根竹嶂，标本号韩维栋 20120116、韩维栋 20120144、韩维栋 20120164、韩维栋 20120462。华南植物园采集标本号：广东木材调查组 400248。

A119. **玉蕊科** Lecythidaceae

玉蕊 Barringtonia racemosa（Linn.）Spreng 标本采于雷州九龙山，标本号韩维栋 20120367。

A120. 野牡丹科 Melastemacae

毛菍 Melastoma sanguineum Sims 标本采于廉江和寮镇根竹嶂，标本号韩维栋 20120432。

野牡丹 Melastoma septemnervium Lour. 标本采于湛江森林公园，标本号韩维栋 20120178。

细叶谷木 Memecylon scutellatum（Lour.）Hook. & Arn. 标本采于湛江森林公园，标本号韩维栋 20120165、韩维栋 20120225、韩维栋 20120231、韩维栋 20120238。华南植物园采集标本号：南路 202059、南路 202460、南路 202291、南路 202146、蒋英 7794、广东木材调查组 400402、梁向日 108861、朱志淞 162428。

棱果谷木 Memecylon octocostatum Merr. et Chun 标本采于廉江高桥红寨江益村，标本号韩维栋 20130034。华南植物园采集标本号：南路 202241、李泽贤邢福武 624627。

金锦香 Osbeckia chinensis Linn. 华南植物园采集标本号：南路 202199。

A121. 使君子科 Combretaceae

榄李 Lumnitzera racemosa Willd. 标本采于徐闻角尾，标本号为韩维栋 20130269。华南植物园采集标本号：南路 202285、南路 202485。

A122. 红树科 Rhizophoraceae

木榄 Bruguiera gymnorrhiza（Linn.）Savigny 标本采于湛江特呈岛、廉江高桥红树林，标本号韩维栋 20120085、韩维栋 20120127A。华南植物园采集标本号：曾沛 512682、陈炳辉 608119、李泽贤邢福武 624663、李泽贤邢福武 624682。

竹节树 Carallia brachiata（Lour.）Merr. 标本采于廉江谢鞋山、湛江硇洲岛、雷州鹰峰岭、湛江特呈岛、湛江古樟树保护区，标本号韩维栋 20110030、韩维栋 20110068、韩维栋 20110091、韩维栋 20120087、韩维栋 20120142。华南植物园采集标本号：南路 185610、陈少卿 166948。

旁杞木 Carallia pectinifolia Ko 标本采于廉江高桥红寨独竹根，标本号韩维栋 20120112。

角果木 Ceriops tagal（Perr.）C. B. Rob. 标本采于徐闻北街村海边，标本号韩维栋 20120396。华南植物园采集标本号：南路 202273、李泽贤邢福武 624632。

秋茄树 Kandelia candel（Linn.）Druce 华南植物园采集标本号：邹辉熊中魁 164190、邹辉熊中魁 164192、陈少卿 199703、湛江区植物调查队 239361、叶华谷 00672647。

红海榄 Rhizophora stylosa Griff. 标本采于徐闻北街村海边，标本号韩维栋 20120394。华南植物园采集标本号：南路 202486、湛江区植物调查队 239356、李泽贤邢福武 624631、邹辉熊中魁 164191、叶华谷 00672724。

A123. **金丝桃科** Hypericaceae

黄牛木 Cratoxylum cochinchinense（Lour.）Bl. 标本采于廉江谢鞋山、廉江高桥谭福村、湛江森林公园，标本号韩维栋 20110037、韩维栋 20120054、韩维栋 20120151、韩维栋 20120235、韩维栋 20120340。

金丝桃 Hypericum monogynum Linn. A126. 藤黄科 Guttifferae

多花山竹子 Garcinia multiflora Champ.

标本采于廉江和寮镇根竹嶂，标本号韩维栋 20120413、韩维栋 20120439。华南植物园采集标本号：李祥禧 216059。

岭南山竹子 Garcinia oblongifolia Champ. 标本采于湛江太平镇庐山村、遂溪河头镇双料村；标本号韩维栋 20120163、韩维栋 20120194。华南植物园采集标本号：陈炳辉 608087。

A128a. **杜英科** Eleaocarpaceae

山杜英 Elaeocarpus sylvestris Poir. 标本采于廉江谢鞋山，标本号韩维栋 20110014、韩维栋 20120031、韩维栋 20120342。华南植物园采集标本号：李泽贤 邢福武 624684。

长柄杜英 Elaeocarpus petiolatus（Jack.）Wall. ex Kurz 标本采于廉江谢鞋山，标本号韩维栋 20120058。

A128. **椴树科** Tiliaceae

破布叶 Microcos paniculata Linn. 标本采于雷州鹰峰岭、遂溪河头镇双料村，标本号韩维栋 20110090、韩维栋 20120201。

毛破布叶 Microcos stauntoniana G. Don 标本采于雷州鹰峰岭，标本号韩维栋 20130085。

毛刺蒴麻 Triumfetta cana Bl. 标本采于廉江和寮镇根竹嶂，标本号韩维栋 20120514。

甜麻 Corchorus aestuans Linn. 标本采于湛江湖光镇古樟树保护区，标本号韩维栋 20130114。

A130. **梧桐科** Sterculiaceae

全缘刺果藤 Byttneria integrifolia Lace 标本采于廉江谢鞋山，标本号韩维栋 20120042、韩维栋 20120062。

山芝麻 Helicteres angustifolia Linn. 标本采于遂溪河头镇双料村，标本号韩维栋 20120207。华南植物园采集标本号：南路 202420。

雁婆麻 Helicteres hirsuta Lour. 标本采于廉江高桥镇谭福村，标本号韩维栋 20120276。华南植物园采集标本号：曾沛 682737。

银叶树 Heritiera littoralis Dryand 标本采于遂溪鸡笼山，标本号韩维栋 20110008。

翻白叶树 Pterospermum heterophyllum Hance 标本采于廉江谢鞋山，标本号韩维栋 20120032。

假苹婆 Sterculia lanceolata Cav. 标本采于湛江古樟树保护区、遂溪河头镇双料村、山口镇大王庙、雷州鹰峰岭，标本号韩维栋 20120157、韩维栋 20120192、韩维栋 20120290、韩维栋 20120317。

A132. 锦葵科 Malvaceae

黄葵 Abelmoschus moschatus（Linn.）Medicus 标本采于雷州九龙山、廉江谢鞋山，标本号韩维栋 20120366、韩维栋 20130054。

磨盘草 Abutilon indicum（Linn.）Sweet 标本采于湛江硇洲岛、徐闻县港头村，标本号韩维栋 20110062、韩维栋 20120008。华南植物园采集标本号：蒋英 7806、南路 185576、南路 202507。

苘麻 Abutilon theophrasti Medicus 标本采于谢鞋山，标本号韩维栋 20120561A。

海岛棉 Gossypium barbadense Linn. 标本采于硇洲岛，标本号韩维栋 20120615。

黄槿 Hibiscus tiliaceus Linn. 标本采于遂溪鸡笼山、湛江特呈岛，标本号韩维栋 20110083A、韩维栋 20120092。华南植物园采集标本号：南路 185598、南路 202501、广东木材调查组 400433。

赛葵 Malvastrum coromandelianum（Linn.）Garcke 标本采于徐闻县港头村，标本号韩维栋 20120007。

黄花稔 Sida acuta Burm. f. 标本采于湛江硇洲岛、东海岛，标本号韩维栋 20110071、韩维栋 20130061。华南植物园采集标本号：南路 185417、南路 202257。

心叶黄花稔 Sida cordifolia Linn. 华南植物园采集标本号：南路 202261、陈少卿 166966。

白背黄花稔 Sida rhombifolia Linn. 标本采于鹰峰岭，标本号韩维栋 20130091。华南植物园采集标本号：陈炳辉 608069。

榛叶黄花稔 Sida subcordata Span 标本采于雷州鹰峰岭，标本号韩维栋 20110109、韩维栋 20130076。

杨叶肖槿 Thespesia populnea（Linn.）Sol. ex Corr. 标本采于硇洲岛，标本号韩维栋 20120617。华南植物园采集标本号：湛江区植物调查队 239357。

肖梵天花 Urena lobata Linn. 标本采于湛江特呈岛、徐闻冬松岛，标本号韩维栋 20120081、韩维栋 20120331。

A136. 大戟科 Euphorbiaceae

红背山麻杆 Alchornea trewioides（Benth.）Muell. Arg. 标本采于廉江谢鞋山，标本号韩维栋 20120025。

羽脉山麻杆 Alchornea rugosa（Lour.）Muell. Arg. 标本采于廉江谢鞋山，标本号韩维栋 20120403、韩维栋 20120551。

海南山麻杆 Alchornea rugosa var. Pubescens（Pax et Hoffm.）H. S. Kiu 标本采于遂溪城月，标本号韩维栋 20120591。

五月茶 Antidesma bunius（Linn.）Spreng. 标本采于雷州鹰峰岭、廉江高桥谭福村、徐闻前山镇云仔村，标本号韩维栋 20110097、韩维栋 20120291、韩维栋 20120347。华南植物园采集标本号：广东木材调查组 400253、李泽贤邢福武 624727。

酸味子 Antidesma japonicum Sieb. et Zucc. 标本采于廉江谢鞋山、湛江古樟树保护区，标本号韩维栋 20120043、韩维栋 20120299。

方叶五月茶 Antidesma ghaesembilla Gaertn. 标本采于湛江森林公园、遂溪河头镇双料村，标本号韩维栋 20120166、韩维栋 20120206、韩维栋 20120240。

银柴 Aporosa dioica（Roxb.）Muell. Arg. 标本采于廉江谢鞋山、湛江特呈岛、湛江森林公园，标本号韩维栋 20120061、韩维栋 20120080、韩维栋 20120170、韩维栋 20120172、韩维栋 20120176、韩维栋 20120247。华南植物园采集标本号：南路 202004。

木奶果 Baccaurea ramiflora Lour. 标本采于廉江谢鞋山，标本号韩维栋 20120545。华南植物园采集标本号：湛江区植物调查队 239388、湛江区植物调查队 239375、广东木材调查组 400405。

秋枫 Bischofia javanica Bl. 标本采于湛江硇洲岛、雷州鹰峰岭，标本号韩维栋 20110048、韩维栋 20110120。华南植物园采集标本号：南路 185262。

留萼木 Blachia pentzii（Muell. Arg.）Benth. 标本采于徐闻下桥镇双阳村，标本号韩维栋 20130041。华南植物园采集标本号：南路 185535、南路 202040、南路 202514、陈少卿 166882、李泽贤邢福武 624614。

黑面神 Breynia fruticosa（Linn.）Hook. F. 标本采于雷州鹰峰岭、湛江特呈岛、湛江森林公园，标本号韩维栋 20110117、韩维栋 20120079、韩维栋 20120243。

土蜜树 Bridelia tomentosa Bl. 标本采于雷州鹰峰岭，标本号韩维栋 20110084。华南植物园采集标本号：南路 202258。

小叶土蜜树 Bridelia parvifolia Kuntze 标本采于东海岛金家村，标本号韩维栋 20120583。

海南白桐树 Claoxylon hainanense Pax et Hoffm. 标本采于山口镇大王庙，标本号韩维栋 20120266、韩维栋 20120289。华南植物园采集标本号：南路 202390。

白桐树 Claoxylon indicum（Reinw. ex Bl.）Hassk. 标本采于雷州鹰峰岭，标本号韩维栋 20110125。

闭花木 Cleistanthus sumatranus（Miq.）Muell. Arg. 标本采于雷州鹰峰岭，标本号韩维栋 20130086。

鸡骨香 Croton crassifolius Geisel. 华南植物园采集标本号：南路 202421、湛江

区植物调查队 239391、李泽贤邢福武 624692。

黄桐 Endospermum chinense Benth. 标本采于廉江谢鞋山，标本号韩维栋 20130233。

海漆 Excoecaria agallocha Linn. 标本采于廉江高桥红树林，标本号韩维栋 20120288。

厚叶算盘子 Glochidion hirsutum（Roxb.）Voigt 标本采于廉江和寮镇根竹嶂，标本号韩维栋 20120509。

毛果算盘子 Glochidion eriocarpum Champ. ex Benth. 标本采于廉江和寮镇根竹嶂、廉江谢鞋山，标本号韩维栋 20120418、韩维栋 20120339、韩维栋 20120522。华南植物园采集标本号：李祥禧 216051。

艾胶算盘子 Glochidion lanceolarium（Roxb.）Voigt. 标本采于徐闻木兰园、廉江车板镇文头村，标本号韩维栋 20120001、韩维栋 20120270。

子弹枫 Jatropha gossypiifolia Linn. 标本采于廉江车板镇文头村，标本号韩维栋 20120268。

粗糠柴 Mallotus philippensis（Lam.）Muell. Arg. 标本采于湛江古樟树保护区，标本号韩维栋 20120158、韩维栋 20120211。华南植物园采集标本号：南路 202317。

白背叶 Mallotus apelta（Lour.）Müll. Arg. 标本采于湛江湖光岩、廉江谢鞋山、廉江和寮根竹嶂，标本号韩维栋 20110002、韩维栋 20110040、韩维栋 20120476。

粗毛野桐 Mallotus hookerianus（Seem.）Muell. 标本采于遂溪鸡笼山，标本号韩维栋 20120568。

山苦茶 Mallotus oblongifolius（Miq.）Muell. Arg. 标本采于廉江和寮镇根竹嶂，标本号韩维栋 20120478。

白楸 Mallotus paniculatus（Lam.）Muell. Arg. 标本采于廉江谢鞋山、湛江森林公园，标本号韩维栋 20110013、韩维栋 20120177。华南植物园采集标本号：南路 202318、广东木材调查组 400237。

石岩枫 Mallotus repandus（Rottl.）Muell. Arg. 标本采于雷州鹰峰岭、湛江古樟树保护区，标本号韩维栋 20110089、韩维栋 20120131、韩维栋 20120160。

小盘木 Microdesmis casearifolia Planch. 标本采于廉江谢鞋山，标本号韩维栋 20120047。华南植物园采集标本号：李祥禧 216056。

越南叶下珠 Phyllanthus cochinchinensis Spreng. 标本采于遂溪河头镇双料村、湛江森林公园、廉江高桥红寨独竹根，标本号韩维栋 20120190、韩维栋 20120241、韩维栋 20120098。华南植物园采集标本号：蒋英 7801。

余甘子 Phyllanthus emblica Linn. 标本采于廉江车板镇文头村，标本号韩维栋 20120267。华南植物园采集标本号：南路 202284。

龙眼睛 Phyllanthus reticulatus Poir. 标本采于廉江谢鞋山、廉江高桥谭福村、湛江湖光岩，标本号韩维栋 20110038、韩维栋 20120145、韩维栋 20120398。华南植物园采集标本号：李泽贤邢福武 684593。

山乌桕 Sapium discolor（Champ. ex Benth.）Muell. Arg. 标本采于廉江和寮镇根竹嶂，标本号韩维栋 20120436。

乌桕 Sapium sebiferum（L.）Roxb. 标本采于山口镇黄榄塘，标本号韩维栋 20120258。

白饭树 Securinega virosa（Roxb. ex Willd.）Baill. 标本采于湛江湖光岩，标本号韩维栋 20120220。

白树 Suregada glomerulata（Bl.）Baill. 标本采于廉江高桥谭福村、山口镇黄榄塘，标本号韩维栋 20120149、韩维栋 20120253。华南植物园采集标本号：蒋英 7785、蒋英 7820、南路 185368、广东木材调查组 400443。

木油桐 Vernicia montana Lour. 标本采于廉江和寮镇根竹嶂，标本号韩维栋 20120534。

A136a. 交让木科 Daphniphyllaceae

虎皮楠 Daphniphyllum oldhami（Hemsl.）Rosenth. 标本采于廉江和寮镇根竹嶂、遂溪鸡笼山，标本号韩维栋 20120506、韩维栋 20120565。

A139. 鼠刺科 Escalloniaceae

矩形叶鼠刺 Itea chinensis Hook. & Arn. var. oblonga（Hand. – Mazz.）C. Y. Wu 标本采于廉江鹤地水库，标本号韩维栋 20130262。

A142. 绣球科 Hydrangeaceae

星毛冠盖藤 Pileostegia tomentella Hand. 标本采于雷州九龙山，标本号韩维栋 20120391。

A143. 蔷薇科 Rosaceae

越南悬钩子 Rubus cochinchinensis Tratt. 标本采于廉江谢鞋山、雷州九龙山，标本号韩维栋 20120056、韩维栋 20120380。华南植物园采集标本号：南路 185349、南路 202166、梁向日 109963、李泽贤邢福武 624637。

石斑木 Raphiolepis indica（Linn.）Lindl. 标本采于廉江谢鞋山、廉江高桥谭福村、遂溪河头镇双料村、湛江森林公园，标本号韩维栋 20110041、韩维栋 20120286、韩维栋 20120196、韩维栋 20120210、韩维栋 20120234。华南植物园采集标本号：梁向日 108971。

茅莓 Rubus parvifolius L. 标本采于廉江高桥红寨江背小学，标本号韩维栋 20120124。华南植物园采集标本号：南路 185440。

腺叶桂樱 Prunus phaeosticta（Hance）Maxim. 标本采于廉江石城镇十字村，标本号韩维栋 20130264。

A146. 含羞草科 Mimosaceae

大叶相思 Acacia auriculiformis A. 标本采于湛江森林公园，标本号韩维栋 20120168。

台湾相思 Acacia confusa Merr 标本采于湛江太平镇庐山村，标本号韩维栋 20120162。

绢毛相思 Acacia holosericea 标本采于湛江森林公园，标本号韩维栋 20120180。

马占相思 Acacia maginum willd. 标本采于湛江森林公园，标本号韩维栋 20120179。

海红豆 Adenanthera pavonina var. microsperma（Teijsm. & Binn.）Nielsen 标本采于遂溪草潭罗屋村，标本号韩维栋 20120187。华南植物园采集标本号：李泽贤 635948。

天香藤 Albizia corniculata（Lour.）Druce 标本采于廉江高桥红寨江益村，标本号韩维栋 20130036。

楹树 Albizia chinensis（Osbeck）Merr. 华南植物园采集标本号：南路 185432。

猴耳环 Archidendron clypearia（Jack）Nielsen 标本采于遂溪鸡笼山，标本号韩维栋 20110006。

亮叶猴耳环 Archidendron lucidum（Benth.）Nielsen 标本采于廉江和寮镇根竹嶂，标本号韩维栋 20120471。

银合欢 Leucaena leucocephala（Lam.）de Wit 华南植物园采集标本号：南路 202381。

巴西含羞草 Mimosa diplotrica Sauvalle 标本采于湛江湖光岩，标本号陈杰 20110005。

A147. 苏木科 Caesalpiniaceae

龙须藤 Bauhinia championi Benth. 标本采于廉江和寮镇根竹嶂，标本号韩维栋 20120502。

刺果苏木 Caesalpinia bonduc（Linn.）Roxb. 华南植物园采集标本号：南路 202280、朱志淞 162431、李泽贤邢福武 633211。

华南云实 Caesalpinia crista Linn. 标本采于雷州九龙山，标本号韩维栋 20120369。华南植物园采集标本号：南路 185475。

喙荚云实 Caesalpinia minax Hance 标本采于廉江和寮根竹嶂，标本号韩维栋 20120481。

春云实 Caesalpinia vernalis Champ. 标本采于湛江硇洲岛，标本号韩维栋 20120619。

铁刀木 Cassia siamea Lam. 标本采于徐闻龙塘镇城㙟村，标本号韩维栋 20130097；原产于美洲热带地区，现广布于热带地区。

酸豆 Tamarindus indica Linn. 标本采于徐闻角尾，标本号韩维栋 20130275；原产于非洲热带，现广布于热带地区。

A148. 蝶形花科 Papilionaceae

广州相思子 Abrus cantoniensis Hance 标本采于徐闻角尾，标本号韩维栋 20130272。

毛相思子 Abrus mollis Hance 标本采于雷州鹰峰岭、廉江和寮镇根竹嶂，标本号韩维栋 20110100B、韩维栋 20120410、韩维栋 20120498。华南植物园采集标本号：南路 185342、南路 202018。

藤槐 Bowringgia callicarpa Champ. ex Benth. 标本采于遂溪县城月镇新来村，标本号 20120601。

木豆 Cajanus cajan（Linn.）Millsp. 标本采于廉江高桥、徐闻前山，标本号韩维栋 20130030、韩维栋 20130002。

海刀豆 Canavalia maritima（Aubl.）Thou. 标本采于湛江特呈岛，标本号韩维栋 20120082。

猪屎豆 Crotalaria pallida Ait. 标本采于湛江特呈岛，标本号韩维栋 20120069。华南植物园采集标本号：南路 185541。

球果猪屎豆 Crotalaria uncinella Lam. 华南植物园采集标本号：南路 202086、南路 202295、陈少卿 166949。

光萼猪屎豆 Crotalaria zanzibarica Benth. 华南植物园采集标本号：南路 202491。

粤桂黄檀 Dalbergia benthami Prain 标本采于遂溪鸡笼山、雷州九龙山，标本号韩维栋 20110082A、韩维栋 20120370。华南植物园采集标本号：李泽贤邢福武 624712。

藤黄檀 Dalbergia hancei Benth. 标本采于遂溪鸡笼山、雷州九龙山，标本号韩维栋 20110082A、韩维栋 20120370。

大叶山蚂蝗 Desmodium gangeticum（Linn.）DC. 标本采于湛江硇洲岛，标本号韩维栋 20110070。华南植物园采集标本号：南路 202379。

假地豆 Desmodium heterocarpon（Linn.）DC. 标本采于廉江高桥谭福村，标本号韩维栋 20120278。华南植物园采集标本号：南路 204685。

单叶拿身草 Desmodium zonatum Miq. 标本采于雷州鹰峰岭，标本号韩维栋 20130043。

显脉山绿豆 Desmodium reticulatum Champ. ex Benth. 华南植物园采集标本号：南路 202378。

鱼藤 Derris trifoliata Lour. 标本采于廉江谢鞋山、湛江古樟树保护区，标本号韩维栋 20120033、韩维栋 20120300。华南植物园采集标本号：陈少卿 199809。

千斤拔 Flemingia prostrata Roxb. 标本采于廉江和寮镇根竹嶂，标本号韩维栋 20120438。

庭藤 Indigofera decora Lindl. 标本采于东海岛，标本号韩维栋 20130074。

硬毛木蓝 Indigofera hirsuta Linn. 华南植物园采集标本号：南路 185573、李泽贤邢福武 624725。

香花崖豆藤 Millettia dielsiana Harms 标本采于雷州鹰峰岭，标本号韩维栋 20120314。

皱果崖豆藤 Millettia oosperma Dunn 标本采于雷州鹰峰岭，标本号韩维栋 20110112。华南植物园采集标本号：陈少卿 166916。

海南崖豆藤 Millettia pachyloba Drake 标本采于廉江谢鞋山，标本号韩维栋 2013230。

美丽崖豆藤 Millettia speciosa Champ. 标本采于徐闻前山镇，标本号韩维栋 20130045。华南植物园采集标本号：陈少卿 166888。

大果油麻藤 Mucuna macrocarpa Wall. 华南植物园采集标本号：湛江区植物调查队 239285。

巨黧豆 Mucuna gigantea（Wild.）DC. 标本采于廉江和寮镇根竹嶂，标本号韩维栋 20120458。

海南红豆 Ormosia pinnata（Lour.）Merr. 标本采于徐闻冬松岛，标本号韩维栋 20120328。

软荚红豆 Ormosia semicastrata Hance 标本采于廉江和寮镇根竹嶂，标本号韩维栋 20120532。

毛排钱树 Phyllodium elegans（Lour.）Desv. 标本采于廉江高桥谭福村，标本号韩维栋 20120282。

水黄皮 Pongamia pinnata（Linn.）Merr.
标本采于遂溪鸡笼山，标本号韩维栋 20110003、韩维栋 20120573A。华南植物园采集标本号：曾沛 0640296。

排钱树 Phyllodium pulchellum（Linn.）Desv. 标本采于雷州鹰峰岭，标本号韩维栋 20110105。华南植物园采集标本号：南路 202055、南路 202022。

三裂叶野葛 Pueraria phaseoloides（Roxb.）Benth. 标本采于湛江湖光岩、廉江谢鞋山，标本号陈杰 20110002、韩维栋 20120548。

葫芦茶 Tadehagi triquetrum（Linn.）Ohashi 标本采于廉江高桥谭福村，标本号韩维栋 20120279。华南植物园采集标本号：南路 185312、南路 202068、南路 202139。

白灰毛豆 Tephrosia candida DC. 标本采于高速公路遂溪路边，标本号韩维栋 20120011。

猫尾草 Uraria crinita（L.）Desv. ex DC. 标本采于雷州九龙山，标本号韩维栋 20120382。

A163. 壳斗科 Fagaceae

米槠 Castanopsis carlesii（Hemsl.）Hayata 标本采于遂溪鸡笼山、廉江和寮镇根竹嶂，标本号韩维栋 20120569、韩维栋 20120445。华南植物园采集标本号：李祥禧 223694。

紫玉盘柯 Lithocarpus uvariifolius（Hance）Rehd. 标本采于廉江和寮镇根竹嶂，标本号韩维栋 20120569、韩维栋 20120529。

A165. 榆科 Ulmaceae

樟叶朴 Celtis cinnanonea Lindl et Planch. 标本采于湛江古樟树保护区，标本号韩维栋 20120154。

朴树 Celits sinensis Pers. 标本采于湛江湖光岩、廉江谢鞋山、湛江硇洲岛、雷州鹰峰岭、湛江古樟树保护区、遂溪草潭镇罗屋村，标本号陈杰 20110004、韩维栋 20110036、韩维栋 20110057、韩维栋 20110098、韩维栋 20120129、韩维栋 20120158A、韩维栋 20120181。华南植物园采集标本号：李泽贤邢福武 636091。

光叶山黄麻 Trema cannabina Lour. 标本采于遂溪河头镇双料村，标本号韩维栋 20120203。华南植物园采集标本号：南路 202115。

山黄麻 Trema orientalis（Linn.）Blume 标本采于雷州九龙山、廉江和寮镇根竹嶂，标本号韩维栋 20120379、韩维栋 20120512。华南植物园采集标本号：陈少卿 166879。

A167. 桑科 Moraceae

见血封喉 Antiaris toxicaria Lesch. 标本采于湛江古樟树保护区，标本号韩维栋 20120153。华南植物园采集标本号：广东木材调查组 400254。

桂木 Artocarpus nitidus ssp. lingnanensis（Merr.）Jarr. 标本采于山口镇黄榄塘，标本号韩维栋 20120250。

白桂木 Artocarpus hypargyreus Hance 标本采于徐闻曲界后寮村，标本号韩维栋 20130110。

构 Broussonetia papyrifera（Linn.）L'Hér. ex Vent. 标本采于湛江硇洲岛，标本号韩维栋 20120620。华南植物园采集标本号：南路 185570。

葨芝 Cudrania cochinchinensis（Lour.）Kudo & Masamune 标本采于湛江硇洲岛，标本号韩维栋 20120614。

大果榕 Ficus auriculata Lour. 标本采于廉江和寮镇根竹嶂，标本号韩维栋 20120446。华南植物园采集标本号：南路 202459。

垂叶榕 Ficus benjamina Linn. 标本采于湛江太平镇庐山村，标本号韩维栋 20120161。

水同木 Ficus fistulosa Reinw. Ex Bl. 标本采于廉江谢鞋山，标本号韩维栋 20120067。

台湾榕 Ficus formosana Maxim. 标本采于湛江古樟树保护区，标本号韩维栋 20120135。华南植物园采集标本号：湛江区植物调查队 239382。

斜叶榕 Ficus gibbosa Bl. 标本采于湛江硇洲岛，标本号韩维栋 20110049、韩维栋 20110064。

粗叶榕 Ficus hirta Vahl 标本采于遂溪鸡笼山、廉江谢鞋山，标本号韩维栋 20110007、韩维栋 20110023。华南植物园采集标本号：南路 202115。

榕树 Ficus microcarpa Linn. F. 标本采于湛江特呈岛，标本号韩维栋 20120215。

琴叶榕 Ficus pandurata Hance 标本采于廉江谢鞋山，标本号韩维栋 20110031。华南植物园采集标本号：南路 202297、陈少卿 166902。

全缘榕 Ficus pandurata Hance var. Holophylla Migo 标本采于廉江车板镇文头村，标本号韩维栋 20120269。

薜荔 Ficus pumila Linn. 标本采于廉江高桥谭福村，标本号韩维栋 20120148。华南植物园采集标本号：南路 202325。

羊乳榕 Ficus sagittata Vahl 标本采于廉江谢鞋山，标本号韩维栋 20120540。

光叶匍茎榕 Ficus sarmentosa var. lacrymans（Levl.）Corner 标本采于廉江和寮镇根竹嶂，标本号韩维栋 20120486。

青果榕 Ficus variegata Bl. var. Chlorocarpa（Benth.）King 标本采于廉江谢鞋山，标本号韩维栋 20120559。华南植物园采集标本号：广东木材调查组 400245、广东木材调查组 400394。

笔管榕 Ficus virens Ait. 标本采于廉江高桥红寨独竹根，标本号韩维栋 20120110。

构棘 Maclura cochinchinensis（Lour.）Corner. 标本采于湛江古樟树保护区，标本号韩维栋 20120134。

牛筋藤 Malaisia scandens（Lour.）Planch. 标本采于雷州鹰峰岭、廉江高桥红寨独竹根，标本号韩维栋 20110099、韩维栋 20120100。

桑 Morus alba Linn. 标本采于湛江硇洲岛、雷州九龙山，标本号韩维栋 20110061、韩维栋 20120365。

鹊肾树 Streblus asper Lour. 标本采于湛江硇洲岛、特呈岛，标本号韩维栋 20110043、韩维栋 20120214。华南植物园采集标本号：蒋英 7849、南路 202005、南路 185495、陈少卿 608072、陈少卿 166881、广东木材调查组 400236。

A171. 冬青科 Aquifoliaceae

秤星树 Ilex asprella（Hook. et Arn.）Champ. ex Benth. 华南植物园采集标本号：蒋英 7824。

铁冬青 Ilex rotunda Thunb. 标本采于遂溪鸡笼山、徐闻曲界，标本号韩维栋 20120572、韩维栋 20130104。华南植物园采集标本号：李泽贤 636092。

A173. 卫矛科 Celastraceae

青江藤 Celastrus hindsii Benth. 标本采于雷州九龙山，标本号韩维栋 20120393。华南植物园采集标本号：李泽贤邢福武 624708。

灯油藤 Celastrus paniculatus Willd. 标本采于湛江古樟树保护区、湛江湖光岩，标本号韩维栋 20120301、韩维栋 20120218。

疏花卫矛 Euonymus laxiflorus Champ. ex Benth. 标本采于遂溪城月新来村，标本号韩维栋 20120590。

变叶裸实 Maytenus diversifolia（Maxim.）D. Hou 标本采于廉江高桥红寨独竹根、徐闻县港头村、徐闻冬松岛，标本号韩维栋 20120111、韩维栋 20120005、韩维栋 20120334。

A178. 翅子藤科 Hippocrateaceae

五龙层 Salacia chinensis Linn. 标本采于廉江高桥红寨坡禾地村，标本号韩维栋 20130031。华南植物园采集标本号：李泽贤 636094、湛江区植物调查队 239336。

A179. 茶茱萸科 Icacinaceae

小果微花藤 Iodes vitiginea（Hance）Hemsl. 标本采于雷州鹰峰岭，标本号韩维栋 20120317A。

A180. 刺茉莉科 Salvadoraceae

刺茉莉 Azima sarmentosa（Bl.）Benth. et Hook. f. 标本采于徐闻冬松岛，标本号韩维栋 20120327。

A182. 铁青树科 Olacaceae

华南青皮木 Schoepfia chinensis Gardn. & Champ. 标本采于廉江高桥，标本号为韩维栋 20120254A。

A183. 山柚子科 Opiliaceae

山柑藤 Cansjera rheedii J. F. Gmel. 标本采于湛江古樟树保护区，标本号韩维栋 20130021。华南植物园采集标本号：陈少卿 166953。

A185. 桑寄生科 Loranthaceae

广西离瓣寄生 Helixanthera guangxiensis H. S. Kiu 标本采于徐闻龙泉森林公园，标本号韩维栋 20130048。

广寄生 Taxillus chinensis（DC.）Danser 标本采于湛江湖光镇圆明庵旁，标本号韩维栋 20120184。华南植物园采集标本号：南路 202408。

瘤果槲寄生 Viscum ovalium DC. 标本采于雷州龙门足荣村，标本号韩维栋 20130248，寄主为无患子。

A186. **檀香科** Santalaceae

寄生藤 Dendrotrophe frutescens（Champ. ex Benth.）Danser 标本采于湛江东海岛，标本号韩维栋 20130064。

A190. **鼠李科** Rhamnaceae

铁包金 Berchemia lineata（Linn.）DC. 标本采于廉江和寮镇根竹嶂，标本号韩维栋 20120465。

光枝勾儿茶 Berchemia polyphylla Wall. ex Laws. var. Leioclada Hand. – Mazz. 标本采于廉江高桥红寨独竹根，标本号韩维栋 20120119。

蛇藤 Colubrina asiatica（Linn.）Brongn. 标本采于徐闻县港头村，标本号韩维栋 20120006。

雀梅藤 Sageretia thea（Osbeck）Johnst. 标本采于湛江特呈岛、廉江高桥红寨独竹根，标本号韩维栋 20120073、韩维栋 20120108。

A191. **胡颓子科** Elaeagnaceae（**总：1 属 3 种；野生：1 属 3 种**）

福建胡颓子 Elaeagnus oldhami Maxim. 标本采于廉江谢鞋山，标本号韩维栋 20120022。

蔓胡颓子 Elaeagnus glabra Thunb. 标本采于廉江和寮镇根竹嶂，标本号韩维栋 20120412。

A193. **葡萄科** Vitaceae

显齿蛇葡萄 Ampelopsis grossedentata（Hand. – Mazz.）W. T. Wang 标本采于廉江谢鞋山，标本号韩维栋 20120553。

光叶蛇葡萄 Ampelopsis heterophylla var. Vestita Rehd. 标本采于雷州九龙山，标本号韩维栋 20120381。

白毛乌蔹莓 Cayratia albifolia C. L. Li 标本采于雷州九龙山，标本号韩维栋 20120384。

三叶崖爬藤 Tetrastigma hemsleyanum Diels et Gilg 标本采于湛江湖光岩景区、湛江古樟树保护区，标本号陈杰 20110001、韩维栋 20120137。

扁担藤 Tetrastigma panicaule（Hook. f.）Gagnep. 标本采于雷州鹰峰岭、廉江和寮根竹嶂，标本号韩维栋 20110100、韩维栋 20120503。

过山崖爬藤 Tetrastigma pseudocruciatum C. L. Li 标本采于雷州鹰峰岭、徐闻下桥双阳，标本号韩维栋 20120315、韩维栋 20130012。

A194. 芸香科 Rutaceae

酒饼簕 Atalantia buxifolia（Poir）. Oliv 标本采于雷州鹰峰岭，标本号韩维栋 20110087。

广东酒饼簕 Atalantia kwangtungensis Merr. 标本采于湛江硇洲岛，标本号韩维栋 20120621。

山油柑 Acronychia pedunculata（Linn.）Miq. 标本采于遂溪河头镇双料村、遂溪鸡笼山、廉江和寮镇根竹嶂，标本号韩维栋 20120197、韩维栋 20120567、韩维栋 20120441。华南植物园采集标本号：广东木材调查组 400232。

假黄皮 Clausena excavata Burm. F. 标本采于廉江和寮镇根竹嶂，标本号韩维栋 20120455。

三桠苦 Evodia lepta（Spreng.）Merr. 标本采于廉江和寮镇根竹嶂，标本号韩维栋 20120467。华南植物园采集标本号：朱志淞 162447。

楝叶吴茱萸 Evodia meliaefolia（Hance）Benth. 标本采于湛江森林公园、廉江和寮镇根竹嶂，标本号韩维栋 20120244、韩维栋 20120518。华南植物园采集标本号：广东木材调查组 400213。

山小桔 Glycosmis parviflora（Sims）Little 标本采于雷州鹰峰岭、湛江古樟树保护区、廉江谢鞋山，标本号韩维栋 20110122、韩维栋 20120133、韩维栋 20120350。

大管 Micromelum falcatum（Lour.）Tanaka 标本采于廉江高桥红寮独竹根、湛江古樟树保护区，标本号韩维栋 20120097、韩维栋 20120304。华南植物园采集标本号：南路 185378、梁向日 135581、李泽贤邢福武 624667。

翼叶九里香 Murraya alata Drake 华南植物园采集标本号：朱志淞 162460、梁向日 130550。

簕欓花椒 Zanthoxylum avicennae（Lam.）DC. 标本采于湛江特呈岛、湛江森林公园、廉江和寮镇根竹嶂，标本号韩维栋 20120076、韩维栋 20120175、韩维栋 20120475。华南植物园采集标本号：南路 202003、曾沛 639294。华南植物园采集标本号：南路 165622。

拟蚬壳花椒 Zanthoxylum laetum Drake 标本采于廉江高桥红寮独竹根，标本号韩维栋 20120107。

花椒簕 Zanthoxylum scandens Bl. 标本采于廉江鹤地水库，标本号韩维栋 20130261。

大叶臭花椒 Zanthoxylum rhetsoides Drake 标本采于廉江和寮镇根竹嶂，标本号韩维栋 20120463。

A195. 苦木科 Simarubaceae

鸦胆子 Brucea javanica（Linn.）Merr. 标本采于廉江谢鞋山、遂溪河头镇双料村，标本号韩维栋 20110039、韩维栋 20120195。华南植物园采集标本号：南路 202394。

A196. 橄榄科 Burseraceae

橄榄 Canarium album（Lour.）Raeusch. 标本采于廉江和寮镇根竹嶂，标本号韩维栋 20120456、韩维栋 20120488。华南植物园采集标本号：南路 185567。

乌榄 Canarium tramdenum Dai et Yakovl. 标本采于廉江谢鞋山，标本号韩维栋 20110024。

A197. 楝科 Meliaceae

米仔兰 Aglaia odorata Lour. 标本采于廉江谢鞋山、雷州鹰峰岭、遂溪草潭镇罗屋村，标本号韩维栋 20120017、韩维栋 20110083、韩维栋 20120294。华南植物园采集标本号：南路 202103、南路 202219、李泽贤邢福武 624626。

山楝 Aglaia roxburghiana Miq. 标本采于廉江谢鞋山，标本号韩维栋 20120538。

山楝 Aphanamixis polystachya（Wall.）R. N. Parker 标本采于湛江硇洲岛、湛江古樟树保护区、遂溪草潭镇罗屋村，标本号韩维栋 20110072、韩维栋 20120140、韩维栋 20120188。华南植物园采集标本号：南路 201940、南路 201955、王贤智 24412、朱志淞 164607。

苦楝 Melia azedarach Linn. 标本采于湛江硇洲岛，标本号韩维栋 20110069。

A198. 无患子科 Sapindaceae

异木患 Allophylus viridis Radlk. 标本采于雷州龙门，标本号 20130246。

滨木患 Arytera littoralis Bl. 标本采于遂溪鸡笼山、湛江特呈岛、雷州九龙山，标本号韩维栋 20110010、韩维栋 20120089、韩维栋 20120378。

华南植物园采集标本号：南路 201948、南路 201937、南路 185490、南路 201929、朱志淞 164591、陈少卿 166913、湛江区植物调查队 239373。

龙眼 Dimocarpus longan Lour. 华南植物园采集标本号：南路 201939。

坡柳 Dodonaea viscosa（Linn.）Jacq. 标本采于高速公路遂溪路边、徐闻前山镇云仔村，标本号韩维栋 20120012、韩维栋 20120348。华南植物园采集标本号：李泽贤邢福武 624623。

赤才 Erioglossum rubiginosum（Roxb.）Bl. 标本采于徐闻下桥双阳村，标本号韩维栋 20130010。华南植物园采集标本号：南路 185574。

假山萝 Harpullia cupanoides Roxb. 标本采于廉江和寮镇根竹嶂，标本号韩维栋 20120428。华南植物园采集标本号：南路 201945。

荔枝 Litchi chinensis Sonn. 标本采于廉江谢鞋山、湛江湖光镇云脚村、廉江和寮镇根竹嶂，标本号韩维栋 20110019、韩维栋 20120186、韩维栋 20120444。

无患子 Sapindus mukorossi Gaertn. 标本采于雷州龙门，标本号 20130245。华南植物园采集标本号：蒋英 7846。

A201. 清风藤科 Sabiaceae

笔罗子 Meliosma rigida Sieb et Zucc 标本采于廉江和寮镇根竹嶂，标本号韩维栋 20120421、韩维栋 20120499。

A205. 漆树科 Anacardiaceae

南酸枣 Choerospondias axillaris（Roxb.）Burtt et Hill 标本采于廉江和寮镇根竹嶂，标本号韩维栋 20120517。华南植物园采集标本号：梁向日 114561。

厚皮树 Lannea coromandelica（Houtt.）Merr. 标本采于廉江高桥谭福村、雷州鹰峰岭，标本号韩维栋 20120150、韩维栋 20120310。华南植物园采集标本号：刘集汉肖嘉 216053、朱志淞 164604、南路 185543、陈炳辉 0608081。

盐肤木 Rhus chinensis Mill. 标本采于廉江谢鞋山，标本号韩维栋 20110036。华南植物园采集标本号：南路 202259。

野漆树 Rhus sylvestris Sieb. et Zucc. 标本采于山口镇黄榄塘，标本号韩维栋 20120262。华南植物园采集标本号：南路 202042。

A206. 牛栓藤科 Connaraceae **（总：1 属 2 种；野生：1 属 2 种）**

大叶红叶藤 Rourea minor（Gaertn.）Alston 标本采于廉江谢鞋山，标本号韩维栋 20120050。

小叶红叶藤 Rourea microphylla（Hook. et Arn.）Planch. 标本采于廉江和寮镇根竹嶂，标本号韩维栋 20120497。

A209. 山茱萸科 Cornaceae

梾木 Swida macrophylla（Wall.）Sojak 标本号韩维栋 20110054、韩维栋 20110056。

华南梾木 Swida austrosinensis（Fang et W. K. Hu）Fang et W. K. Hu 标本采于遂溪草潭镇罗屋村，标本号韩维栋 20120183、韩维栋 20120292。

A210. 八角枫科 Alangiaceae

土坛树 Alangium salviifolium（Linn. f.）Wanger. 标本号韩维栋 20110060、韩维栋 20120105、韩维栋 20120127。华南植物园采集标本号：陈炳辉 608124、赵华东 302370、广东木材调查组 400440。

毛八角枫 Alangium kurzii Craib 标本采于廉江谢鞋山、雷州九龙山，标本号韩维栋 20120402A、韩维栋 20120389。

A212. 五加科 Aralicaceae

白簕花 Acanthopanax trifoliatus（Linn.）Merr. 标本采于廉江和寮镇根竹嶂，标

本号韩维栋 20120466。

虎刺楤木 Aralia armata（Wall.）Seem. 标本采于雷州九龙山，标本号韩维栋 20120368A。

黄毛楤木 Aralia decaisneana Hance 标本采于雷州九龙山，标本号韩维栋 20120368。

幌伞枫 Heteropanax fragrans（Roxb.）Seem. 华南植物园采集标本号：南路 202384。

鹅掌柴 Schefflera octophylla（Lour.）Harms 标本采于山口镇黄榄塘，标本号韩维栋 20120261。

A221. 柿科 Ebenaceae

光叶柿 Diospyrus diversilimba Merret Chun 标本采于湛江特呈岛、徐闻角尾，标本号韩维栋 20120088、韩维栋 20130270。

罗浮柿 Diospyros morrisiana Hance 标本采于广东海洋大学主校区，标本号韩维栋 20110079。

A222. 山榄科 Sapotaceae

铁线子 Manilkara hexandra（Roxb.）Dubard 标本采于遂溪草潭镇罗屋村，标本号韩维栋 20120182。

桃榄 Pouteria annamensis（Pierre ex Dubard）Baehni 标本采于遂溪河头镇双料村，标本号韩维栋 20120189。华南植物园采集标本号：李祥禧 216045、广东木材调查组 400392。

琼刺榄 Xantolis longispinnsa 标本采于徐闻前山镇云仔村，标本号韩维栋 20120345。

A222a. 肉实树科 Sarcospermataceae

肉实树 Sarcosperma laurinum（Benth.）Hook. f. 标本采于廉江谢鞋山，标本号韩维栋 20120539。华南植物园采集标本号：南路 202113。

A223. 紫金牛科 Myrsinaceae

蜡烛果（桐花树）Aegiceras corniculatum（Linn.）Blanco 标本采于徐闻北街村海边，标本号韩维栋 20120395。华南植物园采集标本号：朱志淞 162438、陈少卿 166975、李泽贤 00660772、叶华谷 00672648、湛江区植物调查队 239324。华南沿海红树林恢复造林树种之一。

小紫金牛 Ardisia chinensis Benth. 标本采于廉江谢鞋山，标本号韩维栋 20120034、韩维栋 20130053。

朱砂根 Ardisia crenata Sims 标本采于廉江谢鞋山，标本号韩维栋 20120351。

矮紫金牛 Ardisia humilis Vahl 标本采于雷州鹰峰岭，标本号韩维栋20120306A。

铜盆花 Ardisia obtusa Mez 标本采于徐闻前山，标本号韩维栋20130004。

九节龙 Ardisia pusilla Thunb. 标本采于廉江谢鞋山，标本号韩维栋20120034。

罗伞树 Ardisia quinquegona Bl. 标本采于廉江谢鞋山、廉江和寮镇根竹嶂，标本号韩维栋20110016、韩维栋20120036、韩维栋20110032、韩维栋20120531。

雪下红 Ardisia villosa Roxb. 标本采于廉江高桥红寨独竹根、廉江高桥谭福村，标本号韩维栋20120104、韩维栋20120281。

长叶酸藤子 Embelia longifolia（Benth.）Hemsl. 标本采于遂溪河头镇双料村、湛江森林公园，标本号韩维栋20120202、韩维栋20120174。

鲫鱼胆 Maesa perlarius（Lour.）Merr. 标本采于廉江谢鞋山、廉江和寮镇根竹嶂，标本号韩维栋20120063、韩维栋20120521。

顶花杜茎山 Maesa balansae Mez 标本采于湛江特呈岛、湛江古樟树保护区，标本号韩维栋20120072、韩维栋20120296、韩维栋20120361。

金珠柳 Maesa montana A. DC. 标本采于徐闻曲界，标本号韩维栋20130107。

打铁树 Rapanea linearis（Lour.）S. Moore 标本采于遂溪鸡笼山、湛江特呈岛、湛江森林公园，标本号韩维栋20110005、韩维栋20120083、韩维栋20120230。

密花树 Rapanea neriifolia（Sieb. et Zucc.）Mez 标本采于廉江石城镇十字村，标本号韩维栋20130255。

A224. 安息香科 Styracaceae

栓叶安息香 Styrax suberifolius Hook. et Arn 标本采于廉江谢鞋山，标本号韩维栋20120013、韩维栋20120338、韩维栋20120542。

齿叶安息香 Styrax serrulatus Roxb. 标本采于廉江和寮镇根竹嶂，标本号韩维栋20120430。

地理分布：雷州半岛；未采集标本。

A225. 山矾科 Symplocaceae

美山矾 Symplocos decora Hance 标本采于廉江车板镇文头村、遂溪河头镇双料村，标本号韩维栋20120272、韩维栋20120274、韩维栋20120208。

十棱山矾 Symplocos chunii Merr. 标本采于廉江和寮根竹嶂，标本号韩维栋20130251。华南植物园采集标本号：南路202045、南路202372、南路202409、南路202006、南路185284、邓良226761、湛江区植物调查队239371。

密花山矾 Symplocos congesta Benth. 标本采于廉江谢鞋山，标本号韩维栋20120064。

越南山矾 Symplocos cochinchinensis（Lour.）Moore 标本采于廉江谢鞋山，标本号韩维栋20120352、韩维栋20120337。

白檀 Symplocos paniculata（Thunb.）Miq. 标本采于廉江谢鞋山，标本号韩维

栋 20120053。

丛花山矾 Symplocos poilanei Guill. 标本采于山口镇黄榄塘、遂溪河头镇双料村、湛江森林公园，标本号韩维栋 20120257、韩维栋 20120191、韩维栋 20120228。

铁山矾 Symplocos pseudobarberina Gontsch. 标本采于廉江石城镇十字村，标本号韩维栋 20130254。

坛珠仔树 Symplocos racemosa Roxb. 标本采于湛江特呈岛，标本号韩维栋 20120084。华南植物园采集标本号：南路 202387、南路 202389、南路 185294、南路 202201、南路 185263、广东林业所 234761。

果山矾 Symplocos urceolaris Hance 标本采于廉江谢鞋山，标本号韩维栋 20130232。

A228. 马钱科 Loganiaceae

胡蔓藤 Gelsemium elegans（Gardn. & Champ.）Benth.

标本采于廉江和寮镇根竹嶂，标本号韩维栋 20120510。

牛眼马钱 Strychnos angustiflora Benth.

标本采于雷州九龙山，标本号韩维栋 20120372。华南植物园采集标本号：朱志淞 164571。

三脉马钱 Strychnos cathayensis Merr. 标本采于廉江和寮、遂溪城月，标本号韩维栋 20120474、韩维栋 20120587。

A229. 木犀科 Oleaceae

扭肚藤 Jasminum elongatum（Bergius）Willd. 标本采于徐闻冬松岛，标本号韩维栋 20120318。

青藤仔 Jasminum nervosum Lour.

标本采于湛江古樟树保护区，标本号韩维栋 20120136。华南植物园采集标本号：南路 202024、陈少卿 166944、陈炳辉 608096。

滨木樨榄 Olea brachiata（Lour.）Merr. ex G. W. Groff 标本采于山口镇黄榄塘、湛江古樟树保护区、湛江森林公园，标本号韩维栋 20120255、韩维栋 20120302、韩维栋 20120226。华南植物园采集标本号：南路 202007。

牛矢果 Osmanthus matsumuranus Hayata 标本采于廉江和寮镇根竹嶂，标本号韩维栋 20120411。华南植物园采集标本号：南路 202250。

A230. 夹竹桃科 Apocynaceae

鳝藤 Anodendron affine（Hook. et Arn.）Druce 标本采于遂溪城月，标本号韩维栋 20120595。

海杧果 Cerbera manghas Linn. 标本采于湛江特呈岛，标本号韩维栋 20120086。

酸叶胶藤 Ecdysanthera rosea Hook. et Arn. 标本采于雷州鹰峰岭，标本号韩维栋 20120316。

花皮胶藤 Ecdysanthera utilis Hayata et Kaw. 标本采于雷州鹰峰岭，标本号韩维栋 20110126。

黄花夹竹桃 Thevetia peruviana（Pers.）K. Schum. 标本采于徐闻县港头村，标本号韩维栋 20120004。

倒吊笔 Wrightia pubescens R. Br. 标本采于山口镇黄榄塘、廉江和寮镇根竹嶂，标本号韩维栋 20120263、韩维栋 20120460。华南植物园采集标本号：南路 185524、南路 202093、南路 202308。

A231. 萝藦科 Asclepiadaceae

牛角瓜 Calotropis gigantea（Linn.）Dry. ex Ait. F. 标本采于徐闻角尾，标本号韩维栋 20130267。

南山藤 Dregea volubilis（Linn. f.）Benth. ex Hook. f. 标本采于廉江谢鞋山，标本号韩维栋 20120547。

吊山桃 Secamone sinica Hand. – Mazz. 标本采于廉江和寮镇根竹嶂、雷州鹰峰岭，标本号韩维栋 20120533、韩维栋 20120311。华南植物园采集标本号：南路 185504、陈少卿 166876、朱志淞 164577。

A231a. 杠柳科 Periplocaceae

白叶藤 Cryptolepis sinensis（Lour.）Merr. 标本采于湛江古樟树保护区，标本号韩维栋 20120157A。

海岛藤 Gymnanthera nitida R. Br. 标本采于遂溪鸡笼山，标本号韩维栋 20110084A。

A232. 茜草科 Rubiaceae

香楠 Aidia canthioides（Champ. ex Benth.）Masamune 标本采于湛江森林公园，标本号韩维栋 20120249。

尖萼茜树 Aidia oxyodonta（Drake）Yamazaki 标本采于廉江谢鞋山，标本号韩维栋 20130057。华南植物园采集标本号：刘集汉肖嘉 216060、李泽贤邢福武 635314。

海南短萼齿木 Brachytome hainanensis C. Y. Wu ex W. C. Chen 标本采于遂溪鸡笼山，标本号韩维栋 20120570。

猪肚木 Canthium horridum Bl. 标本采于廉江和寮镇根竹嶂，标本号韩维栋 20120468。

山石榴 Catunaregam spinosa（Thunb.）Tirv. 标本采于廉江高桥谭福村，标本号韩维栋 20120284。

弯管花 Chassalia curviflora Thwaites 标本采于遂溪城月新来村，标本号韩维栋 20120605。

浓子茉莉 Fagerlindia scandens（Thunb.）Tirv. 标本采于廉江高桥红寨独竹根、湛江古樟树保护区、湛江森林公园，标本号韩维栋 20120099、韩维栋 20120159、韩维栋 20120248。华南植物园采集标本号：南路 201928、湛江区植物调查队 239327。

栀子 Gardenia jasminoides J. Ellis 标本采于廉江和寮镇根竹嶂，标本号韩维栋 20120528。

牛白藤 Hedyotis hedyotidea（DC.）Merr. 标本采于廉江谢鞋山，标本号韩维栋 20120015。

海南龙船花 Ixora hainanensis Merr. 标本采于廉江鹤地水库、廉江和寮镇根竹嶂，标本号韩维栋 20120560、韩维栋 20120429。华南植物园采集标本号：南路 202305、南路 201927、南路 201933、南路 201932、陈炳辉 608113、陈少卿 166915、梁向日 123395、梁向日 123396。

鸡眼藤 Morinda parvifolia Bartl. ex DC. 标本采于湛江森林公园，标本号韩维栋 20120229。

玉叶金花 Mussaenda pubescens Ait. F. 标本采于雷州九龙山，标本号韩维栋 20120386。华南植物园采集标本号：陈少卿 166886。

越南密脉木 Myrioneuron tonkinensis Pitard. 标本采于廉江和寮镇根竹嶂，标本号韩维栋 20120440。

鸡爪簕 Oxyceros sinensis Lour. 标本采于廉江谢鞋山，标本号韩维栋 20120044。

南山花 Prismatomeris connata Y. Z. Ruan 标本采于廉江和寮镇根竹嶂，标本号韩维栋 20120504。华南植物园采集标本号：湛江区植物调查队 239308。

九节 Psychotria rubra（Lour）Poir. 标本采于雷州鹰峰岭、湛江森林公园、湛江古樟树保护区，标本号韩维栋 20110119、韩维栋 20120169、韩维栋 20120155。

蔓九节 Psychotria serpens L. 标本采于遂溪河头镇双料村、湛江森林公园，标本号韩维栋 20120193、韩维栋 20120224。

假九节 Psychotria tutcheri Dunn 标本采于雷州鹰峰岭，标本号韩维栋 20120312。

假桂乌口树 Tarenna attenuata（Voigt）Hutch. 标本采于雷州九龙山、廉江和寮镇根竹嶂，标本号韩维栋 20120383、韩维栋 20120427。华南植物园采集标本号：广东木材调查组 400249。

白花苦灯笼 Tarenna mollissima（Hook. et Arn.）Rob. 标本采于廉江和寮镇根竹嶂，标本号韩维栋 20120526。

染木树 Saprosma ternatum Hook. f. 标本采于廉江谢鞋山，标本号韩维栋 20120537。

岭罗麦 Tarennoidea wallichii（Hook. f.）Tirv. et C. Sastre 标本采于廉江和寮镇根竹嶂，标本号韩维栋 20120409。

中华水锦树 Wendlandia uvariifolia subsp. Chinensis（Merr.）Cowan 标本采于雷州九龙山，标本号韩维栋 20120386。

　　水锦树 Wendlandia uvariifolia Hance 标本采于廉江和寮镇根竹嶂、廉江谢鞋山，标本号韩维栋 20120423、韩维栋 20120336。

A233. 忍冬科 Caprifoliaceae

　　华南忍冬 Lonicera confusa（Sweet）DC. 华南植物园采集标本号：南路 202009、南路 202081。

　　接骨木 Sambucus williamsii Hance 标本采于雷州九龙山，标本号韩维栋 20120363。

　　珊瑚树 Viburnum odoratissimum Ker – Gawl. 标本采于廉江谢鞋山，标本号韩维栋 20120558、韩维栋 20120401。华南植物园采集标本号：朱志淞 162444。

　　毛常绿荚蒾 Viburnum sempervirens K. Koch var. trichophorum Hand. – Mazz. 标本采于廉江和寮镇根竹嶂，标本号韩维栋 20120420。

　　海南荚蒾 Viburnum hainanense Merr. et Chun 标本采于廉江和寮镇根竹嶂，标本号韩维栋 20120437。

A238. 菊科 Compositae

　　茵陈蒿 Artemisia capillaris Thunb. 标本采于廉江和寮镇根竹嶂，标本号韩维栋 20120524。

　　飞机草 Eupatorium odoratum Linn. 标本采于湛江特呈岛，标本号韩维栋 20120070。

　　假泽兰 Mikania cordata Burm. f. 标本采于湛江硇洲岛，标本号韩维栋 20120616。

　　阔苞菊 Pluchea indica（Linn.）Less. 标本采于徐闻冬松岛、徐闻北街村海边，标本号韩维栋 20120332、韩维栋 20120397。

　　苍耳 Xauthium Patrin ex Widder 标本采于廉江和寮镇根竹嶂，标本号韩维栋 20120501。

A241. 白花丹科 Plumbaginaceae

　　白花丹（白雪花）Plumbago zeylanica Linn. 标本采于廉江和寮镇根竹嶂，标本号韩维栋 20120451。华南植物园采集标本号：南路 202400。

A249. 紫草科 Boraginaceae

　　基及树 Carmona microphylla（Lam.）G. Don 标本采于雷州鹰峰岭、徐闻县港头村，标本号韩维栋 20110102、韩维栋 20120003。华南植物园采集标本号：南路 202028、南路 202092、陈少卿 166956。

　　破布木 Cordia dichotoma Forst. F. 标本采于高桥镇红寨村江背小学，标本号韩维栋 20120122。华南植物园采集标本号：广东木材调查组 400437。

厚壳树 Ehretia acuminata R. Brown 标本号韩维栋 20130022。

洋金花 Datura metel Linn. 标本采于湛江硇洲岛，标本号韩维栋 20110063。

假烟叶树 Solanum verbascifolium Linn. 标本采于廉江高桥红寨独竹根，标本号韩维栋 20120121。华南植物园采集标本号：南路 185395。

水茄 Solanum torvum Swartz 标本采于湛江湖光岩，标本号韩维栋 20120222。

海南茄 Solanum procumbens Lour. 华南植物园采集标本号：南路 202101。

野茄 Solanum coagulans Forsk. 华南植物园采集标本号：南路 185586、叶华谷 00672686。

A251. 旋花科 Convolvulaceae

白鹤藤 Argyreia chalmersii Hance 标本采于廉江高桥红寨独竹根，标本号韩维栋 20120095。

A257. 紫葳科 Bignoniaceae

梓 Catalpa ovata G. Don 标本采于廉江和寮根竹嶂，标本号 20120470。

菜豆树 Radermachera sinica（Hance）Hemsl. 标本采于雷州鹰峰岭，标本号韩维栋 20110100A。

A259. 爵床科 Acanthaceae

老鼠簕 Acanthus ilicifolius Linn. 标本采于湛江特呈岛，标本号韩维栋 20120355。华南植物园采集标本号：朱志淞 162433、湛江区植物调查队 239330。

鳄嘴花 Clinacanthus nutans（Burm. f.）Lindau 标本采于徐闻曲界后寮村，标本号韩维栋 20130113。

黑叶小驳骨 Justicia ventricosa Wall. 标本采于廉江和寮镇根竹嶂，标本号韩维栋 20120525。

海康钩粉草 Pseuderanthemum haikangense C. Y. Wu & H. S. Lo 标本采于廉江高桥谭福村，标本号韩维栋 20120280。

A261. 苦槛蓝科 Myoporaceae

苦槛蓝 Myoporum bontioides（Sieb. et Zucc.）A. Gray 标本采于廉江高桥红树林，标本号韩维栋 20120289A。华南植物园采集标本号：李泽贤邢福武 624697、湛江区植物调查队 239358。

A263. 马鞭草科 Verbenaceae

海榄雌 Avicennia marina（Forsk.）Vierh. 标本采于徐闻冬松岛，标本号韩维栋 20120333。华南植物园采集标本号：南路 202239、陈少卿 166971、朱志淞 162437、李泽贤邢福武 624644。

短柄紫珠 Callicarpa brevipes（Benth.）Hance 标本采于徐闻曲界后寮村，标本号韩维栋 20130109。

老鸦糊 Callicarpa giraldii Hesse ex Rehd. 标本采于廉江谢鞋山，标本号韩维栋 20120543。

枇杷叶紫珠 Callicarpa kochiana Makino 标本采于廉江高桥红寨独竹根，标本号韩维栋 20120115。

裸花紫珠 Callicarpa nudiflora Hook. et Arn. 标本采于湛江古樟树保护区，标本号韩维栋 20120298。华南植物园采集标本号：南路 202100。

大青 Clerodendrum cyrtophyllum Turcz. 标本采于遂溪鸡笼山、湛江湖光岩景区、湛江古樟树保护区，标本号韩维栋 20110012、陈杰 20110007、韩维栋 20120138。

白花灯笼 Clerodendrum fortunatum Linn. 标本采于廉江谢鞋山，标本号韩维栋 20120343。

苦郎树 Clerodendrum inerme（Linn.）Gaertn. 标本采于湛江特呈岛、徐闻冬松岛，标本号韩维栋 20120075、韩维栋 20120324。

圆锥大青 Clerodendrum paniculatum Linn. 标本采于廉江高桥红寨独竹根，标本号韩维栋 20120477。

苦梓 Gmelina hainanensis Oliv. 标本采于徐闻曲界，标本号韩维栋 20130106。

马樱丹 Lantana camara Linn. 标本采于湛江湖光岩景区，标本号陈杰 20110006。

蔓马缨丹 Lantana montevidensis Briq. 标本采于湛江硇洲岛，标本号韩维栋 20120610。

黄荆 Vitex negundo Linn. 标本采于湛江湖光岩景区，标本号韩维栋 20120219。

山牡荆 Vitex quinata（Lour.）Will. 标本采于廉江高桥谭福村，标本号韩维栋 20120147。

单叶蔓荆 Vitex trifolia Linn. var. simplicifolia Cham. 标本采于徐闻角尾，标本号韩维栋 20130273。

A264. 唇形科 Lamiaceae

丁香罗勒 Ocimum gratissmum Linn. var. suave（Willd.）Hook. F. 标本采于廉江高桥红寨独竹根，标本号韩维栋 20120101。

A281. 须叶藤科 Flagellariaceae

须叶藤 Flagellaria indica Linn. 标本采于遂溪鸡笼山，标本号韩维栋 20110011。

A297. 菝葜科 Smilacaceae

肖菝葜 Heterosmilax japonica Kunth 标本采于廉江高桥红寨独竹根，标本号韩维栋 20120106。

菝葜 Smilax china Linn. 标本采于遂溪河头镇双料村、湛江森林公园，标本号韩维栋20120209、韩维栋20120246。

土茯苓 Smilax glabra Roxb. 标本采于廉江谢鞋山、廉江和寮镇根竹嶂，标本号韩维栋20120023、韩维栋20120507、韩维栋20120520。

穿鞘菝葜 Smilax perfoliata Lour. 标本采于廉江谢鞋山，标本号韩维栋20120554。

5.2.2　单子叶植物

A302. 天南星科 Araceae

百足藤　Pothos repens（Lour.）Druce 标本采于廉江和寮镇根竹嶂，标本号韩维栋20120515。

A332. 禾本科 Gramineae

托竹 Arundinaria cantorii（Munro）L. C. Chia 标本采于湛江硇洲岛、雷州九龙山，标本号韩维栋20110076、韩维栋20120364。

油簕竹 Bambusa lapidea McCl. 标本号为韩维栋20130077、韩维栋20130078。

霞山坭竹 Bambusa xiashanensis L. C. Chia et H. L. Fung 标本采于廉江，标本号为韩维栋20130058A。

粉箪竹 Bambusa chungii McCl. 标本采于徐闻县港头村、城埚村，标本号为韩维栋20120002、韩维栋20130098。